VORLESUNGEN ÜBER EINIGE KLASSEN NICHTLINEARER INTEGRALGLEICHUNGEN UND INTEGRO-DIFFERENTIAL-GLEICHUNGEN

NEBST ANWENDUNGEN

VON

LEON LICHTENSTEIN

O. Ö. PROFESSOR DER MATHEMATIK AN DER
UNIVERSITÄT LEIPZIG

BERLIN
VERLAG VON JULIUS SPRINGER
1931

Softcover reprint of the hardcover 1st edition 1931

ISBN-13: 978-3-642-47229-9   e-ISBN-13: 978-3-642-47600-6
DOI: 10.1007/978-3-642-47600-6

Vorwort.

In einer Reihe von Arbeiten, die in den letzten zwölf Jahren erschienen sind und sich mit Problemen der Variationsrechnung, der
Hydrodynamik, der Theorie der Figur der Himmelskörper u. dgl. beschäftigten, habe ich einige spezielle Klassen nichtlinearer Integralgleichungen und Integro-Differentialgleichungen behandelt. Gastvorlesungen, die ich im Februar und März vergangenen Jahres an der
Universität Lwów hielt, gaben mir Gelegenheit, den mathematischen
Inhalt jener Untersuchungen noch einmal in einer einheitlichen Weise
zu bearbeiten. Die vorliegende kleine Monographie stellt eine erweiterte
und vervollständigte Wiedergabe meiner Vorlesungen dar. Sie enthält
neben bereits Bekanntem manches methodisch und sachlich Neue.
Aber auch das Bekannte habe ich mich bemüht, auf eine neue, wie ich
hoffe, einfachere Form zu bringen.

Das erste Kapitel behandelt in seinem ersten Teile die Auflösung
nichtlinearer Integralgleichungen im kleinen, d. h. wenn die als gegeben zu betrachtenden Funktionen absolut hinreichend klein sind.
In einer bekannten, schon länger zurückliegenden Abhandlung[1] hatte
sich Herr Schmidt mit diesem Gegenstand beschäftigt und u. a. die
Möglichkeit des Auftretens funktionaler Verzweigungen festgestellt.
Herr Schmidt legt seinen Betrachtungen die von ihm so genannten
regulär konvergenten Integralpotenzreihen zugrunde und bedient sich
eines Majorantenverfahrens. In der vorliegenden Darstellung werden
durchgehend sukzessive Approximationen benutzt. Für die Konvergenz
dieser erweist sich das Bestehen von zwei naheliegenden Ungleichheiten
als entscheidend. Analoge Ungleichheiten gelten, wie später gezeigt
wird, bei manchen für die Anwendungen wichtigen nichtlinearen
Integro-Differentialgleichungen, die sich auf nichtlineare Integralgleichungen von der von Herrn Schmidt betrachteten Art nicht oder
nicht in einer einfachen Weise zurückführen lassen. Es gelingt so die
Auflösung zahlreicher Integro-Differentialgleichungen im kleinen
durch sukzessive Approximationen in völlig einheitlicher Weise. Der
Konvergenzbeweis brauchte dabei nur einmal (in § 2 des ersten Ka-

---

[1] Vgl. E. Schmidt, Zur Theorie der linearen und nichtlinearen Integralgleichungen. III. Teil. Über die Auflösung der nichtlinearen Integralgleichungen
und die Verzweigung ihrer Lösungen, Math. Annalen **65** (1908), S. 370—399.

pitels) in allen Einzelheiten durchgeführt zu werden. Insbesondere gestattet das eingeschlagene Verfahren die Auflösung einer nichtlinearen Integralgleichung, auch wenn die Integralpotenzreihe, die, gleich Null gesetzt, die aufzulösende Gleichung liefert, nicht notwendig „regulär" konvergiert.

Nach einer ins einzelne gehenden Diskussion des Problems der Auflösung nichtlinearer Integralgleichungen im kleinen, wobei auch auf die von Liapounoff noch vor dem Erscheinen der Schmidtschen Abhandlung gewonnenen Ergebnisse eingegangen wird, werden u. a. gewisse auf Systeme nichtlinearer Integralgleichungen ohne weiteres zurückführbaren Integro-Differentialgleichungen behandelt. Es folgen einige Anwendungen: ein zuerst von Herrn Carleman betrachtetes nichtlineares Problem der Wärmeleitung mit Ausstrahlung, der Existenzbeweis zweidimensionaler Oberflächenwellen von Levi-Civita, Abhängigkeit der Lösung des ersten Randwertproblems elliptischer Differentialgleichungen zweiter Ordnung in der Normalform von den Randwerten, Auflösung des ersten Randwertproblems der Differentialgleichung $\Delta u = k e^u (k > 0)$ im großen usw.

Im zweiten und dritten Kapitel werden spezielle nichtlineare Integro-Differentialgleichungen betrachtet, die sich auf Integralgleichungen von der im ersten Kapitel betrachteten Form nicht oder nicht in einfacher Weise zurückführen lassen. Hier wird zunächst das Verhalten der Lösungen allgemeinster elliptischer Differentialgleichungen zweiter Ordnung bei einer hinreichend kleinen Änderung ihrer Randwerte studiert und als eine Anwendung die Frage nach der Existenz des Feldes bei zweidimensionalen regulären Variationsproblemen diskutiert. Es folgen eine fundamentale Integro-Differentialgleichung der Theorie der Gleichgewichtsfiguren rotierender Flüssigkeiten, ein in der Dynamik vollkommen inkohärenter Medien sowie ein in der Theorie Helmholtzscher Wirbel auftretendes System nichtlinearer Integro-Differentialgleichungen. Die Auflösung wird allemal durch sukzessive Näherungen gewonnen. Der springende Punkt ist, wie bereits erwähnt, die Ableitung der beiden maßgebenden Ungleichheiten. Wesentliche Dienste leisten hierbei gewisse von mir vor einiger Zeit angegebene potentialtheoretische Hilfssätze, bei denen es sich um das Verhalten des Newtonschen Potentials räumlicher oder Flächenbelegungen bei einer Änderung des die Belegung tragenden Gebietes handelt[1].

Das vierte Kapitel beschäftigt sich mit gewissen nichtlinearen Integralgleichungen im großen. Es werden in Verallgemeinerung älterer Ergebnisse des Verfassers Sätze betreffend die Existenz der Lösung und der Eigenwerte abgeleitet. Ausgegangen wird von einem Variations-

---

[1] Vgl. L. Lichtenstein, Über einige Hilfssätze der Potentialtheorie. IV, Berichte der Sächsischen Akademie der Wissenschaften. **82** (1931), S. 265—344.

problem. Wie a. a. O. gezeigt wird, läßt sich zunächst, unter Benutzung eines von Ritz angegebenen Verfahrens, eine Minimalfolge konstruieren. Aus dieser Minimalfolge wird sodann eine Teilfolge ausgesondert, die gegen eine Lösung des Problems gleichmäßig konvergiert.

Zum Verständnis des folgenden genügen neben den Grundlagen der Differential- und Integralrechnung Elemente der Potentialtheorie und der Theorie linearer Integralgleichungen. Kenntnisse auf dem Gebiete linearer elliptischer Differentialgleichungen zweiter Ordnung sind erwünscht, jedoch nicht erforderlich, da alles Nötige ausführlich auseinandergesetzt wird.

Es ist mir eine angenehme Pflicht, meinem Assistenten, Herrn Privatdozenten Dr. E. Hölder für manchen wertvollen Rat bei der Abfassung dieses Werkes und für die mir durch das Lesen der Korrekturen erwiesene wirksame Hilfe meinen herzlichsten Dank auszusprechen.

Der Verlagsbuchhandlung Julius Springer, die auf alle meine Wünsche bereitwilligst eingegangen ist, sei auch an dieser Stelle bestens gedankt.

Leipzig, im Februar 1931.

Leon Lichtenstein.

Inhaltsverzeichnis.

Erstes Kapitel.

Nichtlineare Integralgleichungen im kleinen.

Zweites Kapitel.

Anwendungen.

Drittes Kapitel.

Einige Klassen nichtlinearer Integro-Differentialgleichungen, die sich nicht auf Systeme nichtlinearer Integralgleichungen zurückführen lassen.

Viertes Kapitel.

Nichtlineare Integralgleichungen im großen.

Erstes Kapitel.

Nichtlineare Integralgleichungen im kleinen.

§ 1. Problemstellung und vorbereitende Betrachtungen. Es sei $K(x, x_1)$ eine in dem Rechtecke $0 \leqq x \leqq 1$, $0 \leqq x_1 \leqq 1$ erklärte stetige Funktion, und es möge $v(x)$ irgendeine in dem Intervalle $0 \leqq x \leqq 1$ definierte stetige Funktion bezeichnen. Wichtige Probleme der mathematischen Physik und der Theorie gewöhnlicher und partieller Differentialgleichungen führen auf Beziehungen von der Form

$$\zeta(x) + \int_0^1 K(x, x_1)\,\zeta(x_1)\,dx_1 = v(x) + F\{\zeta(x),\, v(x)\},$$

unter $F\{\zeta(x), v(x)\}$ eine gewisse nichtlineare Funktionaloperation über $\zeta(x)$ und $v(x)$ verstanden. Mit einer Klasse von Funktionalgleichungen dieser Art, die zuerst von Erhard Schmidt systematisch untersucht worden ist, werden wir uns im folgenden beschäftigen. Wesentlich erscheint hierbei vor allem, daß $|v(x)|$ hinreichend kleine Werte erteilt werden sollen, was zur Folge hat, daß $|\zeta(x)|$ und dem speziellen Bau von $F\{\zeta(x), v(x)\}$ zufolge auch $|F|$ lediglich hinreichend kleine Werte annimmt. Wir sprechen darum von einer nichtlinearen Integralgleichung im kleinen.

Wir beginnen mit einigen speziellen Beispielen.

1. $$F\{\zeta(x), v(x)\} = \zeta^m(x)\, v^n(x) \qquad (m \geqq 2,\ n \geqq 0),$$

somit

$$\zeta(x) + \int_0^1 K(x, x_1)\,\zeta(x_1)\,dx_1 = v(x) + \zeta^m(x)\, v^n(x).$$

In naheliegender Verallgemeinerung gelangen wir von hier aus zu der nichtlinearen Integralgleichung

$$\zeta(x) + \int_0^1 K(x, x_1)\,\zeta(x_1)\,dx_1 = v(x) + \sum_{m+n>1} a_{mn}\, \zeta^m(x)\, v^n(x),$$

unter $\sum a_{mn} \zeta^m v^n$ eine für hinreichend kleine $|\zeta|$ und $|v|$ konvergente Potenzreihe verstanden. Auch kann die Potenzreihe im besonderen aus einer endlichen Anzahl von Gliedern bestehen.

2. $F\{\zeta(x), v(x)\} = \left(\int\limits_0^1 \Re(x, x_1)\, \zeta^a(x_1)\, v^b(x_1)\, dx_1\right)^{\varrho_1},\quad a \geqq 2,\; b \geqq 0,\; \varrho_1 \geqq 1,$

somit

$$\zeta(x) + \int\limits_0^1 K(x, x_1)\, \zeta(x_1)\, dx_1 = v(x) + \left(\int\limits_0^1 \Re(x, x_1)\, \zeta^a(x_1)\, v^b(x_1)\, dx_1\right)^{\varrho_1}.$$

Eine Verallgemeinerung führt von hier aus zu der nichtlinearen Integralgleichung

$$\zeta(x) + \int\limits_0^1 K(x, x_1)\, \zeta(x_1)\, dx_1 = v(x) + \sum_{\varrho_1 \geqq 1} a_{\varrho_1} \left(\int\limits_0^1 \Re(x, x_1)\, \zeta^a(x_1)\, v^b(x_1)\, dx_1\right)^{\varrho_1},$$

unter $\sum\limits_{\varrho_1} a_{\varrho_1} z^{\varrho_1}$ eine für hinreichend kleine Werte von $|z|$ konvergierende Reihe, die sich auch auf ein Polynom reduzieren kann, verstanden. Weitere Integralgleichungen allgemeinerer Natur erhält man, wenn man rechter Hand Glieder von der in 1. und 2. betrachteten Art vereinigt, diesen evtl. weitere Glieder etwa von der Form

$$\int\limits_0^1 \int\limits_0^1 \Re(x; x_1, x_2)\, \zeta^a(x_1)\, \zeta^{\bar{a}}(x_2)\, v^b(x_1)\, v^{\bar{b}}(x_2)\, dx_1\, dx_2$$

zugesellt, usw.

Diese speziellen Beispiele mögen genügen, — wir gehen jetzt zu Betrachtungen allgemeiner Natur über.

Im folgenden mögen

$$K_{mnj}(x; x_1, \ldots, x_\varrho),$$

$(\varrho, m, n, j$ ganz, $\varrho \geqq 1,\; 0 \leqq m \leqq \varrho,\; 0 \leqq n \leqq \varrho,\; m + n = \varrho,\; j = 1, \ldots, k)$ gewisse für alle in dem abgeschlossenen Intervalle $\langle 0, 1 \rangle$ gelegenen Werte ihrer Argumente erklärte stetige, reelle oder komplexe Funktionen bezeichnen. Es seien weiter $\zeta(x)$, $v(x)$ in $\langle 0,1 \rangle$ erklärte stetige reelle oder komplexe Funktionen[3]. Wir setzen zur Vereinfachung

$$\zeta = \zeta(x),\; \zeta_1 = \zeta(x_1), \ldots;\qquad v = v(x),\; v_1 = v(x_1), \ldots,$$

(1) $$U_{mn}\{\zeta, v\} = \sum_j \int\limits_0^1 \ldots \int\limits_0^1 K_{mnj}(x; x_1, \ldots, x_\varrho)\, \zeta^\alpha \zeta_1^{\alpha_1} \ldots \zeta_\varrho^{\alpha_\varrho}\, v^\beta v_1^{\beta_1} \ldots v_\varrho^{\beta_\varrho}\, dx_1 \ldots dx_\varrho$$

die Summe erstreckt über alle ganzen nichtnegativen $\alpha, \alpha_1, \ldots, \alpha_\varrho$; $\beta, \beta_1, \ldots, \beta_\varrho$ mit

(2) $$\alpha + \alpha_1 + \ldots + \alpha_\varrho = m,\qquad \beta + \beta_1 + \ldots + \beta_\varrho = n.$$

Wir haben vorhin $j \leqq k$ gesetzt. Offenbar ist k die Anzahl der Lösungen der Diophantischen Gleichungen (2).

Augenscheinlich ist für konstantes ω

$$U_{mn}\{\omega\zeta, \omega v\} = \omega^{m+n}\, U_{mn}\{\zeta, v\}.$$

---

[3] Diese Voraussetzung wird später gelegentlich zugunsten einer allgemeineren Annahme fallen gelassen.

In der Bezeichnungsweise von Frechet stellt $U_{mn}\{\zeta, v\}$ ein Funktional $(m+n)$-ten Grades von ζ und v [4] dar.

Beispiele.

1. $j=1$, $\alpha=m$, $\alpha_k=0$ $(k>0)$, $\beta=n$, $\beta_l=0$ $(l>0)$, $\varrho=m+n$,
$K_{mn1}=1$, $K_{mnj}=0$ $(j>1)$, $U_{mn}\{\zeta, v\}=\zeta^m(x)\,v^n(x)$.

Dies ist ein vorhin bereits benutzter Ausdruck.

2. $j=1$, $\alpha=\beta=0$, $\alpha_k=a$ $(k=1,\ldots,\varrho_1)$, $\alpha_k=0$ $(k>\varrho_1)$,
$\beta_l=b$ $(l=1,\ldots,\varrho_1)$, $\beta_l=0$ $(l>\varrho_1)$, $m=a\varrho_1$, $n=b\varrho_1$, $\varrho=m+n$,
$K_{mn1}(x;x_1,\ldots,x_\varrho)=\Re(x,x_1)\,\Re(x,x_2)\ldots\Re(x,x_{\varrho_1})$, $K_{mnj}=0$ $(j>1)$,

$$U_{mn}\{\zeta, v\} = \left(\int_0^1 \Re(x,x_1)\,\zeta^a(x_1)\,v^b(x_1)\,dx_1\right)^{\varrho_1}.$$

Auch diesem Ausdruck sind wir vorhin begegnet.

3. Es gilt allgemein

$$(3)\qquad U_{10}=\zeta(x)\int_0^1 K_{101}(x,x_1)\,dx_1+\int_0^1 K_{102}(x,x_1)\,\zeta(x_1)\,dx_1$$

$$=\zeta(x)\,\boldsymbol{K}_{101}(x)+\int_0^1 K_{102}(x,x_1)\,\zeta(x_1)\,dx_1$$

und analog

$$(3')\qquad U_{01}=v(x)\,\boldsymbol{K}_{011}(x)+\int_0^1 K_{012}(x,x_1)\,v(x_1)\,dx_1.$$

Es sei jetzt

$$(4)\qquad \text{Max}\sum_j\int_0^1\ldots\int_0^1|K_{mnj}(x;x_1,\ldots,x_\varrho)|\,dx_1\ldots dx_\varrho=B_{mn},$$

und es mögen $\boldsymbol{d}>0$, $\boldsymbol{d}_1>0$ zwei feste Werte bezeichnen.

Wir nehmen an, daß die unendliche Reihe

$$(5)\qquad \sum_{mn} B_{mn}\,\boldsymbol{d}^m\,\boldsymbol{d}_1^n$$

konvergiert. Sei weiter $0<d<\boldsymbol{d}$, $0<d_1<\boldsymbol{d}_1$ [5] und für alle x in $\langle 0,1\rangle$

$$(6)\qquad |\zeta|\leqq\Omega\leqq d,\qquad |v|\leqq\Omega_1\leqq d_1,$$

mithin auch

$$\text{Max}\,|\zeta|\leqq\Omega\leqq d,\qquad \text{Max}\,|v|\leqq\Omega_1\leqq d_1.$$

Augenscheinlich ist

$$(7)\qquad \sum_{m+n>1}|U_{mn}\{\zeta, v\}|\leqq\sum_{m+n>1}\Omega^m\Omega_1^n\sum_j\int\ldots\int|K_{mnj}(x;x_1,\ldots,x_\varrho)|\,dx_1\ldots dx_\varrho$$

$$\leqq\sum_{m+n>1}B_{mn}\Omega^m\Omega_1^n=F(\Omega,\Omega_1).$$

---

[4] Genauer, eine Funktionaloperation über ζ und v.
[5] Die Differenzen $\boldsymbol{d}-d$, $\boldsymbol{d}_1-d_1$ können übrigens beliebig klein sein.

Die Funktion $F(\Omega, \Omega_1)$ ist in dem Bereiche $0 \leqq \Omega \leqq d$, $0 \leqq \Omega_1 \leqq d_1$ stetig und hat daselbst gewiß stetige Ableitungen erster und zweiter Ordnung. Da ferner

$$F(0,0) = 0, \qquad \frac{\partial}{\partial \Omega} F(0,0) = \frac{\partial}{\partial \Omega_1} F(0,0) = 0$$

gilt, so ist weiter in naheliegender Bezeichnungsweise

$$F(\Omega, \Omega_1) = \frac{1}{2}\Omega^2 F_{\Omega\Omega}(\theta\Omega, \theta\Omega_1) + \Omega\Omega_1 F_{\Omega\Omega_1}(\theta\Omega, \theta\Omega_1)$$

$$+ \frac{1}{2}\Omega_1^2 F_{\Omega_1\Omega_1}(\theta\Omega, \theta\Omega_1), \quad 0 < \theta < 1,$$

mithin

$$F(\Omega, \Omega_1) \leqq A(\Omega^2 + \Omega\Omega_1 + \Omega_1^2) \quad (A > 0 \text{ konstant}),$$

d. h.

$$(8) \quad \Big| \sum_{m+n>1} U_{mn}\{\zeta, v\} \Big| \leqq \sum_{m+n>1} |U_{mn}\{\zeta, v\}| \leqq A(\Omega^2 + \Omega\Omega_1 + \Omega_1^2).$$

Es sei $\dot\zeta(x)$ eine weitere in $\langle 0, 1\rangle$ erklärte stetige Funktion, und es sei

$$(9) \qquad |\dot\zeta| \leqq \Omega \leqq d, \quad |\zeta - \dot\zeta| \leqq \mho \leqq 2\Omega.$$

Natürlich ist vor allem

$$(10) \qquad \sum_{m+n>1} |U_{mn}\{\dot\zeta, v\}| \leqq A(\Omega^2 + \Omega\Omega_1 + \Omega_1^2).$$

Des weiteren ist

$$|U_{mn}\{\zeta, v\} - U_{mn}\{\dot\zeta, v\}| \leqq \sum_j \int \ldots \int |K_{mnj}(x; x_1, \ldots, x_\varrho)|$$

$$\times |\zeta^\alpha \zeta_1^{\alpha_1} \ldots \zeta_\varrho^{\alpha_\varrho} - \dot\zeta^\alpha \dot\zeta_1^{\alpha_1} \ldots \dot\zeta_\varrho^{\alpha_\varrho}| |v^\beta v_1^{\beta_1} \ldots v_\varrho^{\beta_\varrho}| dx_1 \ldots dx_\varrho,$$

$$\zeta^\alpha \zeta_1^{\alpha_1} \ldots \zeta_\varrho^{\alpha_\varrho} - \dot\zeta^\alpha \dot\zeta_1^{\alpha_1} \ldots \dot\zeta_\varrho^{\alpha_\varrho}$$

$$= (\zeta^\alpha - \dot\zeta^\alpha)\zeta_1^{\alpha_1} \ldots \zeta_\varrho^{\alpha_\varrho} + \dot\zeta^\alpha(\zeta_1^{\alpha_1} - \dot\zeta_1^{\alpha_1})\zeta_2^{\alpha_2} \ldots \zeta_\varrho^{\alpha_\varrho} + \ldots + \dot\zeta^\alpha \dot\zeta_1^{\alpha_1} \ldots \dot\zeta_{\varrho-1}^{\alpha_{\varrho-1}}(\zeta_\varrho^{\alpha_\varrho} - \dot\zeta_\varrho^{\alpha_\varrho}),$$

$$\zeta^\alpha - \dot\zeta^\alpha = (\zeta - \dot\zeta)(\zeta^{\alpha-1} + \zeta^{\alpha-2}\dot\zeta + \ldots + \dot\zeta^{\alpha-1}), \ldots,$$

mithin, wie man fast unmittelbar sieht,

$$|\zeta^\alpha \zeta_1^{\alpha_1} \ldots \zeta_\varrho^{\alpha_\varrho} - \dot\zeta^\alpha \dot\zeta_1^{\alpha_1} \ldots \dot\zeta_\varrho^{\alpha_\varrho}| \leqq m\,\Omega^{m-1}\mho,$$

also

$$|U_{mn}\{\zeta, v\} - U_{mn}\{\dot\zeta, v\}| \leqq m B_{mn}\Omega^{m-1}\Omega_1^n \mho,$$

$$\Big| \sum_{m+n>1} (U_{mn}\{\dot\zeta, v\} - U_{mn}\{\zeta, v\}) \Big| \leqq \sum_{m+n>1} |U_{mn}\{\dot\zeta, v\} - U_{mn}\{\zeta, v\}|$$

$$\leqq m\mho \sum_{m+n>1} B_{mn}\Omega^{m-1}\Omega_1^n = \mho F_\Omega(\Omega, \Omega_1),$$

$$F_\Omega(\Omega, \Omega_1) = \Omega F_{\Omega\Omega}(\bar\theta\Omega, \bar\theta\Omega_1) + \Omega_1 F_{\Omega\Omega_1}(\bar\theta\Omega, \bar\theta\Omega_1) \leqq B(\Omega + \Omega_1)$$

$$(0 < \bar\theta < 1, B > 0 \text{ konstant}),$$

somit endgültig

$$(11) \qquad \Big| \sum_{m+n>1} (U_{mn}\{\dot\zeta, v\} - U_{mn}\{\zeta, v\}) \Big| \leqq B(\Omega + \Omega_1)\mho.$$

Wir fassen jetzt $v(x)$ als eine bekannte, $\zeta(x)$ als eine zu bestimmende Funktion auf und stellen uns die Aufgabe, die Funktionalbeziehung

$$(12) \qquad \sum_{m+n\geqq 1} U_{mn}\{\zeta, v\} = 0,$$

d. h.

$$\sum_{m+n\geqq 1} \sum_{j} \int \ldots \int K_{mnj}(x; x_1, \ldots, x_\varrho)\, \zeta^\alpha \zeta_1^{\alpha_1} \ldots \zeta_\varrho^{\alpha_\varrho}\, v^\beta v_1^{\beta_1} \ldots v_\varrho^{\beta_\varrho}\, dx_1 \ldots dx_\varrho = 0$$

aufzulösen. Der Ausdruck $\sum\limits_{m+n\geqq 1} U_{mn}\{\zeta, v\}$, eine regulär konvergente Integralpotenzreihe in der Bezeichnungsweise von E. Schmidt[5a], stellt ein analytisches Funktional[6] von ζ und v dar. Indem wir die Glieder ersten Grades in bezug auf ζ und v aussondern, können wir für (12) auch schreiben (vgl. (3))

$$(13) \quad \zeta(x)\, \boldsymbol{K}_{101}(x) + \int K_{102}(x, x_1)\, \zeta(x_1)\, dx_1 = U - \sum_{m+n>1} U_{mn}\{\zeta, v\},$$

worin, beiläufig bemerkt, die Funktion U, die als bekannt zu gelten hat, nach $(3')$ den Wert

$$(14) \qquad U = -U_{01} = -v(x)\, \boldsymbol{K}_{011}(x) - \int K_{012}(x, x_1)\, v(x_1)\, dx_1$$

hat.

Es dürfte nicht überflüssig sein, auch noch die Gesamtheit der Glieder zweiter Ordnung in (13), d. h. der Glieder von der Form $\sum\limits_{m+n=2} U_{mn}\{\zeta, v\}$, explizite hinzuschreiben. Es ist

$$\sum_{m+n=2} U_{mn}\{\zeta, v\} = U_{20}\{\zeta, v\} + U_{11}\{\zeta, v\} + U_{02}\{\zeta, v\}$$

$$= \int_0^1\!\!\int_0^1 K_{201}(x; x_1, x_2)\, \zeta^2\, dx_1 dx_2 + \int\!\!\int K_{202} \zeta_1^2\, dx_1 dx_2$$

$$+ \int\!\!\int K_{203}\, \zeta_2^2\, dx_1 dx_2 + \int\!\!\int K_{204}\, \zeta \zeta_1\, dx_1 dx_2$$

$$+ \int\!\!\int K_{205}\, \zeta \zeta_2\, dx_1 dx_2 + \int\!\!\int K_{206}\, \zeta_1 \zeta_2\, dx_1 dx_2$$

$$+ \int\!\!\int K_{111}\, \zeta v\, dx_1 dx_2 + \int\!\!\int K_{112}\, \zeta v_1\, dx_1 dx_2$$

$$+ \int\!\!\int K_{113}\, \zeta v_2\, dx_1 dx_2 + \int\!\!\int K_{114}\, \zeta_1 v\, dx_1 dx_2$$

$$+ \int\!\!\int K_{115}\, \zeta_1 v_1\, dx_1 dx_2 + \int\!\!\int K_{116}\, \zeta_1 v_2\, dx_1 dx_2$$

$$+ \int\!\!\int K_{117}\, \zeta_2 v\, dx_1 dx_2 + \int\!\!\int K_{118}\, \zeta_2 v_1\, dx_1 dx_2$$

$$+ \int\!\!\int K_{119}\, \zeta_2 v_2\, dx_1 dx_2 + \int\!\!\int K_{021}\, v^2\, dx_1 dx_2$$

$$+ \int\!\!\int K_{022}\, v_1^2\, dx_1 dx_2 + \int\!\!\int K_{023}\, v_2^2\, dx_1 dx_2$$

$$+ \int\!\!\int K_{024}\, v v_1\, dx_1 dx_2 + \int\!\!\int K_{025}\, v v_2\, dx_1 dx_2$$

$$+ \int\!\!\int K_{026}\, v_1 v_2\, dx_1 dx_2.$$

[5a] Vgl. loc. cit. [1] S. 377. Man beachte, daß nach Voraussetzung die Reihe (5) konvergiert.

[6] Genauer, eine Funktionaloperation über ζ und v.

Es ist klar, daß sich dieser Ausdruck erheblich zusammenziehen läßt, indem beispielsweise für $\iint K_{202}\,\zeta_1^2\,dx_1\,dx_2 + \iint K_{203}\,\zeta_2^2\,dx_1\,dx_2$ kürzer $\int K_*(x,x_1)\,\zeta_1^2\,dx_1$ geschrieben werden könnte. Die Beziehung (13) ist augenscheinlich eine nichtlineare Integralgleichung.

Herr Schmidt löst sie a. a. O. unter Benutzung einer Majorantenmethode auf. Mit Rücksicht auf die Betrachtungen des dritten Kapitels werden wir uns demgegenüber des in manchen Fällen weiter tragenden Verfahrens der sukzessiven Approximationen bedienen und etwas weiter unten den Anschluß an die Schmidtschen Überlegungen gewinnen. Es mag sogleich darauf hingewiesen werden, daß unser Verfahren auch dann zum Ziele führt, wenn die Reihe (12) nicht notwendig regulär konvergiert (vgl. S. 11).

§ 2. Ein Spezialfall. Sukzessive Approximationen. Unität. Analytischer Charakter der Lösung. Wir beginnen mit dem Spezialfall

$$K_{101}(x) = 1, \qquad K_{102}(x,x_1) = 0,$$

mithin mit der nichtlinearen Integralgleichung

$$(15) \qquad \zeta(x) = U - \sum_{m+n>1} U_{mn}\{\zeta, v\}$$

und versuchen, diese durch sukzessive Näherungen aufzulösen [7]. Wir bilden zu diesem Zwecke nacheinander die Funktionen

$$(16) \qquad \begin{aligned} {}_1\zeta &= U, \\ {}_2\zeta &= U - \sum_{m+n>1} U_{mn}\{{}_1\zeta, v\}, \\ &\cdot\cdot\cdot\cdot\cdot\cdot\cdot\cdot\cdot\cdot\cdot\cdot\cdot\cdot \\ {}_k\zeta &= U - \sum_{m+n>1} U_{mn}\{{}_{k-1}\zeta, v\}, \\ &\cdot\cdot\cdot\cdot\cdot\cdot\cdot\cdot\cdot\cdot\cdot\cdot\cdot\cdot \end{aligned}$$

Die vorgeschriebenen Operationen sind gewiß ausführbar, falls $|{}_1\zeta|, |{}_2\zeta|, \dots$ sich als $\leq d$ erweisen und zugleich $|v| \leq d_1$ ist, da alsdann die unendliche Reihe rechter Hand konvergiert. Dies trifft aber, wie wir gleich sehen werden, zu, wenn $|v|$, das wir bereits als $\leq d_1$ vorausgesetzt haben, und damit auch $|U|$ hinreichend klein ist.

Wir setzen

$$(17) \qquad \operatorname{Max}(|v|, |U|) = U_*$$

und betrachten die quadratische Gleichung

$$\tau = U_* + A(\tau^2 + \tau U_* + U_*^2).$$

Für hinreichend kleine U_* sind ihre beiden Wurzeln positiv, die kleinere

$$\tau = \frac{1}{2A} - \frac{U_*}{2} - \sqrt{\left(\frac{1}{2A} - \frac{U_*}{2}\right)^2 - U_*\left(\frac{1}{A} + U_*\right)} = U_* + 3A U_*^2 + \dots$$

---

[7] Es ist einleuchtend, daß die Voraussetzung $K_{101}(x) \neq 0$ in $\langle 0, 1 \rangle$ nur scheinbar allgemeiner wäre als die Festsetzung $K_{101}(x) = 1$.

konvergiert zugleich mit U_* gegen Null. Gewiß gilt darum $\tau \leqq d$, sobald $\mathrm{Max}\,|v|$ hinreichend klein ist, etwa $\mathrm{Max}\,|v| \leqq d_2 \leqq d_1$.

Unter dieser Voraussetzung folgt aus

$$\tau = U_* + A(\tau^2 + \tau U_* + U_*^2)$$

wegen (16), (17), (8) und (6) nacheinander

$$\begin{aligned}
{}_1\zeta &\leqq U_* < \tau, \\
{}_2\zeta &< U_* + A(\tau^2 + \tau U_* + U_*^2) = \tau, \\
{}_3\zeta &< U_* + A(\tau^2 + \tau U_* + U_*^2) = \tau, \\
&\cdots\cdots\cdots\cdots\cdots\cdots\cdots\cdots
\end{aligned}$$

In der Tat ist also

$$(18) \qquad\qquad {}_k\zeta \leqq \tau \leqq d, \qquad\qquad (k = 1, 2, \ldots),$$

was zu beweisen war.

Es ist nun weiter für $k > 2$

$$ {}_k\zeta - {}_{k-1}\zeta = - \sum_{m+n>1} (U_{mn}\{{}_{k-1}\zeta, v\} - U_{mn}\{{}_{k-2}\zeta, v\}),$$

darum wegen (11), (18), (17)

$$ |{}_k\zeta - {}_{k-1}\zeta| \leqq B(\tau + U_*)\,\mathrm{Max}\,|{}_{k-1}\zeta - {}_{k-2}\zeta|.$$

Wie bereits bemerkt, konvergiert τ mit U_*, also auch mit $\mathrm{Max}\,|v(x)|$ gegen Null. Indem man $\mathrm{Max}\,|v(x)|$ hinreichend klein wählt, sagen wir $\mathrm{Max}\,|v| \leqq d_3 \leqq d_2 \leqq d_1$, kann man demnach erreichen, daß

$$(19) \quad B(\tau + U_*) \leqq q < 1, \quad \text{darum} \quad |{}_k\zeta - {}_{k-1}\zeta| \leqq q\,\mathrm{Max}\,|{}_{k-1}\zeta - {}_{k-2}\zeta|,$$

somit auch

$$(20) \qquad\qquad \mathrm{Max}\,|{}_k\zeta - {}_{k-1}\zeta| \leqq q\,\mathrm{Max}\,|{}_{k-1}\zeta - {}_{k-2}\zeta|$$

wird. Aus (20) folgt augenscheinlich, daß die unendliche Reihe

$$ {}_1\zeta + ({}_2\zeta - {}_1\zeta) + ({}_3\zeta - {}_2\zeta) + \cdots$$

unbedingt und gleichmäßig konvergiert. Setzt man

$$ \zeta = {}_1\zeta + ({}_2\zeta - {}_1\zeta) + ({}_3\zeta - {}_2\zeta) + \cdots,$$

so ist offenbar

$$ \zeta = \lim_{k \to \infty} {}_k\zeta.$$

Geht man schließlich in (16) zur Grenze $k \to \infty$ über, so findet man

$$ \zeta = U - \sum_{m+n>1} U_{mn}\{\zeta, v\};$$

$\zeta(x)$ *ist eine Lösung der nichtlinearen Integralgleichung* (15). [8]

---

[8] Die Benutzung algebraischer Gleichungen zur Herstellung einer Majorante geht auf Cauchy zurück. Die Methode wird neuerdings öfter im Zusammenhang mit einer Entwicklung nach Potenzen eines kleinen Parameters verwendet, so beispielsweise von Liapounoff in seinen Arbeiten zur Theorie der Gleichgewichtsfiguren rotierender Flüssigkeiten. Siehe auch F. K. G. Odqvist, Über die Randwertaufgaben der Hydrodynamik zäher Flüssigkeiten, Math. Zeitschr. **32** (1930), S. 329—375, insbes. S. 366—370.

Aus (18) folgt augenscheinlich $|\zeta| \leq \tau$. Da, wie vorhin bemerkt, τ zugleich mit $\mathrm{Max}\,|v|$ gegen Null geht, so gilt auch

$$\mathrm{Max}\,|\zeta| \to 0 \quad \text{für} \quad \mathrm{Max}\,|v| \to 0.$$

Es sei jetzt $\hat{\zeta}(x)$ eine beliebige in $\langle 0\;1\rangle$ erklärte stetige Funktion, und es möge $|\hat{\zeta}| \leq d$ sein.

Wir zeigen: Wenn man $\mathrm{Max}\,|v(x)|$ und $\mathrm{Max}\,|\hat{\zeta}(x)|$ so klein wählt, daß

$$(21) \qquad B(\tau + U_*) \leq q < 1, \qquad B(\mathrm{Max}\,|\hat{\zeta}(x)| + U_*) \leq q < 1$$

ist, wird $\hat{\zeta}(x)$ mit $\zeta(x)$ identisch (*Unitätssatz*). Die Integralgleichung (15) hat also nur *eine* absolut unterhalb einer bestimmten festen Schranke gelegene Lösung, wenn $\mathrm{Max}\,|v(x)|$ hinreichend klein ist.

In der Tat folgt aus (16) und aus

$$(22) \qquad \hat{\zeta} = U - \sum_{m+n>1} U_{mn}\{\hat{\zeta}, v\}$$

wegen (18), (17), (11) und (21) nacheinander [9]

$$|\hat{\zeta} - {}_2\zeta| \leq q\,|\hat{\zeta} - {}_1\zeta|, \qquad |\hat{\zeta} - {}_3\zeta| \leq q^2\,|\hat{\zeta} - {}_1\zeta|, \ldots$$

somit augenscheinlich

$$\hat{\zeta} = \lim_{k \to \infty} {}_k\zeta = \zeta.$$

Ein Blick auf die vorausgegangenen Entwicklungen lehrt, daß, wenn man $K_{mnj}(x; x_1, \ldots, x_\varrho)$ durch $|K_{mnj}(x; x_1, \ldots, x_\varrho)|$ und überdies $v(x)$ durch $|v(x)|$ ersetzt, die sich alsdann ergebende nichtlineare Integralgleichung ebenfalls eine und nur eine Lösung hat, sofern $\mathrm{Max}\,|v(x)| \leq d_3$ gilt.

Es sei jetzt $q_1 > 1$,[10] und es möge ε eine beliebige komplexe Zahl mit $|\varepsilon| \leq q_1$ bezeichnen. Betrachten wir die nichtlineare Integralgleichung

$$(23) \quad \zeta_\varepsilon(x) = \varepsilon U(x) - \sum_{m+n>1} U_{mn}\{\zeta_\varepsilon, \varepsilon v\} = \varepsilon U(x) - \sum_{m+n>1} \varepsilon^n U_{mn}\{\zeta_\varepsilon, v\}.$$

Sie hat, sofern $\mathrm{Max}\,|v|$ hinreichend klein ist, gewiß für alle ε mit $|\varepsilon| \leq q_1$ eine und nur eine absolut hinreichend kleine Lösung[11]. Wie wir vorhin gesehen haben, ist, unter ${}_1\zeta_\varepsilon, {}_2\zeta_\varepsilon, \ldots$ die sukzessiven Näherungen der Lösung verstanden,

$$(24) \qquad |{}_1\zeta_\varepsilon| \leq d, \; |{}_2\zeta_\varepsilon| \leq d, \ldots.$$

---

[9] Man beachte, daß, wenn man vorübergehend die größere der beiden Schranken τ und $\mathrm{Max}\,|\hat{\zeta}(x)|$ mit $\mathfrak{Z}$ bezeichnet, nach (21)

$$B(\mathfrak{Z} + U_*) \leq q$$

gilt.

[10] Dabei kann $q_1 - 1$ beliebig klein sein.

[11] Augenscheinlich genügt es, $\mathrm{Max}\,|v| \leq \dfrac{1}{q_1}\, d_3$ anzunehmen.

Es seien $\bar{\zeta}$ und $\bar{v}$ beliebige reelle oder komplexe stetige Funktionen in $\langle 0, 1 \rangle$, und es sei

$$|\bar{\zeta}| \leqq d, \qquad |\bar{v}| \leqq \frac{d_1}{q_1}.$$

Wegen (4) und (5) ist $\sum\limits_{m+n>1} U_{mn}\{\bar{\zeta}, \varepsilon\bar{v}\}$ gewiß eine in der Kreisfläche $|\varepsilon| \leqq q_1$ analytische und reguläre Funktion von ε. Aus den zu (16) analogen Formeln

$$_1\zeta_\varepsilon = \varepsilon U, \qquad _k\zeta_\varepsilon = \varepsilon U - \sum\limits_{m+n>1} U_{mn}\{_{k-1}\zeta_\varepsilon, \varepsilon v\} \qquad (k = 2, 3, \ldots)$$

folgt jetzt mit Rücksicht auf (24), daß alle $_k\zeta_\varepsilon$ $(k \geqq 1)$ in $|\varepsilon| \leqq q_1$ analytisch und regulär sind. Da ferner

$$\lim_{k \to \infty} {}_k\zeta_\varepsilon = \zeta_\varepsilon$$

für alle ε mit $|\varepsilon| \leqq q_1$ gleichmäßig gilt, so ist auch ζ_ε eine in der Kreisfläche $|\varepsilon| < q_1$ analytische und reguläre Funktion von ε. Es gilt darum eine Entwicklung von der Form

$$(25) \qquad \zeta_\varepsilon = {}^1\zeta\,\varepsilon + {}^2\zeta\,\varepsilon^2 + \ldots + {}^k\zeta\,\varepsilon^k + \ldots, {}^{12}$$

darum für $\varepsilon = 1$ insbesondere

$$(26) \qquad \zeta = {}^1\zeta + {}^2\zeta + \ldots + {}^k\zeta + \ldots.$$

Die Ausdrücke ${}^1\zeta, {}^2\zeta, \ldots$ bestimmen sich durch Einsetzen in (23) nach der Methode der unbestimmten Koeffizienten.

Man findet zunächst unmittelbar, daß

$$(27) \qquad {}^1\zeta = U(x)$$

ist und daß an der Bildung von ${}^2\zeta$ in (23) U_{20}, U_{11}, U_{02} beteiligt sind. Bei der Herstellung von ${}^3\zeta$ kommen darüber hinaus noch $U_{30}, U_{21}, U_{12}, U_{03}$ zur Verwendung. Man überzeugt sich so leicht durch vollständige Induktion, daß ${}^k\zeta$ von allen U_{mn} bis $U_{k0}, U_{k-1,1}, \ldots, U_{0k}$ einschließlich abhängt und aus endlich vielen Summanden von der Form

$$\int \ldots \int \Re(x; x_1, \ldots, x_k)\, v^\delta v_1^{\delta_1} \ldots v_k^{\delta_k}\, dx_1 \ldots dx_k \quad (\delta + \delta_1 + \ldots + \delta_k = k)$$

besteht. *Nach (26) und (27) ist demnach*

$$(28) \qquad \zeta = U + \sum_{k>1} \sum_j \int \ldots \int \Re_{kj}(x; x_1, \ldots, x_k)\, v^\delta v_1^{\delta_1} \ldots v_k^{\delta_k}\, dx_1 \ldots dx_k$$
$$= U + \sum_{k>1} \mathfrak{B}_k.$$

Es sei

$$\operatorname{Max} \sum_j \int \ldots \int |\Re_{kj}(x; x_1, \ldots, x_k)|\, dx_1 \ldots dx_k = \hat{D}_k.$$

---

[12] Man beachte, daß $\zeta_\varepsilon \to 0$ für $\varepsilon \to 0$.

Es ist nicht schwer zu zeigen, daß es einen positiven Wert $d_4 \leqq d_3$ gibt, so daß $\sum \hat{D}_k d_4^k$ konvergiert. In der Bezeichnungsweise von Herrn **Schmidt** *konvergiert demnach* (28) *für alle v mit* $\mathrm{Max}\,|v(x)| \leqq d_4$ *regulär*. Der durch (28) hergestellte Zusammenhang zwischen v und ζ ist eine analytische Funktionaloperation.

Wir stellen, um die Konvergenz der Reihe $\sum \hat{D}_k d_4^k$ zu zeigen, der Integralgleichung (15) die Gleichung gegenüber, die man erhält, wenn man in (15) die Funktion $v(x)$ durch einen festen Wert $\varDelta > 0$,

$$U(x) \quad \text{durch} \quad \varDelta\,(\mathrm{Max}\,|\boldsymbol{K}_{011}(x)| + \mathrm{Max}\,|K_{012}(x, x_1)|),$$

$$\sum_j \int \ldots \int K_{mnj}(x; x_1, \ldots, x_\varrho)\,dx_1 \ldots dx_\varrho$$

durch $\quad B_{mn} = \mathrm{Max} \sum_j \int \ldots \int |K_{mnj}(x; x_1, \ldots, x_\varrho)|\,dx_1 \ldots dx_\varrho$

ersetzt. Die Lösung der neuen Gleichung, die nur noch von $\varDelta$ abhängt, heiße **Z**. Ist, wie wir annehmen wollen, $\varDelta$ hinreichend klein, so gilt unseren Ergebnissen gemäß die konvergente Entwicklung

$$\boldsymbol{Z} = D_1\varDelta + D_2\varDelta^2 + \ldots + D_k\varDelta^k + \ldots,$$

wo $D_1, D_2, \ldots$ positive Konstante bezeichnen. Augenscheinlich ist

$$\sum_j \int \ldots \int |\Re_{kj}(x; x_1, \ldots, x_k)|\,dx_1 \ldots dx_k \leqq D_k,$$

darum auch

$$\hat{D}_k = \mathrm{Max} \sum_j \int \ldots \int |\Re_{kj}(x; x_1, \ldots, x_k)|\,dx_1 \ldots dx_k \leqq D_k.$$

Damit ist unsere Behauptung bewiesen, man braucht nur $d_4 = \varDelta$ zu setzen.

Wie wir bereits weiter oben bemerkt haben, geht $\mathrm{Max}\,|\zeta(x)|$ zugleich mit $\mathrm{Max}\,|v(x)|$ gegen Null. Insbesondere hat darum die Integralgleichung von der Form

$$(29) \quad \zeta(x) = -\sum_{m>1} \sum_j \int_0^1 \ldots \int_0^1 K_{mj}(x; x_1, \ldots, x_\varrho)\,\zeta^\alpha \zeta_1^{\alpha_1} \ldots \zeta_\varrho^{\alpha_\varrho}\,dx_1 \ldots dx_\varrho,$$

$$\alpha + \alpha_1 + \ldots + \alpha_\varrho = m = \varrho,$$

sobald

$$\sum_{m>1} d^m \,\mathrm{Max} \sum_j \int \ldots \int |K_{mj}(x; x_1, \ldots, x_\varrho)|\,dx_1 \ldots dx_\varrho$$

konvergiert, keine dem absoluten Betrage nach unterhalb einer von vornherein angebbaren Schranke gelegene Lösung außer der trivialen Lösung $\zeta = 0$.

§ 3. Eine Erweiterung der Voraussetzungen. Wir haben in dem Vorhergehenden angenommen, daß die Reihe (5) konvergiert, und gefunden, daß die nichtlineare Integralgleichung (15) eine und nur eine unterhalb einer gewissen angebbaren Schranke gelegene Lösung hat, sofern $|v(x)|$ hinreichend klein ist. Diese Lösung läßt sich in der Form einer regulär konvergierenden Reihe (28) darstellen. Wir werden jetzt zeigen, daß die sukzessiven Approximationen in gewissen Fällen zu einer in der Form (28) darstellbaren Lösung führen können, auch wenn die vorhin präzisierten Voraussetzungen nicht notwendig erfüllt sind. Die Reihe (28) wird freilich diesmal nicht notwendig regulär konvergieren.

Wir gehen nunmehr von der Annahme aus, daß *die Reihe*

$$\mathfrak{U}\{\zeta, v\} = \sum_{m+n>1} U_{mn}\{\zeta, v\}$$

für beliebige stetige, reelle oder komplexe $\zeta(x)$ *und* $v(x)$ *mit* $|\zeta| \leqq d$, $|v| \leqq d_1$ *und alle* x *in* $\langle 0, 1\rangle$ *gleichmäßig konvergiert.* Wie man leicht sieht, ist darum der Ausdruck $\mathfrak{U}\{\zeta, v\}$ gleichmäßig beschränkt. Es sei $\mathfrak{M}$ die obere Grenze von $\left|\sum_{m+n>1} U_{mn}\{\zeta, v\}\right|$. Wir nehmen jetzt wie in § 1

$$\operatorname{Max}|\zeta| \leqq \Omega \leqq d < d, \qquad \operatorname{Max}|v| \leqq \Omega_1 \leqq d_1 < d_1$$

an und bemerken, daß bei festgehaltenen ζ und v

$$U(\varepsilon, v) = \sum_{m+n>1} \varepsilon^m v^n U_{mn}\{\zeta, v\}$$

eine für $|\varepsilon| < \dfrac{d}{\Omega}$, $|v| < \dfrac{d_1}{\Omega_1}$ analytische und reguläre Funktion von ε und v darstellt. Diese Funktion ist für alle $|\varepsilon| \leqq \dfrac{d}{\Omega}$, $|v| \leqq \dfrac{d_1}{\Omega_1}$ stetig. Ferner ist

$$\operatorname{Max}\left|\sum_{m+n>1} \varepsilon^m v^n U_{mn}\{\zeta, v\}\right| \leqq \mathfrak{M} \qquad \left(|\varepsilon| = \frac{d}{\Omega}, |v| = \frac{d_1}{\Omega_1}\right).$$

Die fundamentalen Cauchyschen Ungleichheiten ergeben

$$|U_{mn}\{\zeta, v\}| \leqq \mathfrak{M} : \left(\frac{d}{\Omega}\right)^m \left(\frac{d_1}{\Omega_1}\right)^n = \frac{\mathfrak{M}\,\Omega^m \Omega_1^n}{d^m d_1^n} = C_{mn} \Omega^m \Omega_1^n.$$

Also ist

$$(7') \qquad \sum_{m+n>1} |U_{mn}\{\zeta, v\}| \leqq \sum_{m+n>1} C_{mn} \Omega^m \Omega_1^n,$$

und die Reihe rechter Hand konvergiert gewiß für $\Omega \leqq d$, $\Omega_1 \leqq d_1$. Wie in § 1 aus (7) die Ungleichheit (8) gefolgert wurde, so folgt aus (7') eine Beziehung von der Form

$$(8') \qquad \sum_{m+n>1} |U_{mn}\{\zeta, v\}| \leqq C(\Omega^2 + \Omega \Omega_1 + \Omega_1^2) \quad (C \text{ konstant}).$$

Mit Rücksicht auf eine spätere Verwendung bemerken wir sogleich, daß

$$(8^*) \qquad \sum_{\substack{m+n>1 \\ m>0}} |U_{mn}\{\zeta, v\}| \leq C^*(\Omega^2 + \Omega\Omega_1) \quad (C^* \text{ konstant})$$

ist. Der Beweis bietet keinerlei Schwierigkeiten dar[13].

Es sei $\dot\zeta$ eine ganz wie ζ beschaffene Funktion, insbesondere sei

$$\text{Max}\,|\dot\zeta| \leq \Omega \leq d < \boldsymbol{d}.$$

Wir setzen zunächst

$$(9') \qquad\qquad |\zeta - \dot\zeta| \leq \mho \leq \tfrac{1}{2}\Omega$$

und beweisen, daß, wenn man Ω hinreichend klein, beispielsweise $2\Omega \leq d < \boldsymbol{d}$, wählt,

$$(11') \qquad \Big|\sum_{m+n>1} (U_{mn}\{\zeta, v\} - U_{mn}\{\dot\zeta, v\})\Big| \leq D(\Omega + \Omega_1)\mho$$

gilt[14].

Offenbar dürfen wir linker Hand von vornherein $m > 0$ annehmen, da sich die Glieder mit $m = 0$ im Minuenden und Subtrahenden fortheben. Betrachten wir den Ausdruck

$$\mathfrak{U}(t) = \sum_{\substack{m+n>1 \\ m>0}} U_{mn}\Big\{\zeta + \frac{t}{\mho}(\dot\zeta - \zeta), v\Big\}.$$

Er stellt für alle $|t| \leq \Omega$, da wegen $|\dot\zeta - \zeta| \leq \mho$ gewiß

$$\Big|\zeta + \frac{t}{\mho}(\dot\zeta - \zeta)\Big| \leq 2\Omega \leq d < \boldsymbol{d}$$

ist, eine analytische und reguläre Funktion von t dar.

Für $t = 0$ ist $\mathfrak{U}(t) = \sum_{\substack{m+n>1 \\ m>0}} U_{mn}\{\zeta, v\}$, für $t = \mho$ aber ist

$$\mathfrak{U}(t) = \sum_{\substack{m+n>1 \\ m>0}} U_{mn}\{\dot\zeta, v\}.$$

Nach (8^*) ist für $|t| = \Omega$

$$|\mathfrak{U}(t)| \leq C^*(4\Omega^2 + 2\Omega\Omega_1).[15]$$

---

[13] Man vergleiche die zu der Beziehung (8) führenden Entwicklungen auf S. 4. Da diesmal $F_{\Omega_1 \Omega_1}(0, \theta\Omega_1) = 0$ gilt, so ist

$$\tfrac{1}{2}\Omega_1^2 F_{\Omega_1 \Omega_1}(\theta\Omega, \theta\Omega_1) \leq \tfrac{1}{2}\Omega_1^2 \alpha\Omega < \tfrac{1}{2}\alpha\boldsymbol{d}_1\Omega\Omega_1 \quad (\alpha \text{ konstant}).$$

[14] In den §§ 1 und 2 ist demgegenüber lediglich $\Omega \leq d < \boldsymbol{d}$ vorausgesetzt worden, doch ist dies ganz unwesentlich.

[15] Jetzt bedeutet nämlich 2Ω das, was in (8^*) Ω bedeutete.

Den fundamentalen Cauchyschen Ungleichheitsbeziehungen gemäß ist für $|t| \leqq \mho$

$$\left|\frac{d\mathfrak{u}}{dt}\right| \leqq \frac{1}{2\pi} \cdot 2\pi \cdot \frac{\Omega C^*}{(\frac{1}{2}\Omega)^2} (4\Omega^2 + 2\Omega\Omega_1),\,[16]$$

wofür man mit

$$D = 16 C^*$$

gewiß auch

$$\left|\frac{d\mathfrak{u}}{dt}\right| < D(\Omega + \Omega_1)$$

schreiben kann. Beachtet man schließlich, daß

$$\mathfrak{u}(\mho) - \mathfrak{u}(0) = \int_0^{\mho} \frac{d\mathfrak{u}}{dt}\, dt$$

ist, so findet man

$$|\mathfrak{u}(\mho) - \mathfrak{u}(0)| \leqq D(\Omega + \Omega_1)\mho,$$

d. h.

$$(11') \qquad \left|\sum_{m+n>1} (U_{mn}\{\dot{\zeta}, v\} - U_{mn}\{\zeta, v\})\right| \leqq D(\Omega + \Omega_1)\mho,$$

wo übrigens das Gleichheitszeichen nur für $\mho = 0$ gilt.

Es ist jetzt leicht zu sehen, daß man die Voraussetzung $\mho \leqq \frac{1}{2}\Omega$ fallen lassen kann. Wir schalten, um dies zu zeigen, zwischen ζ und $\dot{\zeta}$ die Funktionen

$$\zeta_{\frac{1}{4}} = \zeta + \tfrac{1}{4}(\dot{\zeta} - \zeta), \qquad \zeta_{\frac{1}{2}} = \zeta + \tfrac{1}{2}(\dot{\zeta} - \zeta), \qquad \zeta_{\frac{3}{4}} = \zeta + \tfrac{3}{4}(\dot{\zeta} - \zeta)$$

ein. Wegen $|\zeta - \dot{\zeta}| \leqq |\zeta| + |\dot{\zeta}| \leqq 2\Omega$ kann stets $\mho \leqq 2\Omega$ angenommen werden. Darum ist

$$|\zeta_{\frac{1}{4}} - \zeta|,\ |\zeta_{\frac{1}{2}} - \zeta_{\frac{1}{4}}|,\ |\zeta_{\frac{3}{4}} - \zeta_{\frac{1}{2}}|,\ |\dot{\zeta} - \zeta_{\frac{3}{4}}| \leqq \tfrac{1}{4}\mho \leqq \tfrac{1}{2}\Omega,$$

so daß gewiß

$$\left|\mathfrak{u}\!\left(\frac{\mho}{4}\right) - \mathfrak{u}(0)\right|,\ \ldots,\ \left|\mathfrak{u}(\mho) - \mathfrak{u}\!\left(\frac{3}{4}\mho\right)\right| \leqq D(\Omega + \Omega_1)\frac{\mho}{4}$$

geschrieben werden kann. Hieraus folgt aber sofort

$$|\mathfrak{u}(\mho) - \mathfrak{u}(0)| \leqq D(\Omega + \Omega_1)\mho.$$

Die Ungleichheiten (8') und (11') sind zu den in § 1 abgeleiteten Beziehungen (8) und (11) vollkommen analog. Es leuchtet darum

---

[16] Man gelangt hierzu am einfachsten, wenn man, unter Γ einen Kreis vom Radius Ω in der Ebene der komplexen Veränderlichen t verstanden,

$$\frac{d\mathfrak{u}}{dt} = \frac{1}{2\pi i} \int_{\Gamma} \frac{\mathfrak{u}(\mathfrak{t})}{(\mathfrak{t} - t)^2}\, d\mathfrak{t}, \qquad \mathfrak{t} = \Omega e^{i\varphi}, \qquad 0 \leqq \varphi < 2\pi,$$

setzt und beachtet, daß wegen $\mho \leqq \frac{1}{2}\Omega$ gewiß $|\mathfrak{t} - t| \geqq \frac{1}{2}\Omega$ ist.

ein, daß das in § 2 entwickelte Verfahren sukzessiver Näherungen auch jetzt noch zur Auflösung der nichtlinearen Integralgleichung (15) führen muß, sofern natürlich $|v(x)|$ hinreichend klein ist. Auch der Unitätssatz gilt ohne jede Änderung. Nun noch einige Bemerkungen über den analytischen Charakter der Lösung. Die Integralgleichung (23) hat auch unter den erweiterten Voraussetzungen für hinreichend kleine $|v|$ und alle ε mit $|\varepsilon| \leqq q_1$ $(q_1 > 1)$ eine und nur eine absolut hinreichend kleine Lösung. Die sukzessiven Näherungen $_1\zeta_\varepsilon, _2\zeta_\varepsilon, \ldots$ sind, als Funktionen von ε aufgefaßt, in der Kreisfläche $|\varepsilon| < q_1$ analytisch und regulär, also gilt für $\zeta_\varepsilon = \lim\limits_{k \to \infty} {}_k\zeta_\varepsilon$, da der Grenzübergang für alle $|\varepsilon| \leqq q_1$ gleichmäßig ist, das gleiche. Also gelten die Formeln (25) und (26) und als eine weitere Folgerung die Entwicklung (28). Sowohl diese Reihe als auch die Reihe $|U| + \sum\limits_{k>1} |\mathfrak{B}_k|$ konvergieren für alle hinreichend kleinen $|v(x)|$, etwa $|v(x)| \leqq d_4^*$, und zwar gleichmäßig.

Die Ergebnisse des § 1 lassen sich, wie wir jetzt zeigen wollen, auch noch nach einer anderen Richtung erweitern. Es sei wie vorhin $\zeta(x)$, $v(x)$ irgendein Paar in $\langle 0, 1 \rangle$ erklärter, den Beziehungen $\Omega = \mathrm{Max}\,|\zeta(x)| \leqq d$, $\Omega_1 = \mathrm{Max}\,|v(x)| \leqq d_1$ genügender stetiger Funktionen, und es möge den Funktionen $\zeta(x)$, $v(x)$ eine ebenfalls in $\langle 0, 1 \rangle$ erklärte stetige Funktion $\mathfrak{B}\{\zeta, v\}$ von x zugeordnet sein. Der in § 1 betrachtete Ausdruck $\sum\limits_{m+n>1} U_{mn}\{\zeta, v\}$ stellt ein Beispiel einer solchen Zuordnung dar. Die „Funktionaloperation" $\mathfrak{B}\{\zeta, v\}$ möge die folgenden Bedingungen erfüllen.

$$(8'') \qquad |\mathfrak{B}\{\zeta, v\}| \leqq \mathsf{A}(\Omega, \Omega_1)(\Omega + \Omega_1),$$

unter A eine in dem Bereiche $0 \leqq \Omega \leqq d$, $0 \leqq \Omega_1 \leqq d_1$ erklärte positive, der Beziehung $\mathsf{A} \to 0$ für $\Omega^2 + \Omega_1^2 \to 0$ genügende stetige Funktion verstanden, die bei festgehaltenem Ω_1 in Abhängigkeit von Ω, bei festgehaltenem Ω in Abhängigkeit von Ω_1 nicht abnimmt.

Es sei $\dot\zeta$ eine weitere in $\langle 0, 1 \rangle$ erklärte stetige Funktion, und es sei

$$|\dot\zeta| \leqq \Omega \leqq d, \qquad |\zeta - \dot\zeta| \leqq \mho \leqq 2\Omega.$$

Dann gelte auch

$$(11'') \qquad |\mathfrak{B}\{\zeta, v\} - \mathfrak{B}\{\dot\zeta, v\}| \leqq \mathsf{B}(\Omega, \Omega_1)\mho,$$

unter B eine ganz wie A beschaffene Funktion verstanden.

Es sei schließlich $\mathfrak{U}\{v\}$ irgendeine Funktionaloperation über $v(x)$, d. h. eine $v(x)$ zugeordnete stetige Funktion, die so beschaffen ist, daß $\mathrm{Max}\,|\mathfrak{U}\{v\}| \to 0$ für $\Omega_1 \to 0$. *Dann hat die Beziehung*

$$\zeta(x) = \mathfrak{U}\{v\} + \mathfrak{B}\{\zeta, v\}$$

bei vorgegebenem $v(x)$ eine und nur eine stetige Lösung, sofern Ω_1 hinreichend klein ist, etwa für $\Omega_1 \leqq d_5' \leqq d_1$. Diese Lösung kann wie in § 2 durch sukzessive Approximationen gewonnen werden. Bei dem Konvergenzbeweis wird man von der Gleichung

$$t = \mathfrak{U}_* + \mathsf{A}(t, \mathfrak{U}_*)(t + \mathfrak{U}_*), \qquad \mathfrak{U}_* = \mathrm{Max}(|v|, |\mathfrak{U}|)$$

ausgehen. Es sei $d_5 \leq \mathrm{Min}(\tfrac{1}{2}d, d_1)$ so klein, daß gewiß $\mathsf{A}(2d_5, d_5) \leq \tfrac{1}{4}$ gilt, und es sei $\mathfrak{U}_* \leq d_5$. Für $t = \mathfrak{U}_*$ ist

$$\Pi(t, \mathfrak{U}_*) = \mathfrak{U}_* - t + \mathsf{A}(t, \mathfrak{U}_*)(t + \mathfrak{U}_*) > 0.$$

Hingegen ist $\Pi(2\mathfrak{U}_*, \mathfrak{U}_*) < 0$. In dem offenen Intervalle $(\mathfrak{U}_*, 2\mathfrak{U}_*)$ liegen gewiß Wurzeln der Gleichung $\Pi(t, \mathfrak{U}_*) = 0$. Es sei t die kleinste dieser Wurzeln. Offenbar ist $\mathfrak{U}_* < t < 2\mathfrak{U}_* \leq 2d_5 \leq d$, und es ist $\lim t = 0$ für $\mathfrak{U}_* \to 0$. Die Größe t spielt jetzt dieselbe Rolle wie die Größe τ in § 2. Wählt man $\mathrm{Max}|v|$ und damit auch t so klein, daß $\mathsf{B}(t, \mathfrak{U}_*) < 1$ wird, so konvergieren die sukzessiven Näherungen.

Ganz wie in § 2 überzeugt man sich, daß es nur eine der Beziehung $\mathrm{Max}|\zeta(x)| \leq d_6 \leq d$ genügende stetige Lösung unseres Problems gibt, wenn $\mathrm{Max}|v(x)| \leq d_7 \leq d_1$ vorausgesetzt wird und d_6 und d_7 hinreichend klein sind [16a].

§ 4. Der reguläre Fall. Wir kehren jetzt zu der Gleichung (13) zurück, nehmen wieder $K_{101}(x) = 1$ an und setzen zur Vereinfachung

$$K_{102}(x, x_1) = K(x, x_1).$$

Die nichtlineare Integralgleichung (13) erhält damit die Gestalt

$$(30) \qquad \zeta(x) + \int K(x, x_1)\,\zeta(x_1)\,dx_1 = U - \sum_{m+n>1} U_{mn}\{\zeta, v\}.$$

Hat, wie wir zunächst annehmen wollen, *die homogene lineare Integralgleichung*

$$(31) \qquad \zeta(x) + \int K(x, x_1)\,\zeta(x_1)\,dx_1 = 0$$

keine Nullösungen, so läßt sich unser Problem, wie man sich ohne Mühe überzeugt, *ohne weiteres auf das in den §§ 2 und 3 erledigte zurückführen.* Es sei, in der Tat, $H(x, x_1)$ die zu (31) gehörige Fredholmsche Resolvente. Die inhomogene Integralgleichung

$$\zeta(x) + \int K(x, x_1)\,\zeta(x_1)\,dx_1 = f(x)$$

wird nach bekannten Sätzen durch die Formel

$$\zeta(x) = f(x) - \int H(x, x')\,f(x')\,dx'$$

[16a] In seiner Dissertation, Sur les opérations dans les ensembles abstraits et leur applications aux équations intégrales, Fundamenta Mathematicae **3** (1922), S. 133—181, beschäftigt sich Herr Banach mit Funktionalbeziehungen sehr allgemeiner Natur, die als einen Spezialfall auch die im ersten Kapitel betrachteten nichtlinearen Integralgleichungen enthalten, und gibt u. a. einen Auflösungssatz („Fixpunktsatz") vom Charakter des in § 2 bewiesenen Satzes an. Herr Banach setzt dabei voraus, daß eine Ungleichheit von dem Charakter $\sum_{m+n>1} |U_{mn}\{\zeta, v\} - U_{mn}\{\dot{\zeta}, v\}| \leq q\,\mathfrak{V}$ mit $0 < q < 1$ von vornherein feststeht.

gelöst [17]. Im vorliegenden Falle ist

$$f(x) = U - \sum_{m+n>1} U_{mn}\{\zeta, v\},$$

darum

$$\zeta(x) = U(x) - \sum_{m+n>1} U_{mn}\{\zeta(x), v(x)\}$$

$$- \int H(x, x') U(x') dx' + \sum_{m+n>1} \int H(x, x') U_{mn}\{\zeta(x'), v(x')\} dx'.$$

Die gliedweise Integration ist augenscheinlich gestattet, da die unendliche Reihe in (30) gleichmäßig konvergiert. Die gewonnene Beziehung ist von der Form

$$(32) \qquad \zeta(x) = U(x) - \sum_{m+n>1} U_{mn}\{\zeta(x), v(x)\},$$

wobei auch die nach § 1 bzw. § 3 zu fordernden Konvergenzbedingungen erfüllt sind. Also gelten auch unverändert alle in § 2 und § 3 abgeleiteten Resultate. Insbesondere ist, wenn man v identisch gleich Null annimmt und fordert, daß $\mathrm{Max}\,|\zeta|$ unterhalb einer von vornherein angebbaren Schranke liegt, $\zeta = 0$ identisch.

§ 5. Verallgemeinerungen. Bevor wir zu dem anderen noch möglichen, besonders wichtigen und interessanten Falle übergehen, daß die homogene Integralgleichung (31) Nullösungen hat, wollen wir einige naheliegende Verallgemeinerungen der bisherigen Ergebnisse betrachten; vor allem, indem wir in das analytische Funktional, dessen Auflösung unsere Aufgabe war, statt einer zwei Funktionen, die als bekannt gelten sollen, einführen. In vollkommener Analogie zu den Entwicklungen des § 1 schreiben wir

$$U_{mnp}\{\zeta, v, w\} = \sum_j \int \ldots \int K_{mnpj}(x; x_1, \ldots, x_\varrho)$$

$$\times \zeta^\alpha \zeta_1^{\alpha_1} \ldots \zeta_\varrho^{\alpha_\varrho} v^\beta v_1^{\beta_1} \ldots v_\varrho^{\beta_\varrho} w^\gamma w_1^{\gamma_1} \ldots w_\varrho^{\gamma_\varrho} dx_1 \ldots dx_\varrho,$$

$$(\varrho, m, n, p, j \text{ ganz}, \varrho \geq 1, 0 \leq m \leq \varrho, 0 \leq n \leq \varrho, 0 \leq p \leq \varrho,$$
$$m + n + p = \varrho, j = 1, \ldots, k),$$

die Summe erstreckt über alle ganzen nichtnegativen $\alpha, \alpha_1, \ldots, \alpha_\varrho$; $\beta, \beta_1, \ldots, \beta_\varrho$; $\gamma, \gamma_1, \ldots, \gamma_\varrho$ mit

$$\alpha + \alpha_1 + \ldots + \alpha_\varrho = m, \quad \beta + \beta_1 + \ldots + \beta_\varrho = n, \quad \gamma + \gamma_1 + \ldots + \gamma_\varrho = p.$$

Offenbar ist k die Anzahl der Lösungen dieser Gleichungen. Wir schreiben weiter

$$\mathrm{Max} \sum_j \int \ldots \int |K_{mnpj}(x; x_1, \ldots, x_\varrho)|\, dx_1 \ldots dx_\varrho = B_{mnp},$$

$$|\zeta| \leq \Omega \leq d, \quad |v|, |w| \leq \Omega_1 \leq d_1, \quad 0 < d < \mathbf{d}, \quad 0 < d_1 < \mathbf{d}_1$$

---

[17] Vgl. beispielsweise E. Hellinger und O. Toeplitz, Integralgleichungen und Gleichungen mit unendlichvielen Variablen, Encyklopädie der mathematischen Wissenschaften II C 13, S. 1335—1601, insbesondere S. 1372—1373.

und setzen voraus, daß die unendliche Reihe

$$\sum B_{mnp}\, \boldsymbol{d}^{m}\, \boldsymbol{d}_1^{n+p}$$

konvergiert. Nunmehr betrachten wir die nichtlineare Integralgleichung

$$(33)\quad \boldsymbol{K}_{1001}(x)\,\zeta(x) + \int K_{1002}(x, x_1)\,\zeta(x_1)\,dx_1 = \underset{\sim}{U} - \sum_{m+n+p>1} U_{mnp}\{\zeta, v, w\}$$

mit

$$\underset{\sim}{U}(x) = -\boldsymbol{K}_{0101}(x)\,v(x) - \int K_{0102}(x, x_1)\,v(x_1)\,dx_1$$

$$-\,\boldsymbol{K}_{0011}(x)\,w(x) - \int K_{0012}(x, x_1)\,w(x_1)\,dx_1.$$

Ist, wie wir weiter voraussetzen wollen, $\boldsymbol{K}_{1001}(x) = 1$ [18] und hat die Integralgleichung

$$\zeta(x) + \int K_{1002}(x, x_1)\,\zeta(x_1)\,dx_1 = 0$$

keine Nullösungen, so hat (33) für alle v und w, deren absoluter Betrag hinreichend klein ist, eine und nur eine Lösung, deren absoluter Betrag einen angebbaren Wert nicht übersteigt. Sie ist von der Form

$$(34)\quad \zeta(x) = \underset{\sim}{U} - \int H\,\underset{\sim}{U}(x')\,dx' + \sum_{k+l>1} \sum_{j} \int \ldots \int \mathfrak{K}_{klj}(x; x_1, \ldots, x_\varrho)$$

$$\times\, v^{\beta} v_1^{\beta_1} \ldots v_\varrho^{\beta_\varrho}\, w^{\gamma} w_1^{\gamma_1} \ldots w_\varrho^{\gamma_\varrho}\, dx_1 \ldots dx_\varrho$$

$$(\beta + \beta_1 + \ldots + \beta_\varrho = k,\ \gamma + \gamma_1 + \ldots + \gamma_\varrho = l,\ k + l = \varrho),$$

stellt also ein analytisches Funktional von v und w dar. Man gelangt zu diesem Ergebnis, indem man für v und w entsprechend εv und εw schreibt, die Lösung der so gewonnenen Integralgleichung wie in § 2 nach Potenzen von ε entwickelt und zuletzt für ε den Wert 1 einführt.

Es sei

$$(35)\quad \operatorname{Max} \sum_{j} \int \ldots \int |\,\mathfrak{K}_{klj}(x; x_1, \ldots, x_\varrho)\,|\,dx_1 \ldots dx_\varrho = \underset{\sim}{D}_{kl}.$$

Wie in § 2 überzeugt man sich, daß es einen positiven Wert $\underset{\sim}{d}$ gibt, so daß $\sum \underset{\sim}{D}_{kl}\,d^{k+l}$ konvergiert, die Reihe (34) mithin „regulär" konvergiert. Offenbar läßt sich $\zeta(x)$ durch geeignete Umstellung der Glieder auch in der Form einer Doppelreihe

$$(36)\qquad\qquad \zeta(x) = \underset{\sim}{U} - \int H\,\underset{\sim}{U}(x')\,dx'$$

$$+ \sum_{\substack{k=0 \\ (k+l>1)}}^{\infty} \sum_{l=0}^{\infty} \sum_{j} \int \ldots \int \mathfrak{K}_{klj}(x; x_1, \ldots, x_\varrho)\, v^{\beta} v_1^{\beta_1} \ldots v_\varrho^{\beta_\varrho} w^{\gamma} w_1^{\gamma_1} \ldots w_\varrho^{\gamma_\varrho}\, dx_1 \ldots dx_\varrho$$

darstellen.

---

[18] Es ist klar, daß die Voraussetzung $\boldsymbol{K}_{1001}(x) \neq 0$ in $\langle 0, 1\rangle$ nur scheinbar allgemeiner wäre als die Festsetzung $\boldsymbol{K}_{1001}(x) \equiv 1$.

Man kann sie auch direkt ableiten, indem man für v und w entsprechend εv und $\varepsilon_1 w$ substituiert, die Lösung der so erhaltenen Integralgleichung nach Potenzen von ε und ε_1 entwickelt und zuletzt $\varepsilon = \varepsilon_1 = 1$ setzt.

Die Entwicklungen (34) und (36) gelten, wie man leicht erkennt, auch wenn man die Voraussetzungen wie in § 4 wählt, d. h. annimmt, daß $\sum U_{mnp}\{\zeta, u, v\}$ für alle reellen oder komplexen ζ, u, v mit $|\zeta| \leq d$, $|v|$, $|w| \leq d_1$ gleichmäßig konvergiert. Doch brauchen diesmal die Reihen (34) und (36) nicht notwendig „regulär" zu konvergieren. Insbesondere kann auch w von x ganz unabhängig sein, — einen Parameter darstellen. Die Integralgleichung (33) nimmt jetzt die Form

$$(37) \qquad K_{1001}(x)\,\zeta(x) + \int K_{1002}(x; x_1)\,\zeta(x_1)\,dx_1$$

$$= U - \sum_{\substack{p=0 \\ (m+n+p>1)}}^{\infty} w^p \sum_{m,n} \sum_j \int \ldots \int K_{mnpj}^*(x; x_1, \ldots, x_\varrho)\,\zeta^\alpha \zeta_1^{\alpha_1} \ldots \zeta_\varrho^{\alpha_\varrho}$$

$$\times v^\beta v_1^{\beta_1} \ldots v_\varrho^{\beta_\varrho}\,dx_1 \ldots dx_\varrho \qquad\qquad (m + n = \varrho)$$

an. Kommen Produkte von w^p mit Potenzen von $\zeta, \zeta_1, \ldots, v, v_1, \ldots$ rechts tatsächlich nicht vor, so erhalten wir noch einfacher in naheliegender Schreibweise

$$(38) \qquad \zeta(x) + \int K(x, x_1)\,\zeta(x_1)\,dx_1$$

$$= L_{011}(x)\,v(x) + \int L_{012}(x; x_1)\,v(x_1)\,dx_1 + \sum_{p=1}^{\infty} a_p\,w^p$$

$$+ \sum_{m+n>1} \sum_j \int \ldots \int L_{mnj}(x; x_1, \ldots, x_\varrho)\,\zeta^\alpha \zeta_1^{\alpha_1} \ldots \zeta_\varrho^{\alpha_\varrho} v^\beta v_1^{\beta_1} \ldots v_\varrho^{\beta_\varrho}\,dx_1 \ldots dx_\varrho$$

$$(m + n = \varrho).$$

Die Lösung der Gleichung (37) läßt sich in der Form

$$(39) \qquad \zeta(x) = U - \int H\,U(x')\,dx'$$

$$+ \sum_{\substack{l=0 \\ (k+l>1)}}^{\infty} w^l \sum_{k=0}^{\infty} \sum_j \int \ldots \int \Re_{klj}(x; x_1, \ldots, x_\varrho)\,v^\beta v_1^{\beta_1} \ldots v_\varrho^{\beta_\varrho}\,dx_1 \ldots dx_\varrho$$

schreiben.

Die Zahl der bekannten Funktionen bzw. der Parameter kann beliebig groß sein. Wir bezeichnen sie mit $v, \ldots, t;\ \lambda_1, \ldots, \lambda_s$. Treten die Parameter allemal nur in der ersten Potenz auf, so erhält man, wenn man die Glieder erster Ordnung aussondert, in naheliegender ausführlicher Schreibweise die Gleichung

$$(40) \qquad \zeta(x) + \int K(x, x_1)\,\zeta(x_1)\,dx_1$$

$$= L_1(x)\,v(x) + \int L_1(x, x_1)\,v(x_1)\,dx_1 + \ldots + L_r(x)\,t(x)$$

$$+ \int L_r(x, x_1)\,t(x_1)\,dx_1 + \lambda_1 C_1(x) + \ldots + \lambda_s C_s(x)$$

$$- \sum_{\mu+\nu+\ldots+\varkappa>1} U_{\mu\nu\ldots\varkappa}\{\zeta; v, \ldots, t\}.$$

Die Lösung dieser Gleichung ist offenbar eine für alle hinreichend kleinen Werte von $|\lambda_1|, \ldots, |\lambda_s|, |v|, \ldots, |t|$ analytische und reguläre Funktion von $\lambda_1, \ldots, \lambda_s$

$$(41) \qquad \zeta(x) = \mathfrak{P}(\lambda_1, \lambda_2, \ldots, \lambda_s).$$

Die Koeffizienten der einzelnen Glieder der Entwicklung (41) sind analytische Funktionale von $v, \ldots, t$. Insbesondere hat das von $\lambda_1, \lambda_2, \ldots, \lambda_s$ unabhängige Glied diese Eigenschaft.

§ 6. Verzweigungsfall. In den Entwicklungen der drei letzten Paragraphen sind die Ergebnisse des ersten Teiles der mehrfach genannten Abhandlung von Herrn Schmidt auf einem von dem seinigen etwas verschiedenen Wege abgeleitet worden. Wir gehen jetzt zu der noch ausstehenden Behandlung des Verzweigungsfalles über und nehmen demgemäß an, die lineare Integralgleichung

$$(42) \qquad \zeta(x) + \int K(x, x_1)\,\zeta(x_1)\,dx_1 = 0$$

möge $p \geq 1$ linear unabhängige Nullösungen $\varphi_1(x), \ldots, \varphi_p(x)$, die reell oder komplex sein können, haben. Bekanntlich hat dann die zu (42) adjungierte Integralgleichung

$$(43) \qquad \tau(x_1) + \int K(x, x_1)\,\tau(x)\,dx = 0$$

ebenfalls p linear unabhängige Nullösungen $\psi_1(x_1), \ldots, \psi_p(x_1)$, die sich übrigens wie jene in mannigfaltiger Weise normieren lassen.

Damit die nichthomogene Integralgleichung

$$(44) \qquad \zeta(x) + \int K(x, x_1)\,\zeta(x_1)\,dx_1 = f(x) \quad (f(x) \text{ stetig}, \int f^2 dx > 0)$$

Lösungen habe, ist notwendig und hinreichend, daß

$$(45) \qquad \int f(x)\,\psi_k(x)\,dx = 0 \qquad\qquad (k = 1, \ldots, p)$$

sei. Die Lösungen von (44) lassen sich alsdann in der Form

$$(46) \qquad \zeta(x) = f(x) - \int M(x, x')\,f(x')\,dx' + \sum_{j=1}^{p} r_j\,\varphi_j(x)$$

darstellen. Hierin bezeichnet M eine gewisse für $0 \leq x \leq 1$, $0 \leq x' \leq 1$ erklärte stetige Funktion, die übrigens in mannigfaltiger Weise normiert werden kann und gelegentlich als eine Pseudoresolvente bezeichnet wird; r_j $(j = 1, \ldots, p)$ sind willkürliche Konstante[19].

---

[19] Vgl. loc. cit. [17], S. 1374. A. a. O. handelt es sich um eine ganz bestimmte Pseudoresolvente. Es ist aber wegen (45) klar, daß, wenn $\overline{M}$ eine Pseudoresolvente von (44) darstellt, $M = \overline{M} + \sum_{j=1}^{p} c_j(x)\,\psi_j(x')$ ebenfalls eine solche ist. Man kann, wenn $\varphi_j(x)$ und $\psi_j(x)$ reell sind, sich darum stets so einrichten, daß

$$(46') \qquad \int M(x, x')\,\psi_j(x')\,dx' = 0 \qquad\qquad (j = 1, \ldots, p)$$

wird. Sind allgemeiner $\varphi_j(x)$, $\psi_j(x)$ komplex, so ist statt dessen natürlich

$$(46'') \qquad \int M(x, x')\,\overline{\psi}_j(x')\,dx' = 0 \qquad\qquad (j = 1, \ldots, p)$$

zu setzen, unter $\overline{\psi}_j(x)$ den zu $\psi_j(x)$ konjugiert komplexen Wert verstanden.

Nach diesen Vorbereitungen betrachten wir wieder einmal die nichtlineare Integralgleichung

$$(47) \quad \zeta(x) + \int K(x, x_1)\, \zeta(x_1)\, dx_1 = U(x) - \sum_{m+n>1} U_{mn}\{\zeta(x), v(x)\}.$$

Wie bereits in der Einleitung bemerkt, hat Liapounoff in seinen grundlegenden Arbeiten zur Theorie der Gleichgewichtsfiguren rotierender Flüssigkeiten in der Nachbarschaft der Maclaurinschen und Jacobischen Ellipsoide zur Gewinnung der neuen Gleichgewichtsfiguren ein Verfahren eingeschlagen, das, auf das uns interessierende Problem angewandt, wie folgt aussieht [20].

Nach dem Vorstehenden ist die für die Lösbarkeit der Gleichung (47), die wir als eine Beziehung von der Form (44) auffassen können, notwendige und hinreichende Bedingung das Bestehen der p Relationen

$$(48) \quad \int U(x)\, \psi_k(x)\, dx - \sum_{m+n>1} \int \psi_k(x)\, U_{mn}\{\zeta(x), v(x)\}\, dx = 0$$
$$(k = 1, \ldots, p).$$

Sind diese Beziehungen erfüllt, so erhalten wir für die Lösung nach (46) den Ausdruck

$$(49) \quad \zeta(x) = U(x) - \sum_{m+n>1} U_{mn}\{\zeta(x), v(x)\} - \int M(x, x')\, U(x')\, dx'$$
$$+ \sum_{m+n>1} \int M(x, x')\, U_{mn}\{\zeta(x'), v(x')\}\, dx' + \sum_{j=1}^{p} r_j\, \varphi_j(x),$$

unter $M(x, x')$ eine der in der Fußnote [19] eingeführten Pseudoresolventen verstanden.

Es sei jetzt etwa der Einfachheit halber

$$(50) \qquad\qquad v(x) = \lambda V(x)$$

gesetzt, unter $V(x)$ eine beliebige, in $\langle 0, 1 \rangle$ erklärte stetige Funktion mit $|V(x)| \leq d_1$ verstanden [21]. Den Ergebnissen der §§ 1 bis 3 gemäß läßt sich die Lösung ζ von (49) für alle hinreichend kleinen Werte von $|r_1|, \ldots, |r_p|, |\lambda|$ in der Form einer Potenzreihe

$$(51) \qquad\qquad \zeta(x) = \mathfrak{P}(r_1, \ldots, r_p, \lambda),$$

deren Koeffizienten analytische Funktionale von $V(x)$ sind, darstellen. Setzt man diesen Ausdruck in (48) hinein, so erhält man p Gleichungen

$$(52) \qquad\qquad \mathfrak{p}_k(\lambda; r_1, \ldots, r_p) = 0 \qquad\qquad (k = 1, 2, \ldots, p),$$

---

[20] Vgl. A. Liapounoff, Sur les figures d'équilibre peu différentes des ellipsoïdes d'une masse liquide homogène douée d'un mouvement de rotation. Première partie. Étude générale du problème. Mémoire présenté à l'Académie Impériale des Sciences le 21 mars 1906, St. Pétersbourg 1906, S. 1—225, insbesondere S. 175—225.

[21] Wegen (6) muß jedenfalls $|\lambda| \leq 1$ sein.

denen $r_1, \ldots, r_p$ genügen müssen, die *Verzweigungsgleichungen*. Da $\zeta(x)$ in (48) nur in denjenigen Gliedern vorkommt, die in bezug auf $\zeta(x)$ und λ von mindestens zweiter Ordnung sind, so enthalten die Potenzreihen (52) keinerlei Glieder von der Form

$$c_1 r_1, \; c_2 r_2, \; \ldots, \; c_p r_p.$$

Bevor wir zur Diskussion der Verzweigungsgleichungen übergehen, wollen wir zeigen, wie man auf einem anderen Wege zu Gleichungen, die mit (52) identisch sind, gelangen kann, indem man sich der von Herrn Erhard Schmidt benutzten Methode der Kernzerspaltung bedient.

Herr Schmidt beweist vor allem, daß man auf unendlich mannigfaltige Weise Ausdrücke von der Form $\mathfrak{u}_1(x)\,\mathfrak{v}_1(x_1) + \ldots + \mathfrak{u}_p(x)\,\mathfrak{v}_p(x_1)$ angeben kann, so daß die Integralgleichung

$$\zeta(x) + \int L(x, x_1)\,\zeta(x_1)\,dx_1 = 0,$$

$$L(x, x_1) = K(x, x_1) - \left(\mathfrak{u}_1(x)\,\mathfrak{v}_1(x_1) + \ldots + \mathfrak{u}_p(x)\,\mathfrak{v}_p(x_1)\right)$$

keine Nullösungen hat. Unter Zuhilfenahme von weniger als p Produkten der obigen Form läßt sich dies nicht erreichen[22]. Am einfachsten gelangt man, falls alle Nullösungen reell sind, zum Ziele, indem man, wie wir jetzt zeigen wollen,

$$\mathfrak{u}_j(x) = -\psi_j(x), \quad \mathfrak{v}_j(x_1) = \varphi_j(x_1) \qquad (j = 1, \ldots, p)$$

setzt, unter $\varphi_j(x)$ und $\psi_j(x)$ $(j = 1, \ldots, p)$ diesmal zwei irgendwie den Bedingungen

$$(53) \qquad \int \varphi_j(x)\,\varphi_k(x)\,dx = \begin{cases} 1 & \text{für } j = k, \\ 0 & \text{,, } j \neq k, \end{cases}$$

$$(54) \qquad \int \psi_j(x)\,\psi_k(x)\,dx = \begin{cases} 1 & \text{für } j = k, \\ 0 & \text{,, } j \neq k \end{cases}$$

gemäß bestimmte Systeme von Nullösungen der Gleichungen (42) und (43) verstanden. Sind $\varphi_j(x)$, $\psi_j(x)$ komplex, so sind die Integralausdrücke (53) und (54) entsprechend durch $\int \varphi_j(x)\,\overline{\varphi}_k(x)\,dx$ und $\int \psi_j(x)\,\overline{\psi}_k(x)\,dx$ ($\bar{a}$ zu a konjugiert komplex) zu ersetzen. Für $L(x, x_1)$ tritt jetzt der Ausdruck

$$(\overline{55}) \qquad K(x, x_1) + \sum_{j=1}^{p} \overline{\psi}_j(x)\,\overline{\varphi}_j(x_1)$$

ein.

---

[22] Vgl. E. Schmidt, loc. cit. [1], S. 386—389.

Es mögen etwa alle Nullösungen reell sein. Dann hat also nach Herrn Schmidt die Integralgleichung

$$\zeta(x) + \int L(x, x_1)\, \zeta(x_1)\, dx_1 = 0,$$

(55)

$$L(x, x_1) = K(x, x_1) + \sum_{j=1}^{p} \psi_j(x)\, \varphi_j(x_1)$$

keine Nullösungen.

Der Beweis kann leicht durch Zurückführung ad absurdum geführt werden. Es sei etwa

$$\pi(x) + \int L(x, x_1)\, \pi(x_1)\, dx_1 = 0,$$

mithin

$$(55')\quad \pi(x) + \int K(x, x_1)\, \pi(x_1)\, dx_1 = -\sum_{j=1}^{p} \psi_j(x) \int \varphi_j(x_1)\, \pi(x_1)\, dx_1.$$

Die Lösbarkeitsbedingungen dieser nichthomogenen Integralgleichung, die natürlich erfüllt sein müssen, lauten

$$\sum_{j=1}^{p} \int \psi_j(x)\, \psi_k(x)\, dx \int \varphi_j(x_1)\, \pi(x_1)\, dx_1 = 0 \qquad (k = 1, \ldots, p).$$

Wegen (54) ist also

$$\int \varphi_k(x_1)\, \pi(x_1)\, dx_1 = 0 \qquad (k = 1, \ldots, p),$$

somit nach (55')

$$\pi(x) + \int K(x, x_1)\, \pi(x_1)\, dx_1 = 0.$$

Also ist $\pi(x)$ eine lineare Funktion mit konstanten Koeffizienten der Nullösungen $\varphi_1(x), \ldots, \varphi_p(x)$,

$$\pi(x) = \sum_{j=1}^{p} d_j\, \varphi_j(x).$$

Nunmehr ist wegen (53) für $l = 1, \ldots, p$

$$\varphi_l(x) + \int L(x, x_1)\, \varphi_l(x_1)\, dx_1$$

$$= \varphi_l(x) + \int K(x, x_1)\, \varphi_l(x_1)\, dx_1 + \sum_{j=1}^{p} \psi_j(x) \int \varphi_j(x_1)\, \varphi_l(x_1)\, dx_1 = \psi_l(x),$$

somit auch

$$\pi(x) + \int L(x, x_1)\, \pi(x_1)\, dx_1 = \sum_{l=1}^{p} d_l\, \psi_l(x),$$

d. h. für alle x in $\langle 0, 1 \rangle$

$$\sum_{l=1}^{p} d_l\, \psi_l(x) = 0,$$

was $d_l = 0$ $(l = 1, \ldots, p)$ und $\pi(x) \equiv 0$ zur Folge hat. Damit sind wir zu einem Widerspruch gelangt.

Von besonderer Wichtigkeit ist der auch in den Anwendungen häufig vorkommende Fall eines reellen symmetrischen Kernes,

$$K(x, x_1) = K(x_1, x).$$

Die nach (53) und (54) normierten Nullösungen sind diesmal reell. Ferner kann

$$\psi_j(x) = \pm \varphi_j(x) \qquad (j = 1, \ldots, p),$$

mithin

$$(56) \qquad L(x, x_1) = K(x, x_1) \mp \sum_{j=1}^{p} \varphi_j(x)\, \varphi_j(x_1)$$

gesetzt werden [23].

Wir kehren jetzt zur Behandlung der Integralgleichung (47) zurück und führen darin, indem wir diesmal $\varphi_j(x)$, $\psi_j(x)$ nicht notwendig als reell annehmen, für $K(x, x_1)$ den sich aus $\overline{(55)}$ ergebenden Ausdruck hinein.

Es ergibt sich

$$(56')\ \zeta(x) + \int K(x, x_1)\, \zeta(x_1)\, dx_1$$

$$= \zeta(x) + \int L(x, x_1)\, \zeta(x_1)\, dx_1 - \sum_{j=1}^{p} \overline{\psi}_j(x) \int \overline{\varphi}_j(x_1)\, \zeta(x_1)\, dx_1$$

$$= \zeta(x) + \int L(x, x_1)\, \zeta(x_1)\, dx_1 - \sum_{j=1}^{p} r_j\, \overline{\psi}_j(x),$$

$$r_j = \int \overline{\varphi}_j(x_1)\, \zeta(x_1)\, dx_1.$$

Offenbar geht r_j gegen Null mit $\mathrm{Max}\,|\zeta(x)|$, somit, wie vorausgesetzt werden soll, mit $\mathrm{Max}\,|v(x)|$. Aus (47) folgt jetzt vor allem

$$(57)\quad \zeta(x) + \int L(x, x_1)\, \zeta(x_1)\, dx_1 = U - \sum_{m+n>1} U_{mn}\{\zeta, v\} + \sum_{j=1}^{p} r_j\, \overline{\psi}_j(x),$$

$$(57')\qquad\qquad r_j = \int \overline{\varphi}_j(x_1)\, \zeta(x_1)\, dx_1.$$

Es sei $\hat{M}(x, x_1)$ die zu $L(x, x_1)$ gehörige Fredholmsche Resolvente. Aus

$$(57'')\qquad L(x, x_1) = K(x, x_1) + \sum_{l=1}^{p} \overline{\psi}_l(x)\, \overline{\varphi}_l(x_1)$$

ergibt sich unmittelbar

$$(*)\quad \int L(x, x_1)\, \psi_j(x)\, dx = \int K(x, x_1)\, \psi_j(x)\, dx + \overline{\varphi}_j(x_1) = \overline{\varphi}_j(x_1) - \psi_j(x_1).$$

Aus der Grundgleichung

$$\hat{M}(x, x_1) + \int L(x, x_2)\, \hat{M}(x_2, x_1)\, dx_2 = L(x, x_1)\ [24]$$

---

[23] Vgl. loc. cit. [17], S. 1504ff.

[24] Vgl. E. Hellinger und O. Toeplitz, loc. cit. [17], S. 1372.

folgt nunmehr leicht wegen (*)

$$\int \hat{M}(x, x_1)\, \psi_j(x)\, dx + \int \hat{M}(x_2, x_1)\,[\bar{\varphi}_j(x_2) - \psi_j(x_2)]\, dx_2 = \bar{\varphi}_j(x_1) - \psi_j(x_1),$$

mithin

$$(**) \qquad \int \hat{M}(x, x_1)\, \bar{\varphi}_j(x)\, dx = \bar{\varphi}_j(x_1) - \psi_j(x_1),$$

darum weiter

$$(***) \iint \hat{M}(x, x_1)\, \bar{\varphi}_j(x)\, \bar{\psi}_k(x_1)\, dx\, dx_1 = \begin{cases} \int \bar{\varphi}_j(x_1)\, \bar{\psi}_k(x_1)\, dx_1 & \text{für } k \neq j, \\[2mm] \int \bar{\varphi}_j(x_1)\, \bar{\psi}_k(x_1)\, dx_1 - 1 & \text{für } k = j. \end{cases}$$

Die Lösung der Integralgleichung (57) erscheint jetzt in der Form

$$(58) \quad \zeta(x) = U(x) - \sum_{m+n>1} U_{mn}\{\zeta, v\} + \sum_{l=1}^{p} r_l\, \bar{\psi}_l(x) - \int \hat{M}(x, x')\, U(x')\, dx'$$

$$+ \sum_{m+n>1} \int \hat{M}(x, x')\, U_{mn}\{\zeta(x'), v(x')\}\, dx' - \sum_{l=1}^{p} r_l \int \hat{M}(x, x')\, \bar{\psi}_l(x')\, dx'.^{25}$$

Wie auf S. 20 setzen wir jetzt $v(x) = \lambda V(x)$ und erhalten wie dort

$$(58') \qquad \zeta(x) = \mathfrak{P}(r_1, \ldots, r_p, \lambda),$$

wo die unendliche Reihe rechter Hand für alle hinreichend kleinen Werte von $|r_1|, \ldots, |r_p|, \lambda$ unbedingt und gleichmäßig konvergiert. Wir schreiben dafür ausführlicher, indem wir die Glieder ersten Grades aussondern,

$$(59) \quad \zeta(x) = \sum_{l=1}^{p} r_l\, \bar{\psi}_l(x) + U(x) - \int \hat{M}(x, x')\, U(x')\, dx'$$

$$- \sum_{l=1}^{p} r_l \int \hat{M}(x, x')\, \bar{\psi}_l(x')\, dx' - \sum_{m+n>1} U_{mn}\{\zeta, v\}$$

$$+ \sum_{m+n>1} \int \hat{M}(x, x')\, U_{mn}\{\zeta(x'), v(x')\}\, dx' \quad (k=1, \ldots, p).$$

Führt man diesen Ausdruck in $r_k = \int \bar{\varphi}_k(x)\, \zeta(x)\, dx$ ein, so erhält man mit Rücksicht auf (***), (**)

$$(59') \qquad r_k = r_k + \int U(x)\, \psi_k(x)\, dx - \int \sum_{m+n>1} U_{mn}\, \psi_k(x)\, dx,$$

und diese Gleichung ist mit der Beziehung (52), die man durch Einsetzen von (51) in (48) erhielt, identisch.

---

[25] Sind speziell $\varphi_j(x)$, $\psi_j(x)$ reell, so sind in allen auf (56) folgenden Formeln $\bar{\varphi}_j(x)$ und $\bar{\psi}_j(x)$ durch $\varphi_j(x)$ und $\psi_j(x)$ zu ersetzen.

§ 7. Diskussion der Verzweigungsgleichungen[26]. Die Verzweigungsgleichungen (59′) haben die Gestalt

$$(60) \quad A_0^{(k)} \lambda + A_{00}^{(k)} \lambda^2 + A_{01}^{(k)} \lambda r_1 + \ldots + A_{0p}^{(k)} \lambda r_p + A_{11}^{(k)} r_1^2 + \ldots + A_{pp}^{(k)} r_p^2$$
$$+ A_{12}^{(k)} r_1 r_2 + \ldots + A_{p-1,p}^{(k)} r_{p-1} r_p + \ldots = 0 \quad (k = 1, \ldots, p).$$

Bei der jetzt folgenden Diskussion beschränken wir uns auf den Fall $p = 1$ und schreiben für (60) einfacher

$$(61) \quad A_0 \lambda + A_{00} \lambda^2 + A_{01} \lambda r_1 + A_{11} r_1^2 + A_{000} \lambda^3 + A_{001} \lambda^2 r_1$$
$$+ A_{011} \lambda r_1^2 + A_{111} r_1^3 + \ldots = 0.$$

Auch da wollen wir uns mit der näheren Betrachtung von einigen besonders wichtigen Spezialfällen begnügen.

1. Es sei $A_0 \neq 0$, $A_{11} \neq 0$. Es gilt

$$r_1^{(1)} = \left(-\frac{A_0}{A_{11}} \lambda \right)^{\frac{1}{2}} + \ldots, \qquad r_1^{(2)} = - \left(-\frac{A_0}{A_{11}} \lambda \right)^{\frac{1}{2}} + \ldots.$$

Die Gleichung (61) hat (für hinreichend kleine Werte von $|\lambda|$) zwei Lösungen, die, falls alle in (57) auftretenden Funktionen reell sind, reell oder konjugiert komplex sein können. Nach Einsetzen in die Gleichung $\zeta(x) = \mathfrak{P}(r_1, \lambda)$ (vgl. (58′)) erhält man für die Lösung der nichtlinearen Integralgleichung (47) *zwei* Entwicklungen

$$\zeta^{(1)}(x) = \mathfrak{P}(r_1^{(1)}, \lambda), \qquad \zeta^{(2)}(x) = \mathfrak{P}(r_1^{(2)}, \lambda).$$

Die Koeffizienten der einzelnen Potenzen von λ sind analytische Funktionale von $V(x)$.

2. Es sei $A_0 \neq 0$, $A_{11} = 0$, und es möge r_1^q $(q > 2)$ die niedrigste Potenz von r_1 sein, deren Koeffizient $A_{1\ldots1}$ nicht verschwindet. Wir finden diesmal

$$r_1 = \left(-\frac{A_0}{A_{1\ldots1}} \lambda \right)^{\frac{1}{q}} + \ldots.$$

Die Gleichung (47) hat q verschiedene Lösungen. Ist diese Gleichung reell, so können sich, wenn q gerade ist, höchstens zwei reelle Lösungen ergeben. Ist q ungerade, so ist eine Lösung reell, alle anderen sind komplex.

---

[26] Alles Wesentliche über die Diskussion der Verzweigungsgleichungen findet sich in den zitierten Arbeiten von Liapounoff und von Herrn Schmidt. Ins einzelne gehende allgemeingültige Entwicklungen finden sich, in derselben Form wie im Text dargestellt, in meinen Arbeiten über die Gleichgewichtsfiguren rotierender Flüssigkeiten. Math. Zeitschr. 1 (1918), S. 229—284; insbesondere S. 265—268; 7 (1920), S. 126—231, insbesondere S. 171—178.

3. $A_0 = 0$, $A_{00} \neq 0$, die Koeffizienten der Potenzen r_1^ϱ sind sämtlich gleich Null, $A_{01} \neq 0$. Es ist

$$r_1 = -\frac{A_{00}}{A_{01}} \lambda + \cdots$$

eine reelle Lösung [27].

4. $A_0 = 0$, $A_{11} \neq 0$.

$\alpha)$ $A_{01}^2 - 4 A_{00} A_{11} \neq 0$.

Aus der Gleichung (61), die jetzt die Form

$$(62) \qquad A_{00} \lambda^2 + A_{01} \lambda r_1 + A_{11} r_1^2 + \cdots = 0$$

hat, ergeben sich für r_1 die beiden Entwicklungen

$$r_1 = \begin{cases} \dfrac{1}{2 A_{11}} \left(-A_{01} + \sqrt{A_{01}^2 - 4 A_{00} A_{11}} \right) \lambda + \mathfrak{P}^{(1)}(\lambda), \\[2ex] \dfrac{1}{2 A_{11}} \left(-A_{01} - \sqrt{A_{01}^2 - 4 A_{00} A_{11}} \right) \lambda + \mathfrak{P}^{(2)}(\lambda). \end{cases}$$

Sie sind beide reell, falls $A_{01}^2 - 4 A_{00} A_{11} > 0$ ist, konjugiert komplex, wenn $A_{01}^2 - 4 A_{00} A_{11} < 0$ ist.

$\beta)$ $A_{01}^2 - 4 A_{00} A_{11} = 0$.

Setzt man

$$r_1 = -\frac{A_{01}}{2 A_{11}} \lambda + \bar{r}_1,$$

so nimmt (62) die Form $\bar{r}_1^2 + \cdots = 0$ an. Ist $\mathfrak{A} \lambda^j$ $(j \geqq 3)$ das erste $\bar{r}$ nicht enthaltende Glied dieser Entwicklung, so gilt

$$\bar{r}_1 = \left(-\mathfrak{A} \lambda^j \right)^{\frac{1}{2}} + \cdots, \qquad r_1 = -\frac{A_{01}}{2 A_{11}} \lambda + \left(-\mathfrak{A} \lambda^j \right)^{\frac{1}{2}} + \cdots.$$

Der erste Summand fällt fort, wenn $A_{01} = 0$, mithin auch $A_{00} = 0$ ist.

5. $A_0 = 0$, $A_{11} = 0$, $A_{00} \neq 0$, $A_{01} \neq 0$, und es möge r_1^n $(n > 2)$ die niedrigste Potenz von r_1 sein, deren Koeffizient nicht verschwindet. Die Gleichung (61) erhält jetzt die Gestalt

$$A_{01} \lambda r_1 + B_{0n} r_1^n + B_{0n_1} r_1^{n_1} + \cdots$$
$$+ \lambda \left(A_{00} \lambda + C_{00} \lambda^2 + C_{01} \lambda r_1 + C_{11} r_1^2 + \cdots \right) = 0.$$

Für $\lambda = 0$ hat diese Gleichung eine n-fache Nullstelle. Nach bekannten Sätzen hat sie darum für hinreichende kleine $|\lambda|$ gewiß n mit λ gegen Null konvergierende Lösungen.

Setzt man

$$r_1 = -\frac{A_{00}}{A_{01}} \lambda + \varrho^{(1)} \lambda,$$

____

[27] Hier, wie weiter unten, handelt es sich, wenn von Realitätsverhältnissen die Rede ist, um reelle Gleichungen.

so erhält man nach Kürzung mit λ^2

$$A_{01}\,\varrho^{(1)} + \left(C_{00} - C_{01}\,\frac{A_{00}}{A_{01}} + C_{11}\,\frac{A_{00}^2}{A_{01}^2}\right)\lambda + B_{0n}\left(-\frac{A_{00}}{A_{01}}\right)^{n}\lambda^{n-2} + \ldots = 0,$$

darum

$$\varrho^{(1)} = \mathfrak{P}^{(3)}(\lambda)\quad\text{mit}\quad \mathfrak{P}^{(3)}(0) = 0.$$

Führt man anderseits in die Verzweigungsgleichung den Ausdruck

$$r_1 = \left[\left(-\frac{A_{01}}{B_{0n}}\right)^{\frac{1}{n-1}} + \varrho^{(2)}\right]\lambda^{\frac{1}{n-1}}$$

ein, unter $\left(-\dfrac{A_{01}}{B_{0n}}\right)^{\frac{1}{n-1}}$ irgendeine der $(n-1)$-ten Wurzeln der

Klammergröße verstanden, so erhält man nach Kürzung mit $\lambda^{\frac{n}{n-1}}$

$$(1-n)\,A_{01}\,\varrho^{(2)} + B_{0n_1}\left(-\frac{A_{01}}{B_{0n}}\right)^{\frac{n_1}{n-1}}\lambda^{\frac{n_1-n}{n-1}} + A_{00}\,\lambda^{\frac{n-2}{n-1}}$$

$$+ C_{11}\left(-\frac{A_{01}}{B_{0n}}\right)^{\frac{2}{n-1}}\lambda^{\frac{1}{n-1}} + \ldots = 0,$$

darum

$$\varrho^{(2)} = \mathfrak{P}^{(4)}\left(\lambda^{\frac{1}{n-1}}\right)\quad\text{mit}\quad \mathfrak{P}^{(4)}(0) = 0.$$

Alles in allem ist also diesmal

$$r_1 = \begin{cases} \left[-\dfrac{A_{00}}{A_{01}} + \mathfrak{P}^{(3)}(\lambda)\right]\lambda, & \mathfrak{P}^{(3)}(0) = 0, \\[2ex] \left[\left(-\dfrac{A_{01}}{B_{0n}}\right)^{\frac{1}{n-1}} + \mathfrak{P}^{(4)}\left(\lambda^{\frac{1}{n-1}}\right)\right]\lambda^{\frac{1}{n-1}}, & \mathfrak{P}^{(4)}(0) = 0. \end{cases}$$

6. $A_0 \neq 0$, die Koeffizienten der Glieder von der Form r_1^q sind sämtlich gleich Null, $A_{11} = A_{111} = \ldots = 0$. Die Gleichung (61) geht nach Kürzung mit λ über in

$$(63)\quad A_0 + A_{00}\,\lambda + A_{01}\,r_1 + A_{000}\,\lambda^2 + A_{001}\,\lambda r_1 + A_{011}\,r_1^2 + \ldots = 0.$$

Sie hat keine mit $|\lambda|$ gegen Null konvergierende Lösung.

7. Alle A sind gleich Null, die Gleichung (61) ist identisch erfüllt. Die nichtlineare Integralgleichung (47) hat eine von einem Parameter r_1 abhängende stetige Schar von Lösungen [28].

§ 8. Erweiterungen und Verallgemeinerungen. Alle bisherigen Ergebnisse lassen sich sinngemäß auf den Fall übertragen, daß die

---

[28] Beispiele für Vorkommnisse dieser Art bietet die Theorie der Gleichgewichtsfiguren rotierender Flüssigkeiten. Vgl. E. Hölder, Mathematische Untersuchungen zur Himmelsmechanik. Math. Zeitschr. **31** (1929), S. 197—257, insbesondere S. 206—209. Dort handelt es sich übrigens um den Fall $p > 1$.

Integrationen statt über das Intervall $\langle 0, 1 \rangle$ über ein beliebiges beschränktes mehrdimensionales Gebiet, das ein Volumen besitzt (integrierbar ist), erstreckt sind und dementsprechend die in (47) auftretenden Funktionen Ortsfunktionen bedeuten. Für den Fall der Ebene wird jetzt beispielsweise

$$U_{mn}\{\zeta, v\} = \sum_j \int_T \ldots \int_T K_{mnj}(\tau; \tau_1, \ldots, \tau_\varrho)\, \zeta^\alpha(\tau)\, \zeta^{\alpha_1}(\tau_1) \ldots \zeta^{\alpha_\varrho}(\tau_\varrho)$$
$$\times v^\beta(\tau)\, v^{\beta_1}(\tau_1) \ldots v^{\beta_\varrho}(\tau_\varrho)\, d\tau_1 \ldots d\tau_\varrho$$
$$(\alpha + \alpha_1 + \ldots + \alpha_\varrho = m,\ \beta + \beta_1 + \ldots + \beta_\varrho = n,\ m + n = \varrho).$$

Hierin bezeichnet T etwa ein ebenes beschränktes, von einer geschlossenen stetig gekrümmten Kurve S begrenztes Gebiet, $\tau, \tau_1, \ldots, \tau_\varrho$ sind beliebige Punkte in $T + S$.

Man kommt zu einem etwas allgemeineren Typus von Integralgleichungen, wenn man gleichzeitig die Integration *über das Gebiet T und über die Randkurve S* zuläßt und etwa setzt

$$(63') \qquad\qquad \sum_{m+n>0} U_{mn}\{\zeta, v\} = 0,$$

$$U_{mn}\{\zeta, v\} = \sum_j \int_T \ldots \int\int_S \ldots \int K_{mnj}(\tau; \tau_1, \sigma_1; \ldots; \tau_\varrho, \sigma_\varrho)$$
$$\times \zeta^\alpha(\tau)\, \zeta^{\alpha_1}(\tau_1)\, \zeta^{\bar{\alpha}_1}(\sigma_1) \ldots \zeta^{\alpha_\varrho}(\tau_\varrho)\, \zeta^{\bar{\alpha}_\varrho}(\sigma_\varrho)$$
$$\times v^\beta(\tau)\, v^{\beta_1}(\tau_1)\, v^{\bar{\beta}_1}(\sigma_1) \ldots v^{\beta_\varrho}(\tau_\varrho)\, v^{\bar{\beta}_\varrho}(\sigma_\varrho)\, d\tau_1\, d\sigma_1 \ldots d\tau_\varrho\, d\sigma_\varrho$$
$$(\alpha + \alpha_1 + \bar{\alpha}_1 + \ldots + \alpha_\varrho + \bar{\alpha}_\varrho = m,\quad \beta + \beta_1 + \bar{\beta}_1 + \ldots + \beta_\varrho + \bar{\beta}_\varrho = n,$$
$$\varrho = m + n,\quad \alpha_1 \bar{\alpha}_1 = \alpha_2 \bar{\alpha}_2 = \ldots = \beta_\varrho \bar{\beta}_\varrho = 0).$$

Hierbei bezeichnen $\tau_1, \ldots, \tau_\varrho$ beliebige Punkte in $T + S$ und $\sigma_1, \ldots, \sigma_\varrho$ beliebige Punkte auf S. Insbesondere ist

$$(64)\quad U_{10} = \boldsymbol{K}_{101}(\tau)\, \zeta(\tau) + \int_T K_{102}(\tau, \tau_1)\, \zeta(\tau_1)\, d\tau_1 + \int_S K_{103}(\tau, \sigma_1)\, \zeta(\sigma_1)\, d\sigma_1,$$

$$U_{01} = -U = \boldsymbol{K}_{011}(\tau)\, v(\tau) + \int_T K_{012}(\tau, \tau_1)\, v(\tau_1)\, d\tau_1 + \int_S K_{013}(\tau, \sigma_1)\, v(\sigma_1)\, d\sigma_1.$$

Auch jetzt wird $\boldsymbol{K}_{101}(\tau) \neq 0$ vorausgesetzt; so daß man einfacher $\boldsymbol{K}_{101}(\tau) = 1$ und demgemäß etwa

$$U_{10} = \zeta(\tau) + \int_T \overset{1}{K}(\tau, \tau_1)\, \zeta(\tau_1)\, d\tau_1 + \int_S \overset{2}{K}(\tau, \sigma_1)\, \zeta(\sigma_1)\, d\sigma_1$$

hätte setzen können. Die lineare Integralgleichung $U_{10} = 0$, die, wie wir vorhin gesehen haben, bei der Auflösung der nichtlinearen Integralgleichung $\sum_{m+n>0} U_{mn}\{\zeta, v\} = 0$ eine maßgebende Rolle spielt, ist diesmal, in der Bezeichnungsweise von A. Kneser, eine belastete Integralgleichung[29]. Auch bei belasteten Integralgleichungen gelten sinngemäß die Fundamentalsätze der Fredholmschen Theorie. Bei geeigneter Schreibweise gelten die Fredholmschen Auflösungsformeln sogar der Form nach [30]. Es möge sich etwa um die belastete Integralgleichung

$$(65) \quad \zeta(\tau) + \lambda \int_T \overset{1}{K}(\tau, \tau_1)\,\zeta(\tau_1)\,d\tau_1 + \lambda \int_S \overset{2}{K}(\tau, \sigma_1)\,\zeta(\sigma_1)\,d\sigma_1 = f(\tau)$$

handeln. Wir setzen $d\tau = d\tau$ in T, $= d\sigma$ auf S,

$$\boldsymbol{K}(\tau, \tau_1) = \begin{cases} \overset{1}{K}(\tau, \tau_1) & \text{für} \quad \tau_1 \text{ in } T, \\ \overset{2}{K}(\tau, \sigma_1) & \text{für} \quad \tau_1 = \sigma_1 \text{ auf } S \end{cases} \qquad (\tau \text{ in } T + S)$$

und schreiben demgemäß für (65) einfacher

$$(66) \qquad \zeta(\tau) + \lambda \int_{T,S} \boldsymbol{K}(\tau, \tau_1)\,\zeta(\tau_1)\,\boldsymbol{d}\tau_1 = f(\tau).$$

Man erhält jetzt für den Fredholmschen Quotienten den Ausdruck

$$H(\tau, \tau'; \lambda) = \frac{D\left(\lambda; \begin{matrix} \tau' \\ \tau \end{matrix}\right)}{D(\lambda)} = \frac{\sum\limits_{m=0}^{\infty} \dfrac{\lambda^m}{m!} A_m(\tau, \tau')}{1 + \sum\limits_{m=1}^{\infty} \dfrac{\lambda^m}{m!} A_m},$$

$$A_m(\tau, \tau') = \int_{T,S} \cdots \int_{T,S} \begin{vmatrix} \boldsymbol{K}(\tau, \tau'), & \boldsymbol{K}(\tau_1, \tau'), & \ldots, & \boldsymbol{K}(\tau_m, \tau') \\ \boldsymbol{K}(\tau, \tau_1), & \boldsymbol{K}(\tau_1, \tau_1), & \ldots, & \boldsymbol{K}(\tau_m, \tau_1) \\ \cdot\ \cdot\ \cdot\ \cdot\ \cdot\ \cdot\ \cdot\ \cdot\ \cdot\ \cdot\ \cdot\ \cdot\ \cdot \\ \boldsymbol{K}(\tau, \tau_m), & \boldsymbol{K}(\tau_1, \tau_m), & \ldots, & \boldsymbol{K}(\tau_m, \tau_m) \end{vmatrix} \boldsymbol{d}\tau_1 \boldsymbol{d}\tau_2 \ldots \boldsymbol{d}\tau_m,$$

$$A_m = \int_{T,S} A_m(\tau_0, \tau_0)\,\boldsymbol{d}\tau_0.$$

Man sieht sich gelegentlich veranlaßt, noch einen Schritt weiter zu gehen und den über T und über S erstreckten Integralen auch noch Summen hinzuzufügen, die über vorgegebene, in $T + S$ isoliert liegende Punkte erstreckt sind. Man erhält diesmal für U_{10} einen Ausdruck von der Form

$$U_{10} = \zeta(\tau) + \int_T \overset{1}{K}(\tau, \tau_1)\,\zeta(\tau_1)\,d\tau_1$$

$$+ \int_S \overset{2}{K}(\tau, \sigma_1)\,\zeta(\sigma_1)\,d\sigma_1 + \sum_{l=1}^{p} \overset{3}{K}(\tau, \tau^{(l)})\,\zeta(\tau^{(l)}).$$

Zumeist ist dabei

$$\overset{2}{K}(\tau, \sigma) = p(\sigma)\,\overset{1}{K}(\tau, \sigma), \quad \overset{3}{K}(\tau, \tau^{(l)}) = q(\tau^{(l)})\,\overset{1}{K}(\tau, \tau^{(l)}) \qquad (p, q > 0).$$

---

[29] Vgl. A. Kneser, Belastete Integralgleichungen, Rendiconti del Circolo Matematico di Palermo **37** (1914), S. 169—197. Dort wird den Betrachtungen der eindimensionale Fall zugrunde gelegt.

[30] Vgl. die Bemerkungen von A. Kneser, loc. cit. [29], S. 193.

Die Übertragung der Fredholmschen Theorie auf die Gleichung $U_{10} = f(\tau)$ ist naheliegend.

So viel über die Behandlung dieser Integralgleichungen. Die Auflösung der nichtlinearen Integralgleichung $(63')$ durch sukzessive Näherungen bietet nicht die geringsten Schwierigkeiten dar.

§ 9. Systeme nichtlinearer Integralgleichungen. Bei Behandlung spezieller Probleme der mathematischen Physik wird man nicht selten auf Systeme nichtlinearer Integralgleichungen von der in §§ 1 bis 7 betrachteten Form geführt. Wie wir alsbald sehen werden, lassen sich ferner gewisse Integro-Differentialgleichungen ohne weiteres auf solche Gleichungssysteme reduzieren. Im folgenden wollen wir ein System von zwei simultanen Gleichungen etwas näher betrachten. Eine Übertragung der Ergebnisse auf Systeme von mehr als zwei Gleichungen bietet keinerlei grundsätzliche Schwierigkeiten dar.

Es sei, unter v eine gegebene, unter ζ und u aber zwei zu bestimmende Funktionen verstanden.

$$\overset{1}{U}_{mnp}\{\zeta, u, v\} = \sum_j{}'\int \ldots \int \overset{1}{K}_{mnpj}(x; x_1, \ldots, x_\varrho)$$
$$\times \zeta^\alpha \zeta_1^{\alpha_1} \ldots \zeta_\varrho^{\alpha_\varrho} u^\beta u_1^{\beta_1} \ldots u_\varrho^{\beta_\varrho} v^\gamma v_1^{\gamma_1} \ldots v_\varrho^{\gamma_\varrho}\, dx_1 \ldots dx_\varrho,$$

$$(67) \qquad \overset{2}{U}_{mnp}\{\zeta, u, v\} = \sum_j{}'\int \ldots \int \overset{2}{K}_{mnpj}(x; x_1, \ldots, x_\varrho)$$
$$\times \zeta^\alpha \zeta_1^{\alpha_1} \ldots \zeta_\varrho^{\alpha_\varrho} u^\beta u_1^{\beta_1} \ldots u_\varrho^{\beta_\varrho} v^\gamma v_1^{\gamma_1} \ldots v_\varrho^{\gamma_\varrho}\, dx_1 \ldots dx_\varrho$$
$$(\alpha + \alpha_1 + \ldots + \alpha_\varrho = m, \quad \beta + \beta_1 + \ldots + \beta_\varrho = n,$$
$$\gamma + \gamma_1 + \ldots + \gamma_\varrho = p, \quad \varrho = m + n + p).$$

Es sei, in vollkommener Analogie zu den Entwicklungen auf S. 3,

$$\mathrm{Max}\Bigg(\sum_j{}'\int \ldots \int \big|\overset{1}{K}_{mnpj}(x; x_1, \ldots, x_\varrho)\big|\, dx_1 \ldots dx_\varrho,$$
$$\sum_j{}'\int \ldots \int \big|\overset{2}{K}_{mnpj}(x; x_1, \ldots, x_\varrho)\big|\, dx_1 \ldots dx_\varrho\Bigg) = B_{mnp}$$

gesetzt, und es möge die unendliche Reihe

$$\sum_{mnp} B_{mnp}\, \boldsymbol{d}^{m+n}\boldsymbol{d}_1^{p}$$

konvergent sein. Wir stellen uns die Aufgabe, die beiden Funktionalbeziehungen

$$(68) \qquad \sum_{m+n+p \geqq 1} \overset{1}{U}_{mnp}\{\zeta, u, v\} = 0, \qquad \sum_{m+n+p \geqq 1} \overset{2}{U}_{mnp}\{\zeta, u, v\} = 0$$

nach ζ und u aufzulösen. Wie in § 2 sondern wir vor allem diejenigen Glieder ersten Grades aus, die v nicht enthalten, und schreiben demgemäß

$$(69)\quad\begin{aligned}
\overset{1}{U}_{100} + \overset{1}{U}_{010} &\equiv \overset{1}{K}_{1001}(x)\,\zeta(x) + \int \overset{1}{K}_{1002}(x, x_1)\,\zeta(x_1)\,dx_1 \\
&\quad + \overset{1}{K}_{0101}(x)\,u(x) + \int \overset{1}{K}_{0102}(x, x_1)\,u(x_1)\,dx_1 \\
&= -\overset{1}{U}_{001} - \sum_{m+n+p>1} \overset{1}{U}_{mnp}\{\zeta, u, v\}, \\
\overset{2}{U}_{100} + \overset{2}{U}_{010} &\equiv \overset{2}{K}_{1001}(x)\,\zeta(x) + \int \overset{2}{K}_{1002}(x, x_1)\,\zeta(x_1)\,dx_1 \\
&\quad + \overset{2}{K}_{0101}(x)\,u(x) + \int \overset{2}{K}_{0102}(x, x_1)\,u(x_1)\,dx_1 \\
&= -\overset{2}{U}_{001} - \sum_{m+n+p>1} \overset{2}{U}_{mnp}\{\zeta, u, v\}.
\end{aligned}$$

Ist, wie wir voraussetzen wollen, für alle x in $\langle 0, 1\rangle$

$$\overset{1}{K}_{1001}\,\overset{2}{K}_{0101} - \overset{2}{K}_{1001}\,\overset{1}{K}_{0101} \neq 0,$$

so kann man, indem man (69), als ein System linearer (algebraischer) Gleichungen in bezug auf $\zeta(x)$ und $u(x)$ aufgefaßt, nach $\zeta(x)$ und $u(x)$ auflöst, dieses Gleichungssystem durch das mit ihm äquivalente von der Form

$$(70)\quad\begin{aligned}
\zeta(x) &+ \int \overset{1}{L}_1(x, x_1)\,\zeta(x_1)\,dx_1 + \int \overset{1}{L}_2(x, x_1)\,u(x_1)\,dx_1 \\
&= \overset{1}{V} + \sum_{m+n+p>1} \overset{1}{V}_{mnp}\{\zeta, u, v\}, \\
u(x) &+ \int \overset{2}{L}_1(x, x_1)\,\zeta(x_1)\,dx_1 + \int \overset{2}{L}_2(x, x_1)\,u(x_1)\,dx_1 \\
&= \overset{2}{V} + \sum_{m+n+p>1} \overset{2}{V}_{mnp}\{\zeta, u, v\}
\end{aligned}$$

ersetzen.

Betrachten wir jetzt die simultanen linearen Integralgleichungen

$$(71)\quad\begin{aligned}
\Lambda_1\{\zeta, u\} &= \zeta(x) + \int_0^1 \overset{1}{L}_1(x, x_1)\,\zeta(x_1)\,dx_1 + \int_0^1 \overset{1}{L}_2(x, x_1)\,u(x_1)\,dx_1 = f(x), \\
\Lambda_2\{\zeta, u\} &= u(x) + \int_0^1 \overset{2}{L}_1(x, x_1)\,\zeta(x_1)\,dx_1 + \int_0^1 \overset{2}{L}_2(x, x_1)\,u(x_1)\,dx_1 = g(x).
\end{aligned}$$

Sie lassen sich nach einer Bemerkung von Fredholm fast unmittelbar auf eine einzige Integralgleichung zurückführen, bei der die Integration über das Intervall $\langle 0, 2\rangle$ erstreckt zu denken ist. Setzt man nämlich

$$\mathsf{Z}(x) = \begin{cases} \zeta(x) & \text{für } 0 \leq x \leq 1, \\ u(x-1) & \text{,, } 1 < x \leq 2; \end{cases}$$

$$\mathsf{F}(x) = \begin{cases} f(x) & \text{für } 0 \leq x \leq 1, \\ g(x-1) & \text{,, } 1 < x \leq 2; \end{cases}$$

$$(72) \qquad \mathsf{L}(x, x_1) = \begin{cases} \overset{1}{L_1}(x, x_1) & \text{für } 0 \leq x \leq 1,\, 0 \leq x_1 \leq 1, \\ \overset{1}{L_2}(x, x_1 - 1) & \text{,, } 0 \leq x \leq 1,\, 1 < x_1 \leq 2, \\ \overset{2}{L_1}(x - 1, x_1) & \text{,, } 1 < x \leq 2,\, 0 \leq x_1 \leq 1, \\ \overset{2}{L_2}(x - 1, x_1 - 1) & \text{,, } 1 < x \leq 2,\, 1 < x_1 \leq 2, \end{cases}$$

so bekommt (71) die Gestalt

$$(73) \qquad \mathsf{Z}(x) + \int\limits_0^2 \mathsf{L}(x, x_1)\, \mathsf{Z}(x_1)\, dx_1 = \mathsf{F}(x).\ [31]$$

Hat, wie wir zunächst voraussetzen wollen, die zugehörige homogene Integralgleichung keine Nullösungen, so haben auch die Gleichungen $\Lambda_1\{\zeta, u\} = 0$, $\Lambda_2\{\zeta, u\} = 0$ keine von Null verschiedene Lösungen. Es sei $\mathsf{H}(x, x_1)$ die zu (73) gehörige Fredholmsche Resolvente. Es gilt

$$\mathsf{Z}(x) = \mathsf{F}(x) - \int\limits_0^2 \mathsf{H}(x, x')\, \mathsf{F}(x')\, dx',$$

darum den Formeln (72) zufolge

$$\zeta(x) = f(x) - \int\limits_0^1 \mathsf{H}(x, x')\, f(x')\, dx' - \int\limits_0^1 \mathsf{H}(x, x'+1)\, g(x')\, dx',$$

$$u(x) = g(x) - \int\limits_0^1 \mathsf{H}(x+1, x')\, f(x')\, dx' - \int\limits_0^1 \mathsf{H}(x+1, x'+1)\, g(x')\, dx'.$$

Führt man hier für die Funktionen $f(x)$ und $g(x)$ ihre Ausdrücke aus (70) ein, so erhält man zur Bestimmung von $\zeta(x)$ und $u(x)$ simultane nichtlineare Integralgleichungen von der Form

$$(74) \qquad \begin{aligned} \zeta(x) &= \overset{1}{W} + \sum_{m+n+p>1} \overset{1}{W}_{mnp}\{\zeta, u, v\}, \\ u(x) &= \overset{2}{W} + \sum_{m+n+p>1} \overset{2}{W}_{mnp}\{\zeta, u, v\}, \end{aligned}$$

---

[31] Augenscheinlich sind die Funktionen F, Z, L abteilungsweise stetig.

unter $\overset{1}{W}_{mnp}$ und $\overset{2}{W}_{mnp}$ analytische Funktionale von der Form (67) verstanden. Wir setzen jetzt ähnlich wie in § 1

$$(75) \qquad |\zeta|, |u| \leqq \Omega \leqq d < \boldsymbol{d}, \qquad |v| \leqq \Omega_1 \leqq d_1 < \boldsymbol{d_1}$$

und finden wie an jener Stelle vor allem

$$(76) \qquad \sum_{m+n+p>1} |\overset{1}{W}_{mnp}\{\zeta, u, v\}|, \qquad \sum_{m+n+p>1} |\overset{2}{W}_{mnp}\{\zeta, u, v\}|$$
$$\leqq \mathfrak{A}(\Omega^2 + \Omega\Omega_1 + \Omega_1^2) \quad (\mathfrak{A} \text{ konstant}).$$

Genügen auch die Funktionen $\dot\zeta(x)$, $\dot u(x)$ den Ungleichheiten

$$(77) \qquad |\dot\zeta|, |\dot u| \leqq \Omega \leqq d < \boldsymbol{d},$$

und ist überdies

$$(78) \qquad |\zeta - \dot\zeta|, |u - \dot u| \leqq \mho, \qquad \mho \leqq 2d,$$

so gilt weiter

$$(79) \qquad \sum_{m+n+p>1} |\overset{1}{W}_{mnp}\{\zeta, u, v\} - \overset{1}{W}_{mnp}\{\dot\zeta, \dot u, v\}| \leqq \mathfrak{B}(\Omega + \Omega_1)\mho,$$
$$\sum_{m+n+p>1} |\overset{2}{W}_{mnp}\{\zeta, u, v\} - \overset{2}{W}_{mnp}\{\dot\zeta, \dot u, v\}| \leqq \mathfrak{B}(\Omega + \Omega_1)\mho$$
$$(\mathfrak{B} \text{ konstant}).$$

Die Ungleichheiten (76) und (79) gestatten nun mit Leichtigkeit, wie in § 2 die Konvergenz des zur Bestimmung von ζ und u anzuwendenden Verfahrens der sukzessiven Approximationen zu erweisen. Wir setzen

$$\quad {}_1\zeta = \overset{1}{W}, \quad {}_1u = \overset{2}{W}, \quad \ldots;$$

$$(80) \qquad {}_k\zeta = \overset{1}{W} + \sum_{m+n+p>1} \overset{1}{W}_{mnp}\{{}_{k-1}\zeta, {}_{k-1}u, v\},$$
$$\quad {}_ku = \overset{2}{W} + \sum_{m+n+p>1} \overset{2}{W}_{mnp}\{{}_{k-1}\zeta, {}_{k-1}u, v\};$$

$$\text{Max}(|v|, |\overset{1}{W}|, |\overset{2}{W}|) = U_*$$

und bezeichnen diejenige Wurzel der Gleichung

$$\tau = U_* + \mathfrak{A}(\tau^2 + \tau U_* + U_*^2),$$

die zugleich mit U_* gegen Null konvergiert, mit τ. Ist, wie vorausgesetzt werden soll, $\text{Max}|v|$ hinreichend klein, so ist $\tau \leqq d$ und ferner für alle k

$$|{}_k\zeta|, |{}_ku| \leqq \tau \leqq d.$$

Wir wählen schließlich $\text{Max}|v|$ auch so klein, daß

$$(81) \qquad \mathfrak{B}(\tau + U_*) \leqq q < 1$$

wird. Alsdann konvergieren $_k\zeta$, $_k u$ entsprechend gegen stetige Funktionen $\zeta(x)$, $u(x)$, Lösungen des Problems. Es gibt, sofern (81) erfüllt ist und darüber hinaus noch

$$\mathfrak{B}\left(\operatorname{Max}|\zeta(x)|+U_*\right),\ \mathfrak{B}\left(\operatorname{Max}|u(x)|+U_*\right)\leqq q<1$$

gilt, keine weiteren den Ungleichheiten

$$|\zeta|,\ |u|\leqq \tau \leqq d$$

genügenden Lösungen. Schließlich sind $\zeta(x)$, $u(x)$ analytische Funktionale von $v(x)$ (vgl. S. 8 ff.).

Es mögen nunmehr im Gegensatz zu der vorhin gemachten Annahme die Gleichungen

$$(82)\qquad\qquad \Lambda_1\{\zeta, u\}=0,\qquad \Lambda_2\{\zeta, u\}=0$$

Nullösungen $\varphi_k(x)$, $\theta_k(x)$ $(k=1,\ldots,p)$ haben. Dies besagt mit anderen Worten, daß die homogene Integralgleichung

$$(83)\qquad\qquad \mathsf{Z}(x)+\int\limits_0^2 \mathsf{L}(x, x_1)\,\mathsf{Z}(x_1)\,dx_1=0$$

p linear unabhängige Lösungen $\mathsf{Z}_k(x)$ $(k=1,\ldots,p)$ hat. Wir setzen

$$\varphi_k(x)=\mathsf{Z}_k(x),\quad 0\leqq x\leqq 1;\quad \theta_k(x)=\mathsf{Z}_k(x+1),\quad 0<x\leqq 1.\,^{32}$$

Die zu (83) adjungierte Gleichung

$$\mathsf{T}(x_1)+\int\limits_0^2 \mathsf{L}(x, x_1)\,\mathsf{T}(x)\,dx=0$$

hat offenbar ebenfalls p linear unabhängige Lösungen $\mathsf{T}_k(x_1)$ $(k=1,\ldots,p)$. Setzt man $\psi_k(x)=\mathsf{T}_k(x)$, $0\leqq x\leqq 1$, $\chi_k(x)=\mathsf{T}_k(x+1)$, $0<x\leqq 1$, so sind $\psi_k(x)$, $\chi_k(x)$ Lösungen des zu (82) adjungierten Systems homogener Integralgleichungen

$$(84)\quad\begin{aligned}&\zeta(x_1)+\int\limits_0^1 \overset{1}{L_1}(x, x_1)\,\zeta(x)\,dx+\int\limits_0^1 \overset{2}{L_1}(x, x_1)\,u(x)\,dx=0,\\[2mm]&u(x_1)+\int\limits_0^1 \overset{1}{L_2}(x, x_1)\,\zeta(x)\,dx+\int\limits_0^1 \overset{2}{L_2}(x, x_1)\,u(x)\,dx=0.\end{aligned}$$

Sind, wie wir voraussetzen wollen, $\mathsf{Z}_k(x)$ und $\mathsf{T}_k(x)$ reell und den Beziehungen

$$\int\limits_0^2 \mathsf{Z}_k(x)\,\mathsf{Z}_l(x)\,dx=\begin{cases}0\ \text{ für }\ k\neq l,\\ 1\ \text{ ,, }\ k=l,\end{cases}\qquad \int\limits_0^2 \mathsf{T}_k(x)\,\mathsf{T}_l(x)\,dx=\begin{cases}0\ \text{ für }\ k\neq l\\ 1\ \text{ ,, }\ k=l\end{cases}$$

gemäß normiert, so erfüllen $\varphi_k(x)$, $\theta_k(x)$; $\psi_k(x)$, $\chi_k(x)$ die Relationen

$$(85)\quad \int\limits_0^1(\varphi_k\varphi_l+\theta_k\theta_l)\,dx=\begin{cases}0\ \text{ für }\ k\neq l,\\ 1\ \text{ ,, }\ k=l,\end{cases}\qquad \int\limits_0^1(\psi_k\psi_l+\chi_k\chi_l)\,dx=\begin{cases}0\ \text{ für }\ k\neq l,\\ 1\ \text{ ,, }\ k=l.\end{cases}$$

---

[32] Die in dem Intervalle $\langle 0, 2\rangle$ erklärten Funktionen $\mathsf{Z}_k(x)$ sind im Punkte 1 im allgemeinen sprungweise unstetig.

Genügen $f(x)$ und $g(x)$ den Integralbeziehungen

$$(86) \quad \int_0^2 \mathsf{F}(x)\,\mathsf{T}_k(x)\,dx = \int_0^1 \big(f(x)\,\psi_k(x) + g(x)\,\chi_k(x)\big)\,dx = 0 \quad (k=1,\ldots,p),$$

so haben die nichthomogenen Integralgleichungen (71)

$$(87) \qquad \Lambda_1\{\zeta,u\} = f(x), \qquad \Lambda_2\{\zeta,u\} = g(x)$$

Lösungen, und das Erfülltsein von (86) ist für die Existenz der fraglichen Lösungen auch notwendig. Es gilt

$$\mathsf{Z}(x) = \mathsf{F}(x) - \int_0^2 \mathsf{M}(x,x')\,\mathsf{F}(x')\,dx' + \sum_{k=1}^p r_k\,\mathsf{Z}_k(x),$$

und darum in naheliegender Schreibweise

$$(88)\quad\begin{aligned}
\zeta(x) &= f(x) - \int_0^1 \overset{1}{M_1}(x,x')\,f(x')\,dx' - \int_0^1 \overset{1}{M_2}(x,x')\,g(x')\,dx' + \sum_{k=1}^p r_k\,\varphi_k(x), \\
u(x) &= g(x) - \int_0^1 \overset{2}{M_1}(x,x')\,f(x')\,dx' - \int_0^1 \overset{2}{M_2}(x,x')\,g(x')\,dx' + \sum_{k=1}^p r_k\,\theta_k(x).
\end{aligned}$$

Die Integralbeziehungen

$$(88')\qquad \int_0^2 \mathsf{M}(x,x')\,\mathsf{T}_k(x')\,dx' = 0 \qquad (k=1,\ldots,p)\,[33]$$

ergeben

$$(88'')\quad\begin{aligned}
\int_0^1 \overset{1}{M_1}(x,x')\,\psi_k(x')\,dx' + \int_0^1 \overset{1}{M_2}(x,x')\,\chi_k(x')\,dx' &= 0, \\
\int_0^1 \overset{2}{M_1}(x,x')\,\psi_k(x')\,dx' + \int_0^1 \overset{2}{M_2}(x,x')\,\chi_k(x')\,dx' &= 0 \\
& \qquad\qquad (k=1,\ldots,p).\,[34]
\end{aligned}$$

Nach diesen Vorbereitungen bietet die Behandlung des Verzweigungsfalles keine Schwierigkeiten dar. Wir führen in (88) für $f(x)$ und $g(x)$ die Ausdrücke

$$(89) \quad f(x) = \overset{1}{V} + \sum_{m+n+p>1} \overset{1}{V}_{mnp}\{\zeta,u,v\}, \qquad g(x) = \overset{2}{V} + \sum_{m+n+p>1} \overset{2}{V}_{mnp}\{\zeta,u,v\}$$

(vgl. (70)) ein, lösen die hierdurch gewonnenen simultanen nichtlinearen Integralgleichungen durch sukzessive Approximationen auf und

---

[33] Vgl. die Bemerkungen der Fußnote [19].

[34] Vorhin sind alle Nullösungen als reell vorausgesetzt worden. Sind φ_k, θ_k; ψ_k, χ_k komplex, so sind die beiden Integralausdrücke in (85) entsprechend durch $\int_0^1 (\varphi_k\,\bar{\varphi}_l + \theta_k\,\bar{\theta}_l)\,dx$ und $\int_0^1 (\psi_k\,\bar{\psi}_l + \chi_k\,\bar{\chi}_l)\,dx$ zu ersetzen. In (88') tritt weiter $\bar{\mathsf{T}}_k(x')$ für $\mathsf{T}_k(x')$ ein, in (88'') sind $\psi_k(x')$, $\chi_k(x')$ durch $\bar{\psi}_k(x')$, $\bar{\chi}_k(x')$ zu ersetzen.

erhalten, indem wir wie auf S. 20 $v(x) = \lambda V(x)$ setzen, für $\zeta(x)$ und $u(x)$ die nach $r_1, \ldots, r_p, \lambda$ aufsteigenden Reihenentwicklungen

$$(90) \qquad \zeta(x) = \overset{1}{\mathfrak{P}}(r_1, \ldots, r_p, \lambda), \quad u(x) = \overset{2}{\mathfrak{P}}(r_1, \ldots, r_p, \lambda).$$

Wir gelangen endlich mit Liapounoff zu Verzweigungsgleichungen, wenn wir die Gleichungen (86), (89) und (90) beachten.

Diese Gleichungen gelten, beiläufig bemerkt, ganz gleich, ob die Nullösungen reell oder komplex sind. Demgegenüber bedürfen die Formeln, die man unter Zugrundelegung der Schmidtschen Kernzerspaltung erhält, wie wir wiederholt gesehen haben, einer naheliegenden Modifikation, wenn komplexe Nullösungen auftreten.

Wir haben bei der soeben abgeschlossenen Behandlung eines Systems von zwei nichtlinearen Integralgleichungen die in den §§ 1 und 2 betrachteten Voraussetzungen zugrunde gelegt. Es ist klar, daß man im wesentlichen zu den gleichen Ergebnissen gelangt, wenn man von den Voraussetzungen des § 3 ausgeht, d. h. wenn man annimmt, die unendlichen Reihen $\sum \overset{1}{U}_{mnp}\{\zeta, u, v,\}$ und $\sum \overset{2}{U}_{mnp}\{\zeta, u, v\}$ seien für alle reellen oder komplexen ζ, u, v mit $|\zeta|, |u| \leqq d, |v| \leqq d_1$ und alle x in $\langle 0, 1 \rangle$ gleichmäßig konvergent. Die für ζ und u gewonnenen Entwicklungen brauchen dann freilich nicht „regulär" zu konvergieren.

§ 10. Erweiterungen. Wir haben in § 1 der Einfachheit halber angenommen, $K_{mnj}(x; x_1, \ldots, x_\varrho)$ seien durchweg stetige Funktionen ihrer $\varrho + 1$ Argumente. Alle unsere Entwicklungen und Ergebnisse bleiben unverändert in Kraft, wenn die vielfachen Integrale

$$\int \ldots \int K_{mnj}(x; x_1, \ldots, x_\varrho) \zeta^\alpha \ldots \zeta_\varrho^{\alpha_\varrho} v^\beta \ldots v_\varrho^{\beta_\varrho} dx_1 \ldots dx_\varrho$$

für alle stetigen [35] Funktionen $\zeta(x)$ und $v(x)$ unbedingt konvergieren und stetige Funktionen von x darstellen, ohne daß K_{mnj} selbst als stetig vorausgesetzt zu werden brauchen. Wie in § 1 wird

$$\text{Max} \sum_j \int \ldots \int |K_{mnj}(x; x_1, \ldots, x_\varrho)| \, dx_1 \ldots dx_\varrho = B_{mn}$$

geschrieben und vorausgesetzt, daß $\sum B_{mn} d^m d_1^n$ konvergiert. Statt von 0 bis 1, allgemeiner von a bis b, kann man auch die Integrationen von 0 bis ∞ oder von $-\infty$ bis ∞ erstrecken. Betrachten wir etwa eine Integralgleichung von der speziellen Form

$$\zeta(x) = U(x) - \sum_{m+n>1} \sum_j \int_0^\infty \ldots \int_0^\infty K_{mnj}(x; x_1, \ldots, x_\varrho) \zeta^\alpha \ldots \zeta_\varrho^{\alpha_\varrho} v^\beta \ldots v_\varrho^{\beta_\varrho} dx_1 \ldots dx_\varrho.$$

---

[35] Auch dies braucht nicht notwendig vorausgesetzt zu werden. So kann man, wie wir übrigens schon früher bei Behandlung von Systemen nichtlinearer Integralgleichungen (vgl. S. 34) gesehen haben, $\zeta(x), v(x)$ abteilungsweise stetig annehmen.

Sie läßt sich in allen Stücken wie die Gleichung (15) behandeln, wenn

$$\int_0^\infty \ldots \int_0^\infty K_{mnj}(x; x_1, \ldots, x_\varrho)\, \zeta^\alpha \ldots \zeta_\varrho^{\alpha_\varrho}\, v^\beta \ldots v_\varrho^{\beta_\varrho}\, dx_1 \ldots dx_\varrho$$

für alle beschränkten, im Endlichen überall stetigen $\zeta(x)$ und $v(x)$ unbedingt konvergieren und beschränkte, im Endlichen stetige Funktionen darstellen. Jetzt wird

$$\text{Obere Grenze} \ \sum_j \int_0^\infty \ldots \int_0^\infty |K_{mnj}(x; x_1, \ldots, x_\varrho)|\, dx_1 \ldots dx_\varrho = B_{mn}$$

geschrieben und angenommen, daß $\sum B_{mn}\, d^m d_1^n$ konvergiert.

§ 11. Einige nichtlineare Integro-Differentialgleichungen, die sich auf Systeme nichtlinearer Integralgleichungen zurückführen lassen. Manche nichtlineare Integro-Differentialgleichungen lassen sich ohne weiteres auf Systeme nichtlinearer Integralgleichungen von der in § 9 behandelten Art zurückführen.

Es sei

$$D\zeta = \frac{d\zeta}{dx},\ D\zeta_1 = D\zeta(x_1) = \frac{d}{dx}\zeta(x_1),\ \ldots,\ D\zeta_\varrho = \frac{d}{dx}\zeta(x_\varrho),\ Dv = \frac{dv}{dx},$$

$$(91)\quad U_{mnp}\{\zeta, D\zeta, v\} = \sum_j \int \ldots \int K_{mnpj}(x; x_1, \ldots, x_\varrho)$$
$$\times\, \zeta^\alpha \zeta_1^{\alpha_1} \ldots \zeta_\varrho^{\alpha_\varrho} (D\zeta_1)^{\beta_1} (D\zeta_2)^{\beta_2} \ldots (D\zeta_\varrho)^{\beta_\varrho}\, v^\gamma v_1^{\gamma_1} \ldots v_\varrho^{\gamma_\varrho}\, dx_1 \ldots dx_\rho,$$
$$(\alpha + \alpha_1 + \ldots + \alpha_\varrho = m,\quad \beta_1 + \ldots + \beta_\varrho = n,$$
$$\gamma + \gamma_1 + \ldots + \gamma_\varrho = p,\quad \varrho = m + n + p).$$

Wie in § 9 nehmen wir an, daß die unendliche Reihe $\sum_{mnp} B_{mnp}\, d^{m+n} d_1^p$ konvergiert, setzen

$$(92)\qquad\qquad |\zeta| \leq d,\qquad |D\zeta| \leq d,\qquad |v| \leq d_1$$

fest und betrachten die Integro-Differentialgleichung

$$\sum_{m+n+p>0} U_{mnp} = 0,$$

oder ausführlicher geschrieben

$$(93)\qquad \zeta(x) + \int K_{1002}(x, x_1)\, \zeta(x_1)\, dx_1 + \int K_{0101}(x, x_1)\, D\zeta_1\, dx_1$$
$$= L(x)\, v(x) - \int K_{0012}(x, x_1)\, v(x_1)\, dx_1 - \sum_{m+n+p>1} U_{mnp}\{\zeta, D\zeta, v\}.\ ^{36}$$

Wir machen jetzt die weitere Annahme, daß die Funktionen K_{mnpj} stetige Ableitung in bezug auf x,

$$\frac{\partial}{\partial x} K_{mnpj} = DK_{mnpj},$$

---

[36] Wir nehmen augenscheinlich $K_{1001}(x, x_1) \equiv 1$ an.

haben[37] und die unendliche Reihe $\sum\limits_{mnp} C_{mnp} d^{m+n} d_1^p$,

$$C_{mnp} = \operatorname{Max} \sum_j \int \ldots \int |DK_{mnpj}(x; x_1, \ldots, x_\varrho)|\, dx_1 \ldots dx_\varrho$$

konvergiert. Da $\sum\limits_{mnp} B_{mnp} d^{m+n} d_1^p$ konvergiert, so ist gewiß auch die Reihe

$$\sum_{mnp} (m+p) B_{mnp} \hat{d}^{m+n} \hat{d}_1^p, \quad d < \hat{d} < d, \quad d_1 < \hat{d}_1 < d_1$$

konvergent. Aus (93) folgt nun durch Differentiation[38]

$$(94) \quad D\zeta(x) + \int DK_{1002}(x, x_1)\,\zeta(x_1)\,dx_1 + \int DK_{0101}(x, x_1)\,D\zeta_1\,dx_1$$
$$= v(x)\,DL(x) + L(x)\,Dv(x) - \int DK_{0012}(x, x_1)\,v(x_1)\,dx_1$$
$$- \sum_{m+n+p>1} U^*_{mnp}\{\zeta, D\zeta, v\}$$

mit

$$(95) \quad U^*_{mnp}\{\zeta, D\zeta, v\} = \sum_j \int \ldots \int [DK_{mnpj}(x; x_1, \ldots, x_\varrho)\,\zeta^\alpha v^\gamma$$
$$+ K_{mnpj}(x; x_1, \ldots, x_\varrho)(\alpha \zeta^{\alpha-1} D\zeta \cdot v^\gamma + \gamma v^{\gamma-1} Dv \cdot \zeta^\alpha)]$$
$$\times \zeta_1^{\alpha_1} \ldots \zeta_\varrho^{\alpha_\varrho} (D\zeta_1)^{\beta_1} \ldots (D\zeta_\varrho)^{\beta_\varrho} v_1^{\gamma_1} \ldots v_\varrho^{\gamma_\varrho}\, dx_1 \ldots dx_\varrho.$$

Den weiteren Betrachtungen legen wir das System der simultanen Integro-Differentialgleichungen

$$(96) \quad \zeta(x) + \int K_{1002}(x, x_1)\,\zeta(x_1)\,dx_1 + \int K_{0101}(x, x_1)\,\zeta(x_1)\,dx_1$$
$$= L(x)\,v(x) - \int K_{0012}(x, x_1)\,v(x_1)\,dx_1 - \sum_{m+n+p>1} U_{mnp}\{\zeta, \zeta, v\}$$

und

$$(97) \quad \zeta(x) + \int DK_{1002}(x, x_1)\,\zeta(x_1)\,dx_1 + \int DK_{0101}(x, x_1)\,\zeta(x_1)\,dx_1$$
$$= v(x)\,DL(x) + L(x)\,Dv(x) - \int DK_{0012}(x, x_1)\,v(x_1)\,dx_1$$
$$- \sum_{m+n+p>1} U^*_{mnp}\{\zeta, \zeta, v\}$$

mit

$$U^*_{mnp}\{\zeta, \zeta, v\} = \sum_j \int \ldots \int [DK_{mnpj}(x; x_1, \ldots, x_\varrho)\,\zeta^\alpha v^\gamma$$
$$+ K_{mnpj}(x; x_1, \ldots, x_\varrho)(\alpha \zeta^{\alpha-1} \zeta v^\gamma + \gamma v^{\gamma-1} Dv \cdot \zeta^\alpha)]$$
$$\times \zeta_1^{\alpha_1} \ldots \zeta_\varrho^{\alpha_\varrho} \cdot \zeta_1^{\beta_1} \ldots \zeta_\varrho^{\beta_\varrho} v_1^{\gamma_1} \ldots v_\varrho^{\gamma_\varrho}\, dx_1 \ldots dx_\varrho$$

zugrunde. Offenbar sind alle in § 9 eingeführten Voraussetzungen erfüllt. Ist nun $\zeta(x)$ und $\zeta(x)$ irgendein System von Lösungen der Gleichungen (96) und (97)[38a], dann ist gewiß $\zeta(x) = \dfrac{d}{dx}\zeta(x)$, dem-

---

[37] Insbesondere ist also DL vorhanden und stetig.

[38] Es wird also diesmal angenommen, daß $\zeta(x)$ und $v(x)$ stetige Ableitung haben und daß $|D\zeta| \leqq d$, $|Dv| \leqq d_1$ gilt.

[38a] Für hinreichend kleine Werte von $|v|$ und $|Dv|$.

nach $\zeta(x)$ eine Lösung der eingangs vorgelegten Integro-Differentialgleichung (93). In der Tat folgt aus (96) durch Differentiation

$$(98) \quad D\zeta(x) + \int DK_{1002}(x, x_1)\,\zeta(x_1)\,dx_1 + \int DK_{0101}(x, x_1)\,\zeta(x_1)\,dx_1$$
$$= v(x)\,DL(x) + L(x)\,Dv(x) - \int DK_{0012}(x, x_1)\,v(x_1)\,dx_1$$
$$- \sum_{m+n+p>1} \overline{U}_{mnp}\{\zeta, \zeta, v\}$$

mit

$$(99) \quad \overline{U}_{mnp}\{\zeta, \zeta, v\} = \sum_{j}' \int \ldots \int [DK_{mnpj}(x; x_1, \ldots, x_\varrho)\,\zeta^\alpha v^\gamma$$
$$+ K_{mnpj}(x; x_1, \ldots, x_\varrho)\,(\alpha\zeta^{\alpha-1} \cdot D\zeta \cdot v^\gamma + \gamma v^{\gamma-1} Dv \cdot \zeta^\alpha)]$$
$$\times \zeta_1^{\alpha_1} \ldots \zeta_\varrho^{\alpha_\varrho} \zeta_1^{\beta_1} \ldots \zeta_\varrho^{\beta_\varrho} v_1^{\gamma_1} \ldots v_\varrho^{\gamma_\varrho}\,dx_1 \ldots dx_\varrho.$$

Aus (97) und (98) ergibt sich nun, wenn wir vorübergehend $\zeta - D\zeta = \xi$ setzen, durch Subtraktion

$$\xi(x) = -\xi(x) \sum_{m+n+p>1} \sum_{j}' \int \ldots \int K_{mnpj}(x; x_1, \ldots, x_\varrho)$$
$$\times \alpha\zeta^{\alpha-1} v^\gamma \zeta_1^{\alpha_1} \ldots \zeta_\varrho^{\alpha_\varrho} \zeta_1^{\beta_1} \ldots \zeta_\varrho^{\beta_\varrho} v_1^{\gamma_1} \ldots v_\varrho^{\gamma_\varrho}\,dx_1 \ldots dx_\varrho.$$

Die Glieder unter dem Integralzeichen sind von mindestens erstem Grade in bezug auf ζ, ζ und v. Der absolute Betrag der Summe rechts fällt darum gewiß < 1 aus, wenn $\mathrm{Max}\,|v(x)|$ und $\mathrm{Max}\,|Dv|$ hinreichend klein sind. Es muß dann natürlich

$$\xi(x) = \zeta - D\zeta = 0$$

sein, w. z. b. w.

In den Anwendungen kommt der Spezialfall $K_{0101} = 0$ identisch besonders häufig vor. Es handelt sich also (vgl. (93)) um die Integro-Differentialgleichung

$$(100) \qquad \zeta(x) + \int K_{1002}(x, x_1)\,\zeta(x_1)\,dx_1$$
$$= L(x)\,v(x) - \int K_{0012}(x, x_1)\,v(x_1)\,dx_1 - \sum_{m+n+p>1} U_{mnp}\{\zeta, D\zeta, v\}.$$

In den simultanen Gleichungen (96), (97) fehlen dann die dritten Summanden linker Hand. Augenscheinlich hängt die Entscheidung darüber, ob ein regulärer Fall oder ein Verzweigungsfall vorliegt, diesmal davon ab, ob die homogene Integralgleichung

$$\zeta(x) + \int K_{1002}(x, x_1)\,\zeta(x_1)\,dx_1 = 0$$

keine Nullösungen oder doch welche hat [39].

---

[39] Auch jetzt wird natürlich vorausgesetzt, daß alle Funktionen K_{mnp} stetige Ableitungen in bezug auf x haben.

Einer ganz analogen Behandlung wie die Gleichung (93) ist eine Integro-Differentialgleichung von der Form

$$(101) \quad \zeta(x) + \int E_1(x, x_1)\, \zeta(x_1)\, dx_1 + \int E_2(x, x_1)\, D\zeta(x_1)\, dx_1$$
$$+ \int E_3(x, x_1)\, D_2\zeta(x_1)\, dx_1 = V(x) - \sum U\{\zeta, D\zeta, D_2\zeta, v\},$$

zugänglich, wenn in den Integralausdrücken rechter Hand wohl $D\zeta_1, \ldots, D\zeta_\varrho$, $D_2\zeta_1 = \dfrac{d^2}{dx^2}\zeta(x_1), \ldots, D_2\zeta_\varrho = \dfrac{d^2}{dx^2}\zeta(x_\varrho)$, nicht aber $D\zeta$, $D_2\zeta = \dfrac{d^2}{dx^2}\zeta(x)$ auftritt.

Man beachte, daß in (93) linker Hand ein Glied von der Form $K_{0102}(x)\, D\zeta(x)$ nicht vorkommt. Ein Gegenstück zu (93) bildet die Integro-Differentialgleichung

$$(102) \quad D\zeta(x) = U(x)$$
$$- \sum_{m+n>1} \sum_j \int_0^1 \ldots \int_0^1 L_{mnj}(x; x_1, \ldots, x_\varrho)\, \zeta^\alpha \zeta_1^{\alpha_1} \ldots \zeta_\varrho^{\alpha_\varrho}\, v^\beta v_1^{\beta_1} \ldots v_\varrho^{\beta_\varrho}\, dx_1 \ldots dx_\varrho$$
$$(\alpha + \alpha_1 + \ldots + \alpha_\varrho = m, \quad \beta + \beta_1 + \ldots + \beta_\varrho = n, \quad \varrho = m + n).$$

Sie ist augenscheinlich der durch Integration gewonnenen Gleichung

$$\zeta(x) = \zeta(0) + \int_0^x U(x')\, dx' - \sum_{m+n>1} \sum_j \int_0^x dx' \int_0^1 \ldots \int_0^1 L_{mnj}(x'; x_1, \ldots, x_\varrho)$$
$$\times \zeta^\alpha(x')\, \zeta_1^{\alpha_1} \ldots \zeta_\varrho^{\alpha_\varrho}\, v^\beta(x')\, v_1^{\beta_1} \ldots v_\varrho^{\beta_\varrho}\, dx_1 \ldots dx_\varrho$$

äquivalent und hat für alle hinreichend kleinen Werte $|\zeta(0)|$ und Max $|v(x)|$ eine und nur eine Lösung, die also von einem willkürlichen Parameter, $\zeta(0)$, abhängt.

Allgemeiner sei die Gleichung

$$(103) \quad D\zeta(x) = C(x)\, \zeta(x) + \int_0^1 C_1(x, x_1)\, \zeta(x_1)\, dx_1 + U(x)$$
$$- \sum_{m+n>1} \sum_j \int_0^1 \ldots \int_0^1 L_{mnj}(x; x_1, \ldots, x_\varrho)\, \zeta^\alpha \zeta_1^{\alpha_1} \ldots \zeta_\varrho^{\alpha_\varrho}\, v^\beta v_1^{\beta_1} \ldots v_\varrho^{\beta_\varrho}\, dx_1 \ldots dx_\varrho$$
$$(\alpha + \alpha_1 + \ldots + \alpha_\varrho = m, \quad \beta + \beta_1 + \ldots + \beta_\varrho = n, \quad \varrho = m + n)$$

vorgelegt. Durch Integration ergibt sich hieraus

$$(104) \quad \zeta(x) = \zeta(0) + \int_0^x C(x')\, \zeta(x')\, dx' + \int_0^x \int_0^1 C_1(x', x_1)\, \zeta(x_1)\, dx'\, dx_1$$
$$+ \int_0^x U(x')\, dx' - \sum_{m+n>1} \sum_j \int_0^x \int_0^1 \ldots \int_0^1 L_{mnj}(x'; x_1, \ldots, x_\varrho)$$
$$\times \zeta^\alpha(x')\, \zeta_1^{\alpha_1} \ldots \zeta_\varrho^{\alpha_\varrho}\, v^\beta(x')\, v_1^{\beta_1} \ldots v_\varrho^{\beta_\varrho}\, dx'\, dx_1 \ldots dx_\varrho.$$

Maßgebend für die Weiterbehandlung und die möglichen Fallunterscheidungen ist nach § 4 und § 6 die homogene lineare Integralgleichung

$$(105) \quad \zeta(x) - \int_0^x C(x_1)\,\zeta(x_1)\,dx_1 - \int_0^x dx' \int_0^1 C_1(x',x_1)\,\zeta(x_1)\,dx_1 = 0,$$

die auch in der Form

$$\zeta(x) - \int_0^x C(x_1)\,\zeta(x_1)\,dx_1 - \int_0^1 \mathfrak{C}(x,x_1)\,\zeta(x_1)\,dx_1 = 0,$$

$$\mathfrak{C}(x,x_1) = \int_0^x C_1(x',x_1)\,dx'$$

geschrieben werden kann. Sie hat, wie sich leicht zeigen läßt, keine Nullösungen [40]. Ist insbesondere identisch $C_1 = 0$, so ist (105) eine Volterrasche Integralgleichung. Jedenfalls hat (104) für alle hinreichend kleinen Werte von $|\zeta(0)|$ und $\mathrm{Max}\,|v(x)|$ stets eine und nur eine, von einem willkürlichen Parameter abhängige Lösung.

Zu analogen Ergebnissen führt die Integro-Differentialgleichung

$$(106) \quad D_2\,\zeta(x) = C(x)\,D\zeta(x) + C_1(x)\,\zeta(x) + \int_0^1 C_2(x,x_1)\,\zeta(x_1)\,dx_1 + U(x)$$

$$- \sum_{m+n>1} \sum_j \int_0^1 \cdots \int_0^1 L_{mnj}(x;x_1,\ldots,x_\varrho)\,\zeta^\alpha\,\zeta_1^{\alpha_1}\cdots\zeta_\varrho^{\alpha_\varrho}\,v^\beta\,v_1^{\beta_1}\cdots v_\varrho^{\beta_\varrho}\,dx_1\cdots dx_\varrho.$$

Durch zweimalige Integration gewinnt man hier zunächst die Gleichung

$$(107) \quad \zeta(x) = \zeta(0) + xD\zeta(0) + \int_0^x dx' \int_0^{x'} C(x'')\,D\zeta(x'')\,dx''$$

$$+ \int_0^x dx' \int_0^{x'} C_1(x'')\,\zeta(x'')\,dx'' + \int_0^x dx' \int_0^{x'} dx'' \int_0^1 C_2(x'',x_1)\,\zeta(x_1)\,dx_1$$

$$+ \int_0^x dx' \int_0^{x'} U(x'')\,dx'' - \sum_{m+n>1} \sum_j \int_0^x dx' \int_0^{x'} dx'' \int_0^1 \cdots \int_0^1 L_{mnj}(x'';x_1,\ldots,x_\varrho)$$

$$\times \zeta^\alpha(x'')\,\zeta_1^{\alpha_1}\cdots\zeta_\varrho^{\alpha_\varrho}\,v^\beta(x'')\,v_1^{\beta_1}\cdots v_\varrho^{\beta_\varrho}\,dx_1\cdots dx_\varrho.$$

---

[40] In der Tat folgt aus (105), wenn man $M = \mathrm{Max}\,|\zeta(x)|$ und $N = \mathrm{Max}\left(|C(x_1)| + \int_0^1 |C_1(x,x_1)|\,dx_1\right)$ in $\langle 0,\,1\rangle$ setzt, sukzessive

$$|\zeta(x)| \leqq NMx, \qquad |\zeta(x)| \leqq N^2 M\,\frac{x^2}{2}, \qquad |\zeta(x)| \leqq N^3 M\,\frac{x^3}{3!}, \ldots.$$

Die rechte Seite dieser Ungleichheiten konvergiert gegen Null. Man gelangt zu einem Widerspruch, wenn man M von Null verschieden annimmt.

Hat, wie wir jetzt annehmen wollen, $C(x)$ stetige Ableitung erster Ordnung, so läßt sich der dritte Summand rechts durch teilweise Integration auf die Form

$$-\int\limits_0^x dx' \int\limits_0^{x'} \zeta(x'')\, D C(x'')\, dx'' + \int\limits_0^x C(x')\, \zeta(x')\, dx' - x\, C(0)\, \zeta(0)$$

bringen. Maßgebend für die weitere Behandlung des Problems ist nunmehr die homogene Integralgleichung

$$\zeta(x) - \int\limits_0^x C(x')\, \zeta(x')\, dx' + \int\limits_0^x dx' \int\limits_0^{x'} \zeta(x'')\, D C(x'')\, dx''$$

$$-\int\limits_0^x dx' \int\limits_0^{x'} C_1(x'')\, \zeta(x'')\, dx'' - \int\limits_0^x dx' \int\limits_0^{x'} dx'' \int\limits_0^1 C_2(x'', x_1)\, \zeta(x_1)\, dx_1 = 0.$$

Sie hat keine Nullösungen [41]. Offenbar hat (107), wenn $|\zeta(0)|$, $|D\zeta(0)|$ und $\mathrm{Max}\,|v(x)|$ hinreichend klein sind, eine von zwei Parametern $\zeta(0)$ und $D\zeta(0)$ abhängige Lösung.

Wir kehren jetzt zu den Entwicklungen zu Beginn dieses Paragraphen zurück und betrachten unter Zugrundelegung der dort eingeführten Bezeichnungen und Voraussetzungen die Integro-Differentialgleichung

$$\text{(108)} \qquad D\zeta(x) + \int K_{0101}(x, x_1)\, D\zeta(x_1)\, dx_1$$

$$+ K_{1001}(x)\, \zeta(x) + \int K_{1002}(x, x_1)\, \zeta(x_1)\, dx_1$$

$$= L(x)\, v(x) - \int K_{0012}(x, x_1)\, v(x_1)\, dx_1 - \sum_{m+n+p>1} U_{mnp}\{\zeta, D\zeta, v\}.$$

Während aber a. a. O. (vgl. die Formel (91)) $\beta = 0$ angenommen wurde, so daß rechter Hand Faktoren von der Form $(D\zeta)^\beta$ nicht vorkamen, darf diesmal $\beta > 0$ sein.

Es möge zunächst die homogene Integralgleichung

$$\text{(109)} \qquad D\zeta(x) + \int K_{0101}(x, x_1)\, D\zeta(x_1)\, dx_1 = 0$$

keine Nullösungen haben. Dann läßt sich (108), als inhomogene lineare Integralgleichung in $D\zeta$ aufgefaßt, durch Auflösung nach $D\zeta(x)$ ohne weiteres auf die Form (103) bringen. Hat hingegen (109) Nullösungen, so wird man etwa mit Herrn Schmidt eine Kernzerspaltung vornehmen und gelangt zu einer Gleichung von der Form (103), die mit einigen Parametern behaftet ist. Nach Integration und Auflösung der sich hierdurch ergebenden Gleichung wird man in naheliegender Weise zur Bildung der Verzweigungsgleichungen schreiten.

Die soeben skizzierten Entwicklungen liefern zugleich eine neue Methode zur Behandlung der Gleichung (94).

---

[41] Dies läßt sich mit Leichtigkeit durch Überlegungen zeigen, die zu den in der Fußnote [40] durchgeführten analog verlaufen.

§ 12. Eine eindimensionale Randwertaufgabe. Die Entwicklungen auf S. 41—42 kann man als Auflösung des Anfangswertproblems für die Integro-Differentialgleichung (106) auffassen. Im Anschluß daran wollen wir eine *Randwertaufgabe* behandeln, die sich leicht auf die Auflösung einer nichtlinearen Integralgleichung von der in §§ 2 bis 7 betrachteten Art zurückführen läßt. Weitere Probleme verwandter Natur werden in dem zweiten und dem dritten Kapitel besprochen.

Es sei $p(x)$ eine in $\langle 0, 1 \rangle$ erklärte durchaus positive, nebst ihrer Ableitung stetige Funktion, $q(x)$ eine beliebige stetige Funktion, $M(x, x_1)$ eine stetige symmetrische Funktion. Wir betrachten die Integro-Differentialgleichung

$$(110) \qquad \frac{d}{dx}\left(p\,\frac{d\zeta}{dx}\right) + q\,\zeta + \int M(x, x_1)\,\zeta(x_1)\,dx_1 = U(x)$$

$$- \sum_{\substack{m+n>1}} \sum_j \int \dots \int L_{mnj}(x; x_1, \dots, x_\varrho)\,\zeta^\alpha \zeta_1^{\alpha_1} \dots \zeta_\varrho^{\alpha_\varrho}\, v^\beta v_1^{\beta_1} \dots v_\varrho^{\beta_\varrho}\, dx_1 \dots dx_\varrho$$

und suchen diejenigen ihrer etwa vorhandenen Lösungen zu bestimmen, die den Randbedingungen

$$(111) \qquad\qquad \zeta(0) = \zeta(1) = 0$$

genügen. Bezüglich der in (110) rechter Hand auftretenden Integralausdrücke machen wir hierbei natürlich dieselben Voraussetzungen wie in § 1 bzw. § 3.

Wir schicken einige bekannte Sätze aus der Theorie der linearen Differentialgleichungen zweiter Ordnung voraus.

Die homogene Differentialgleichung

$$(112) \qquad\qquad \Lambda\{\zeta\} \equiv \frac{d}{dx}\left(p\,\frac{d\zeta}{dx}\right) + q\,\zeta = 0$$

kann gewiß nicht mehr als eine reguläre, d. h. nebst ihren Ableitungen erster und zweiter Ordnung stetige, in 0 und 1 verschwindende Lösung haben. Hat sie keine Lösung dieser Art, was beispielsweise stets eintritt, wenn $q < 0$ ist, so existiert eine „Greensche Funktion" $G(\xi, x)$, die folgende Eigenschaften hat:

Sie ist in dem Bereich $0 \leq x \leq 1$, $0 \leq \xi \leq 1$ stetig, erfüllt für $0 < \xi < 1$, $x \neq \xi$, als Funktion von x aufgefaßt, die Differentialgleichung (112) und die Randbedingung (111),

$$(113) \qquad \Lambda\{G(\xi, x)\} = 0, \qquad G(\xi, 0) = G(\xi, 1) = 0.$$

Die Ableitung erster Ordnung hat in ξ den Sprung

$$(114) \qquad \frac{\partial}{\partial x}G(\xi, \xi + 0) - \frac{\partial}{\partial x}G(\xi, \xi - 0) = -\frac{1}{p(\xi)}.$$

Übrigens ist $G(\xi, x)$ symmetrisch,

$$(115) \qquad\qquad G(\xi, x) = G(x, \xi).$$

Die nichthomogene Differentialgleichung

$$(116) \qquad \frac{d}{dx}\left(p\,\frac{d\zeta}{dx}\right) + q\,\zeta = h(x),$$

unter $h(x)$ eine in $\langle 0, 1\rangle$ erklärte stetige Funktion verstanden, hat im vorliegenden Falle eine und nur eine in den Endpunkten des Intervalls verschwindende Lösung

$$(117) \qquad \zeta(\xi) = -\int G(\xi, x)\,h(x)\,dx.$$

Es möge jetzt demgegenüber (112) eine in 0 und 1 verschwindende, der Beziehung $\int u^2\,dx = 1$ gemäß normierte Lösung $u(x)$ haben. Dann gibt es eine „Greensche Funktion im erweiterten Sinne" $\mathfrak{G}(\xi, x)$ mit

$$(118) \quad \Lambda\{\mathfrak{G}(\xi, x)\} = u(x)\,u(\xi), \quad \mathfrak{G}(\xi, 0) = \mathfrak{G}(\xi, 1) = 0, \quad \int\mathfrak{G}(\xi, x)\,u(x)\,dx = 0,$$

$$(119) \quad \frac{\partial}{\partial x}\mathfrak{G}(\xi, \xi + 0) - \frac{\partial}{\partial x}\mathfrak{G}(\xi, \xi - 0) = -\frac{1}{p(\xi)}, \quad \mathfrak{G}(\xi, x) = \mathfrak{G}(x, \xi).$$

Die nichthomogene Differentialgleichung

$$(120) \qquad \frac{d}{dx}\left(p\,\frac{d\zeta}{dx}\right) + q\,\zeta = h(x)$$

ist nur dann lösbar, wenn $h(x)$ die Integralbeziehung

$$(121) \qquad \int h(x)\,u(x)\,dx = 0$$

erfüllt. Die Lösungen sind in der Formel

$$(122) \qquad \zeta(\xi) = -\int\mathfrak{G}(\xi, x)\,h(x)\,dx + c\,u(\xi) \qquad (c\ \text{beliebig})$$

enthalten[42].

Nach diesen Vorbereitungen kehren wir zu unserem Problem zurück und nehmen zunächst an, daß der zuerst betrachtete Fall vorliegt. Nach (110') und (117) ist alsdann

$$(123) \qquad \zeta(x) - \iint G(x, x')\,M(x', x_1)\,\zeta(x_1)\,dx_1\,dx'$$

$$= -\int G(x, x')\,U(x')\,dx' + \sum_{m+n>1}\sum_{j}\int\ldots\int G(x, x')\,L_{mnj}(x'; x_1, \ldots, x_\varrho)$$

$$\times \zeta^\alpha(x')\,\zeta_1^{\alpha_1}\ldots\zeta_\varrho^{\alpha_\varrho}\,v^\beta(x')\,v_1^{\beta_1}\ldots v_\varrho^{\beta_\varrho}\,dx_1\ldots dx_\varrho\,dx'.$$

---

[42] Vgl. D. Hilbert, Grundzüge einer allgemeinen Theorie der linearen Integralgleichungen. Zweite Mitteilung, Göttinger Nachrichten 1904, S. 213—259, insbesondere S. 214—221, oder auch D. Hilbert, Grundzüge einer allgemeinen Theorie der linearen Integralgleichungen, Leipzig 1912, S. 39—45. Man vergleiche hiermit die sich auf zweidimensionale Greensche Funktionen im erweiterten Sinne beziehenden Entwicklungen des Textes (S. 71).

Setzt man zur Vereinfachung

$$\int G(x, x')\, M(x', x_1)\, dx' = -N(x, x_1),$$
$$G(x, x')\, L_{mnj}(x', x_1, \ldots, x_\varrho) = -N_{mnj}(x; x', x_1, \ldots, x_\varrho),$$

so erhält man

$$(124) \qquad \zeta(x) + \int N(x, x_1)\, \zeta(x_1)\, dx_1$$
$$= -\int G(x, x')\, U(x')\, dx' - \sum_{m+n>1} \sum_j \int \ldots \int N_{mnj}(x; x', x_1, \ldots, x_\varrho)$$
$$\times \zeta^\alpha(x')\, \zeta_1^{\alpha_1} \ldots \zeta_\varrho^{\alpha_\varrho}\, v^\beta(x')\, v_1^{\beta_1} \ldots v_\varrho^{\beta_\varrho}\, dx'\, dx_1 \ldots dx_\varrho.$$

Dies ist aber eine nichtlineare Integralgleichung von der in §§ 2 bis 7 betrachteten Form. Je nachdem die homogene Integralgleichung

$$\zeta(x) + \int N(x, x_1)\, \zeta(x_1)\, dx_1 = 0$$

Nullösungen hat oder nicht, liegt der Verzweigungsfall oder der reguläre Fall vor. Dieses Kriterium läßt sich auch so fassen. Es liegt der reguläre Fall vor, wenn die lineare Integro-Differentialgleichung

$$(125) \qquad \frac{d}{dx}\left(p\,\frac{d\zeta}{dx}\right) + q\,\zeta + \int M(x, x_1)\, \zeta(x_1)\, dx_1 = 0$$

keine in 0 und 1 verschwindende Lösung hat. Hat sie demgegenüber Nullösungen (Eigenfunktionen), so handelt es sich um den Verzweigungsfall. Nach Voraussetzung hat nämlich die zu (116) gehörige homogene Differentialgleichung keine in 0 und 1 verschwindende Lösung. Aus

$$\frac{d}{dx}\left(p\,\frac{d\zeta}{dx}\right) + q\,\zeta = h(x), \quad h(x) = -\int M(x, x_1)\, \zeta(x_1)\, dx_1, \quad \zeta(0) = \zeta(1) = 0$$

folgt darum nach (117)

$$\zeta(\xi) = \int\!\int \mathfrak{G}(\xi, x)\, M(x, x_1)\, \zeta(x_1)\, dx_1\, dx = -\int N(\xi, x_1)\, \zeta(x_1)\, dx_1.$$

Wir haben vorhin vorausgesetzt, daß die Differentialgleichung (112) keine Eigenfunktion hat. Hat sie demgegenüber eine Eigenfunktion $u(x)$, so läßt sich das Problem in ähnlicher Weise, diesmal unter Zugrundelegung der Greenschen Funktion im erweiterten Sinne $\mathfrak{G}(\xi, x)$ auf eine nichtlineare Integralgleichung zurückführen [43]. Man kann aber auch so vorgehen. Wir schreiben (110) in der Form

$$(126) \quad \frac{d}{dx}\left(p\,\frac{d\zeta}{dx}\right) + q_1\,\zeta = (q_1 - q)\,\zeta - \int M(x, x_1)\, \zeta(x_1)\, dx_1 + U(x)$$
$$- \sum_{m+n>1} \sum_j \int \ldots \int L_{mnj}(x; x_1, \ldots, x_\varrho)\, \zeta^\alpha\, \zeta_1^{\alpha_1} \ldots \zeta_\varrho^{\alpha_\varrho}\, v^\beta\, v_1^{\beta_1} \ldots v_\varrho^{\beta_\varrho}\, dx_1 \ldots dx_\varrho$$
$$(q_1 < 0 \text{ konstant})$$

---

[43] Dabei erscheint allerdings in der Integro-Differentialgleichung ein Parameter, der aus einer Integralbeziehung zu bestimmen sein wird.

und erhalten, unter $\hat{G}(\xi, x)$ die stets vorhandene Greensche Funktion der Differentialgleichung $\frac{d}{dx}\left(p\frac{d\zeta}{dx}\right) + q_1\,\zeta = 0$ verstanden, die Beziehung

$$\zeta(x) + \int \hat{G}(x, x')(q_1 - q(x'))\,\zeta(x')\,dx' - \int\int \hat{G}(x, x')\,M(x', x_1)\,\zeta(x_1)\,dx_1\,dx'$$

$$= -\int \hat{G}(x, x')\,U(x')\,dx' + \sum_{m+n>1}\ \sum_{j} \int \ldots \int \hat{G}(x, x')\,L_{mnj}(x'; x_1, \ldots, x_\varrho)$$

$$\times\ \zeta^\alpha(x')\,\zeta_1^{\alpha_1}\ldots\zeta_\varrho^{\alpha_\varrho}\,v^\beta(x')\,v_1^{\beta_1}\ldots v_\varrho^{\beta_\varrho}\,dx'\,dx_1\ldots dx_\varrho.$$

Man überzeugt sich leicht, daß auch jetzt der Verzweigungsfall oder der reguläre Fall vorliegt, je nachdem die lineare Integro-Differentialgleichung (125) Eigenfunktionen hat oder nicht [44].

---

[44] Näheres über die Eigenwerte und Eigenfunktionen einer Integro-Differentialgleichung von der Form (125) findet sich in meiner Arbeit „Über eine Integro-Differentialgleichung und die Entwicklung willkürlicher Funktionen nach deren Eigenfunktionen", Schwarz-Festschrift, Berlin 1914, S. 274—285.

Zweites Kapitel.

Anwendungen.

**§ 1. Fortpflanzung zweidimensionaler permanenter Oberflächen-
wellen endlicher Amplitude.** Im Verfolg seiner bekannten Untersuchungen über permanente Wellen bei zweidimensionalen wirbelfreien
Flüssigkeitsbewegungen[45] ist Herr Levi-Civita auf das folgende
Randwertproblem geführt worden. Es sind diejenigen von einem
geeigneten kleinen Parameter abhängigen, in der Fläche des Einheits-
kreises K regulären, auf seiner Peripherie C nebst ihren Ableitungen
erster Ordnung noch stetigen, analytischen Funktionen $\omega = \vartheta + i\tau$
zu bestimmen, die der Randbedingung

$$(1) \qquad \frac{\partial \tau}{\partial \sigma} = p\, e^{-3\tau} \sin \vartheta$$

genügen. In (1) bezeichnet σ die von dem Punkte 1 der komplexen
Ebene im positiven Sinne gezählte Bogenlänge des Kreises, p ist ein
Parameter, der passend zu bestimmen ist. Wir fassen ϑ und τ auf
C als Funktionen von σ auf und bezeichnen sie als solche mit $\vartheta(\sigma)$
und $\tau(\sigma)$. Es soll nun, und dies sind weitere Forderungen, die zu
erfüllen sind,

$$(2) \quad \vartheta(0) = 0, \quad \vartheta(-\sigma) = -\vartheta(\sigma), \quad \tau(0) = 0, \quad \tau(-\sigma) = \tau(\sigma)$$

gelten. Offenbar wird also $\int_0^{2\pi} \vartheta\, d\sigma = 0$ sein.

Herr Levi-Civita gelangt zu einer Lösung des Problems durch
ein elegantes potenzreihentheoretisches Verfahren. Wie wir im
folgenden sehen werden, läßt sich die Aufgabe ohne Mühe auf die
Auflösung eines Systems nichtlinearer Integralgleichungen zurückführen und im Anschluß an die Entwicklungen des ersten Kapitels
erledigen. Es liegt diesmal der Verzweigungsfall vor, doch bietet
eine Diskussion der Verzweigungsgleichung nicht die geringsten
Schwierigkeiten dar[46].

---

[45] Vgl. T. Levi-Civita, Détermination rigoureuse des ondes permanentes
d'ampleur finie, Math. Annalen **93** (1925), S. 264—314.

[46] Vgl. die von mir angeregte Leipziger Dissertation von Herrn Franz
Neumann, Beitrag zu dem Problem der permanenten wirbelfreien Flüssigkeits-
bewegung in Kanälen, Leipzig 1930, S. 1—40. Die Darstellung im Text ist
erheblich einfacher als die des Herrn Neumann.

Es sei (n) die Innennormale zu C. Aus (1) und der Beziehung $-\dfrac{\partial\vartheta}{\partial n}=\dfrac{\partial\tau}{\partial\sigma}$ folgt

$$(3)\qquad\qquad \frac{\partial\vartheta}{\partial n}=-\,p\,e^{-3\tau}\sin\vartheta.$$

Die für die Existenz einer in K regulären, dieser Relation genügenden Potentialfunktion notwendige Bedingung

$$\int_0^{2\pi}\frac{\partial\vartheta}{\partial n}\,d\sigma=-p\int_0^{2\pi}e^{-3\tau}\sin\vartheta\,d\sigma=0$$

ist gewiß erfüllt, falls ϑ und τ den Bedingungen (2) genügen.

Es sei σ^* ein Punkt auf C, und es möge r den Abstand des Punktes (x,y) in K von σ bezeichnen.

Es sei weiter ϱ der Abstand der Punkte σ und σ^* und φ der von der Innennormale in σ mit dem Vektor $\overrightarrow{\sigma\sigma^*}$ eingeschlossene Winkel. Offenbar ist $\dfrac{\cos\varphi}{\varrho}=\dfrac{1}{2}$.

Nach bekannten Sätzen gilt die Greensche Formel

$$(4)\qquad \vartheta(x,y)=-\frac{1}{2\pi}\int_0^{2\pi}\frac{\partial\vartheta}{\partial n}\log\frac{1}{r}\,d\sigma+\frac{1}{2\pi}\int_0^{2\pi}\vartheta\,\frac{\partial}{\partial n}\left(\log\frac{1}{r}\right)d\sigma.$$

Läßt man hier (x,y) gegen σ^* konvergieren und beachtet man, daß der zweite Summand rechts als das Potential einer Doppelbelegung gegen

$$\frac{\pi\,\vartheta(\sigma^*)}{2\pi}+\frac{1}{2\pi}\int_0^{2\pi}\frac{\cos\varphi}{\varrho}\,\vartheta\,d\sigma=\frac{1}{2}\,\vartheta(\sigma^*)+\frac{1}{4\pi}\int_0^{2\pi}\vartheta\,d\sigma=\frac{1}{2}\,\vartheta(\sigma^*)$$

konvergiert, so findet man nach einer leichten Umformung

$$(5)\qquad\qquad \vartheta(\sigma^*)=-\frac{1}{\pi}\int_0^{2\pi}\frac{\partial\vartheta}{\partial n}\log\frac{1}{\varrho}\,d\sigma,$$

mithin wegen (3) sowie (1) und (2)

$$(6)\qquad \vartheta(\sigma^*)=\frac{p}{\pi}\int_0^{2\pi}\log\frac{1}{\varrho}\,e^{-3\tau}\sin\vartheta\,d\sigma,\qquad \tau(\sigma^*)=p\int_0^{\sigma^*}e^{-3\tau}\sin\vartheta\,d\sigma.$$

Nunmehr setzen wir

$$e^{-3\tau}\sin\vartheta=\vartheta+(e^{-3\tau}\sin\vartheta-\vartheta)$$

sowie, unter m eine positive Zahl, unter $\varkappa$ eine absolut hinreichend kleine Zahl verstanden,

$$(7)\qquad\qquad p=m-\varkappa$$

und erhalten nach einer leichten Umformung

$$\vartheta\,(\sigma^*) - \frac{m}{\pi}\int_0^{2\pi}\log\frac{1}{\varrho}\,\vartheta\,(\sigma)\,d\sigma$$

$$(8)\qquad = -\frac{\varkappa}{\pi}\int_0^{2\pi}\vartheta\,(\sigma)\log\frac{1}{\varrho}\,d\sigma + \frac{p}{\pi}\int_0^{2\pi}(e^{-3\tau}\sin\vartheta - \vartheta)\log\frac{1}{\varrho}\,d\sigma,$$

$$\tau\,(\sigma^*) - m\int_0^{\sigma^*}\vartheta\,(\sigma)\,d\sigma = -\varkappa\int_0^{\sigma^*}\vartheta\,(\sigma)\,d\sigma + p\int_0^{\sigma^*}(e^{-3\tau}\sin\vartheta - \vartheta)\,d\sigma.$$

Dies ist ein System von zwei nichtlinearen Integralgleichungen von der im ersten Kapitel betrachteten Form; $\varkappa$ ist der „kleine" Parameter des Problems[47]. Haben die homogenen Integralgleichungen

$$(9)\qquad \vartheta\,(\sigma^*) - \frac{m}{\pi}\int_0^{2\pi}\log\frac{1}{\varrho}\,\vartheta\,(\sigma)\,d\sigma = 0\,,\qquad \tau\,(\sigma^*) - m\int_0^{\sigma^*}\vartheta\,(\sigma)\,d\sigma = 0$$

Nullösungen, so liegt der Verzweigungsfall vor. Sind Nullösungen nicht vorhanden, so handelt es sich um den regulären Fall. Augenscheinlich ist dabei das Verhalten der Integralgleichung

$$(10)\qquad \vartheta\,(\sigma^*) - \frac{m}{\pi}\int_0^{2\pi}\log\frac{1}{\varrho}\,\vartheta\,(\sigma)\,d\sigma = 0$$

für sich betrachtet maßgebend.

Betrachten wir die Integralgleichung

$$(11)\qquad \vartheta\,(\sigma^*) - \lambda\int_0^{2\pi}\log\frac{1}{\varrho}\,\vartheta\,(\sigma)\,d\sigma = 0\,.$$

Nach bekannten Sätzen[48] hat sie die Werte $\frac{n}{\pi}$ $(n = 1, 2, \ldots)$ zu Eigenwerten. Zu $\lambda = \frac{n}{\pi}$ gehören als (normierte) Eigenfunktionen die Funktionen

$$\frac{\cos n\sigma}{\sqrt{\pi}}\,,\qquad \frac{\sin n\sigma}{\sqrt{\pi}}\,.$$

---

[47] In der zweiten Gleichung (8) wird zwar zwischen 0 und σ^* statt zwischen 0 und 2π integriert, doch läßt sich beispielsweise $\int_0^{\sigma^*}\vartheta\,(\sigma)\,d\sigma$ in der Form

$$\int_0^{2\pi}L\,(\sigma_*,\sigma)\,\vartheta\,(\sigma)\,d\sigma \quad\text{mit}\quad L\,(\sigma^*,\sigma) = \begin{cases}1 & \text{für } \sigma \leqq \sigma^* \\ 0 & \text{für } \sigma > \sigma^*\end{cases}$$

schreiben.

[48] Vgl. beispielsweise É. Picard, Sur un théorème général relatif aux équations intégrales de première espèce et sur quelques problèmes de Physique mathématique, Rendiconti del Circolo Matematico di Palermo **29** (1910), S. 79—97, insbesondere S. 96—97.

Wäre m keine natürliche Zahl, so hätten die Gleichungen (9) keine von Null verschiedenen Lösungen. Für hinreichend kleine $|\varkappa|$, etwa $|\varkappa| \leqq \varkappa_0$, wäre auch p keine natürliche Zahl, und die Integralgleichungen (8), die wir in der Form

$$\vartheta(\sigma^*) - \frac{p}{\pi} \int_0^{2\pi} \log \frac{1}{\varrho}\, \vartheta(\sigma)\, d\sigma = \frac{p}{\pi} \int_0^{2\pi} \log \frac{1}{\varrho}\, (e^{-3\tau} \sin\vartheta - \vartheta)\, d\sigma,$$

$$\tau(\sigma^*) - p \int_0^{\sigma^*} \vartheta(\sigma)\, d\sigma = p \int_0^{\sigma^*} (e^{-3\tau} \sin\vartheta - \vartheta)\, d\sigma$$

schreiben können, würden den Entwicklungen des § 2 gemäß (vgl. insbesondere die Bemerkungen auf S. 10) keine absolut unterhalb einer angebbaren Schranke gelegenen Lösungen, außer der Null, haben. Zu einer nichttrivialen Lösung des vorliegenden Problems kann man also auf dem in Aussicht genommenen Wege nur kommen, *wenn m eine natürliche Zahl ist.*

Da es sich diesmal also tatsächlich um einen Verzweigungsfall handelt, so stellen wir, indem wir uns im folgenden der Methode des Herrn Schmidt bedienen[49], den Kern

$$K(\sigma^*, \sigma) = -\frac{m}{\pi} \log \frac{1}{\varrho}$$

der Integralgleichung (10) in der Form

$$(12) \quad -\frac{m}{\pi} \log \frac{1}{\varrho} = -\frac{1}{\pi} (\cos m\sigma^* \cos m\sigma + \sin m\sigma^* \sin m\sigma) + N(\sigma^*, \sigma)$$

dar[49a]. Der neue Kern

$$(13) \qquad N(\sigma^*, \sigma) = -\frac{m}{\pi} \log \frac{1}{\varrho} + \frac{1}{\pi} \cos m(\sigma^* - \sigma)$$

ist augenscheinlich eine gerade Funktion von $(\sigma^* - \sigma)$. Daher ist

$$N(\sigma^*, \sigma) = N(\sigma, \sigma^*).$$

Führt man (12) in (8) ein, so erhält man

$$(14) \quad \vartheta(\sigma^*) + \int_0^{2\pi} N(\sigma^*, \sigma)\, \vartheta(\sigma)\, d\sigma$$

$$= \frac{\cos m\sigma^*}{\pi} \int_0^{2\pi} \vartheta(\sigma) \cos m\sigma\, d\sigma + \frac{\sin m\sigma^*}{\pi} \int_0^{2\pi} \vartheta(\sigma) \sin m\sigma\, d\sigma$$

$$- \frac{\varkappa}{\pi} \int_0^{2\pi} \vartheta(\sigma) \log \frac{1}{\varrho}\, d\sigma + \frac{p}{\pi} \int_0^{2\pi} (e^{-3\tau} \sin\vartheta - \vartheta) \log \frac{1}{\varrho}\, d\sigma.$$

---

[49] Das Verfahren von Liapounoff würde natürlich ebensogut zum Ziele führen.

[49a] Man vergleiche die Formel (56) auf S. 23. Im vorliegenden Falle kommt das Zeichen $+$ zur Verwendung.

Der erste Integralausdruck rechts hat, da nach Voraussetzung $\vartheta(-\sigma)=-\vartheta(\sigma)$ ist, den Wert Null. Wir setzen

$$(15) \qquad \frac{1}{\pi}\int_0^{2\pi}\vartheta(\sigma)\sin m\sigma\, d\sigma = \boldsymbol{r}$$

und schreiben demgemäß

$$\vartheta(\sigma^*)+\int_0^{2\pi}N(\sigma^*,\sigma)\,\vartheta(\sigma)\,d\sigma$$

$$(16)\qquad =\boldsymbol{r}\sin m\sigma^*-\frac{\varkappa}{\pi}\int_0^{2\pi}\vartheta(\sigma)\log\frac{1}{\varrho}\,d\sigma+\frac{p}{\pi}\int_0^{2\pi}(e^{-3\tau}\sin\vartheta-\vartheta)\log\frac{1}{\varrho}\,d\sigma,$$

$$\tau(\sigma^*)=p\int_0^{\sigma^*}\vartheta(\sigma)\,d\sigma+p\int_0^{\sigma^*}(e^{-3\tau}\sin\vartheta-\vartheta)\,d\sigma.$$

Den Ergebnissen des ersten Kapitels zufolge haben diese Gleichungen für alle hinreichend kleinen Werte von $|\boldsymbol{r}|$ und $|\varkappa|$ ein und nur ein System von Lösungen, deren absoluter Betrag unterhalb einer von vornherein angebbaren Schranke liegt[50].

Die Lösungen lassen sich durch sukzessive Approximationen bestimmen und können nach Potenzen von $\boldsymbol{r}$ und $\varkappa$ entwickelt werden[50a]. Die einzelnen Näherungen bestimmen sich aus den Gleichungen

$$_1\vartheta(\sigma^*)+\int_0^{2\pi}N(\sigma^*,\sigma)\,_1\vartheta(\sigma)\,d\sigma = \boldsymbol{r}\sin m\sigma^*, \qquad _1\tau(\sigma^*)=0,$$

$$_2\vartheta(\sigma^*)+\int_0^{2\pi}N(\sigma^*,\sigma)\,_2\vartheta(\sigma)\,d\sigma$$

$$(17)\qquad =\boldsymbol{r}\sin m\sigma^*-\frac{\varkappa}{\pi}\int_0^{2\pi}{}_1\vartheta(\sigma)\log\frac{1}{\varrho}\,d\sigma+\frac{p}{\pi}\int_0^{2\pi}(e^{-3_1\tau}\sin{}_1\vartheta-{}_1\vartheta)\log\frac{1}{\varrho}\,d\sigma,$$

$$_2\tau(\sigma^*)=p\int_0^{\sigma^*}{}_1\vartheta(\sigma)\,d\sigma+p\int_0^{\sigma^*}(e^{-3_1\tau}\sin{}_1\vartheta-{}_1\vartheta)\,d\sigma,\ \ldots.$$

Es sei $\mathfrak{N}(\sigma^*,\sigma)$ der zu $N(\sigma^*,\sigma)$ gehörige lösende Kern. Er ist wie N eine gerade Funktion von $\sigma^*-\sigma$, daher ist $\mathfrak{N}(\sigma^*,\sigma)=\mathfrak{N}(\sigma,\sigma^*)$. Man überzeugt sich danach leicht, daß $_1\vartheta,_2\vartheta,\ldots$ ungerade, hingegen $_1\tau,_2\tau,\ldots$ gerade Funktionen sind. Sind $\vartheta=\lim{}_n\vartheta$, $\tau=\lim{}_n\tau$ die Lösungen von (8), so ist, wie verlangt, gewiß ϑ eine ungerade, τ eine gerade Funktion von σ. Ferner ist

$$\vartheta(0)=0,\ \tau(0)=0\quad\text{sowie}\quad\int_0^{2\pi}\vartheta\,d\sigma=0.$$

---

[50] Es kommen hierbei, da der Kern $\log\dfrac{1}{\varrho}$ nicht beschränkt ist, insbesondere die Bemerkungen des § 10 in Betracht.

[50a] Es ist dabei zu beachten, daß $p=m-\varkappa$ ist.

Wie unmittelbar ersichtlich, enthalten alle Näherungen $_k\vartheta(\sigma^*)$, $_k\tau(\sigma^*)$ $(k=1,2,\ldots)$, darum auch $\vartheta(\sigma^*)$, $\tau(\sigma^*)$ selbst r als Faktor. Die Entwicklungen der Lösung nach Potenzen von r und $\varkappa$ haben also die Form

$$(18) \qquad \vartheta(\sigma^*) = r\,\mathfrak{P}_1(r,\varkappa;\sigma^*), \qquad \tau(\sigma^*) = r\,\mathfrak{P}_2(r,\varkappa;\sigma^*).$$

Der Koeffizient von $r\varkappa$ in der Entwicklung für $\vartheta(\sigma^*)$ lautet in naheliegender ausführlicher Schreibweise

$$(19) \quad -\frac{1}{\pi}\int_0^{2\pi}\sin m\,\sigma\,\log\frac{1}{\varrho(\sigma^*,\sigma)}\,d\sigma + \frac{1}{\pi}\int_0^{2\pi}\Re(\sigma^*,\sigma')\,d\sigma'\int_0^{2\pi}\sin m\,\sigma\,\log\frac{1}{\varrho(\sigma',\sigma)}\,d\sigma.$$

Setzt man in (15) für $\vartheta(\sigma)$ den Ausdruck (18) ein, so erhält man die Verzweigungsgleichung

$$(20) \qquad \frac{r}{\pi}\int_0^{2\pi}\mathfrak{P}_1(r,\varkappa;\sigma^*)\sin m\,\sigma^*\,d\sigma^* = r.$$

Sie hat (vgl. §§ 6 und 7), da r überall als Faktor auftritt, die Form

$$(21) \qquad r(a\,r + b\,\varkappa + \ldots) = 0.$$

Der Koeffizient b bestimmt sich aus (19) und (20), da

$$\int_0^{2\pi}\Re(\sigma^*,\sigma')\sin m\,\sigma^*\,d\sigma^* = 0$$

ist [50b], zu

$$-\frac{1}{\pi^2}\int_0^{2\pi}\sin m\,\sigma^*\,d\sigma^*\int_0^{2\pi}\sin m\,\sigma\,\log\frac{1}{\varrho(\sigma^*,\sigma)}\,d\sigma$$

$$= -\frac{1}{m\,\pi}\int_0^{2\pi}\sin^2 m\,\sigma^*\,d\sigma^* = -\frac{1}{m} \neq 0.$$

Demnach läßt sich (21) nach $\varkappa$ auflösen, und es gilt etwa

$$(22) \quad \varkappa = \mathfrak{P}_3(r), \qquad \vartheta(\sigma^*) = \vartheta(r,\sigma^*), \qquad \tau(\sigma^*) = \tau(r,\sigma^*).$$

Die durch (22) für alle hinreichend kleinen $|r|$ erklärten Funktionen $p = m - \varkappa(r)$, $\vartheta(r,\sigma^*)$, $\tau(r,\sigma^*)$ erfüllen die Integralgleichungen (6).

Es sei jetzt

$$(23) \qquad \vartheta(x,y) = \frac{p}{\pi}\int_0^{2\pi}\log\frac{1}{r}\cdot e^{-3\tau}\sin\vartheta\,d\sigma$$

[50b] Man vergleiche die Formel (**) auf S. 24. Im vorliegenden Falle ist $\overline{\psi}_l(x) = \psi_l(x) = \varphi_l(x)$.

diejenige in K reguläre, auf C nebst ihrer Normalableitung stetige Potentialfunktion, die auf C wegen (6) die Werte $\vartheta(\sigma^*)=\vartheta(r,\sigma^*)$ annimmt. Wie auf S. 48 überzeugt man sich leicht, daß

$$(24)\qquad \vartheta(\sigma^*)=-\frac{1}{\pi}\int_0^{2\pi}\frac{\partial\vartheta}{\partial n}\log\frac{1}{\varrho}\,d\sigma$$

ist. Aus (24) und (6) folgt

$$\int_0^{2\pi}\left(\frac{\partial\vartheta}{\partial n}+p\,e^{-3\tau}\sin\vartheta\right)\log\frac{1}{\varrho}\,d\sigma=0,$$

mithin

$$\frac{\partial\vartheta}{\partial n}=-p\,e^{-3\tau}\sin\vartheta+c\qquad\qquad (c\text{ konstant}).$$

Nun ist aber

$$\int_0^{2\pi}\frac{\partial\vartheta}{\partial n}\,d\sigma=0,\qquad \int_0^{2\pi}e^{-3\tau}\sin\vartheta\,d\sigma=0,$$

darum auch $c=0$ und

$$\frac{\partial\vartheta}{\partial n}=-p\,e^{-3\tau}\sin\vartheta.$$

Ist schließlich $\tau(x,y)$ diejenige in $K+C$ stetige, in K reguläre Potentialfunktion, die auf C die Werte $\tau(\sigma)$ annimmt, so gilt wegen (6)

$$\frac{\partial\tau}{\partial\sigma}=p\,e^{-3\tau}\sin\vartheta=-\frac{\partial\vartheta}{\partial n}.$$

Demnach ist $\tau(x,y)$ nach bekannten Sätzen eine zu $\vartheta(x,y)$ konjugierte Potentialfunktion; $\vartheta(x,y)+i\,\tau(x,y)$ ist eine Lösung des Problems.

　　Übrigens folgt aus (24) unmittelbar, daß $\vartheta(\sigma^*)$ als der Randwert eines Potentials einer einfachen Belegung stetiger Dichte einer Hölderschen Bedingung genügt [51].

　　Wegen (3) genügt, da τ stetige Ableitung hat, $\frac{\partial\vartheta}{\partial n}$ selber einer Hölderschen Bedingung. Dies hat aber nach (24) zur Folge, daß $\vartheta(\sigma)$, darum erst recht $\tau(\sigma)$, stetige, einer H-Bedingung genügende Ableitung erster Ordnung hat [52]. So kann man weiter schließen.

---

[51] Dies besagt, daß $\vartheta(\sigma^*)$ eine Ungleichheit von der Form

$$|\vartheta(\sigma^*+h)-\vartheta(\sigma^*)|\leqq A\,|h|^\lambda\qquad (A\text{ konstant, }0<\lambda<1)$$

erfüllt (vgl. die näheren Ausführungen auf S. 63).

　[52] Die hier zur Verwendung kommenden potentialtheoretischen Hilfssätze, die auf O. Hölder, Liapounoff und namentlich A. Korn zurückgehen, finden sich in meinem Encyklopädieartikel II C 12, Neuere Entwicklung der Potentialtheorie. Konforme Abbildung, S. 201—203 zusammengestellt. Vgl. namentlich auch meine in der Fußnote [2] genannte Arbeit.

54 Anwendungen.

Man findet, daß $\vartheta(\sigma)$ und $\tau(\sigma)$ stetige Ableitungen aller Ordnungen haben[53].

§ 2. Ein Randwertproblem der Theorie der Wärmestrahlung.

In dem Folgenden betrachten wir ein von Herrn Carleman gestelltes nichtlineares Randwertproblem der Potentialtheorie[54]. Während bei den Entwicklungen des § 1 es sich um eine von einem kleinen Parameter abhängende Lösung, kurz um eine Lösung im kleinen handelt, liegt hier demgegenüber ein Problem im großen vor. Dieses Problem erledigen wir mit Carleman nach einem zuerst von Ed. Le Roy angegebenen, später namentlich von S. Bernstein mit durchschlagendem Erfolg benutzten Verfahren einer schrittweisen Fortsetzung der Lösung[55] in Abhängigkeit von einem geeigneten Parameter. Carleman bedient sich im einzelnen der Potenzreihenentwicklungen. Wir ziehen mehr potentialtheoretische Hilfsmittel heran und suchen Anschluß an die Betrachtungen des ersten Kapitels.

Es sei T ein von einer geschlossenen stetig gekrümmten Fläche S begrenztes Gebiet in dem Raume der Variablen x, y, z, es sei (ξ, η, ζ) ein Punkt in T, und es möge $F(u)$ eine für alle nichtnegativen u erklärte stetige Funktion bezeichnen, die eine stetige Ableitung hat und den Bedingungen

$$(25) \quad F(0) \leqq 0, \quad F'(u) > 0 \text{ für } u > 0, \quad F(u) \to +\infty \text{ für } u \to +\infty$$

genügt. Wir suchen diejenige in T, außer in (ξ, η, ζ), reguläre, positive, auf S stetige Potentialfunktion u zu bestimmen, die sich in (ξ, η, ζ) wie $\frac{1}{r}$ $(r^2 = (\xi - x)^2 + (\eta - y)^2 + (\zeta - z)^2)$ verhält, auf S

---

[53] Die Entwicklungen dieses Paragraphen sind in einigen wesentlichen Stellen denjenigen meiner Arbeit, Untersuchungen über die Figur der Himmelskörper, Vierte Abhandlung, Zur Maxwellschen Theorie der Saturnringe, Math. Zeitschr. **17** (1923), S. 62—110, insbes. S. 83—95, nachgebildet. Die potenzreihentheoretische Methode von Herrn Levi-Civita leistet insofern mehr als das im Text eingeschlagene Verfahren, als sie zeigt, daß die Funktion $\vartheta + i\tau$ sich auch noch auf dem Einheitskreise regulär verhält.

Es sei in diesem Zusammenhange auf die Abhandlung von Herrn Nekrassow, Sur les ondes permanentes à la surface d'un liquide pesant (russisch) (1921, 1922), in der sich das gleiche Problem auf einem anderen Wege erledigt findet, hingewiesen (vgl. den Bericht in den „Proceedings of the first international congress for applied Mechanics, Delft, 1924", S. 143—145). Weitere Anwendungen der Levi-Civitaschen Methode gibt D. J. Struik, Math. Annalen **95** (1926), S. 595—634.

Man vergleiche im Zusammenhang mit diesen Problemen den Aufsatz von A. Weinstein, Mathematische Probleme aus der neueren Entwicklung der Hydromechanik, Naturwissenschaften **17** (1929), S. 381—385.

[54] Vgl. T. Carleman, Über eine nichtlineare Randwertaufgabe bei der Gleichung $\Delta u = 0$, Math. Zeitschr. **9** (1921), S. 35—43.

[55] Man vergleiche des näheren die Ausführungen auf S. 87 und 100.

eine stetige Normalableitung hat und die Randbedingung

$$(26) \qquad\qquad \frac{\partial u}{\partial n} = F(u) \qquad (n \text{ Innennormale zu } S)$$

erfüllt. Von Interesse ist namentlich der besondere Fall $F(u) = k u^4$ ($k > 0$), der mit einem Problem des thermischen Gleichgewichtes bei Vorhandensein von Ausstrahlung zusammenhängt.

Es ist leicht einzusehen, daß es nicht mehr als eine Lösung der verlangten Art geben kann. Es sei im Gegensatz hierzu $\underline{u}$ eine weitere Lösung des Problems, und es sei $\underline{v} = u - \underline{u}$ gesetzt. Offenbar ist $\underline{v}$ eine in $T + S$ stetige, in T reguläre Potentialfunktion, die auf S stetige, der Bedingung

$$\frac{\partial \underline{v}}{\partial n} = F(u) - F(\underline{u}) = F'(\underline{u} + \vartheta(u - \underline{u}))\,\underline{v} \qquad (0 < \vartheta < 1)$$

genügende Normalableitung hat. Nun ist

$$\int\limits_{T} \left[\left(\frac{\partial \underline{v}}{\partial x}\right)^2 + \left(\frac{\partial \underline{v}}{\partial y}\right)^2 \right] dx\, dy = -\int\limits_{S} \underline{v}\, \frac{\partial \underline{v}}{\partial n}\, d\sigma = -\int\limits_{S} F'(\underline{u} + \vartheta(u - \underline{u}))\, \underline{v}^2\, d\sigma$$

und aus dieser Gleichung folgt wegen $F' > 0$ augenscheinlich $\underline{v} \equiv 0$.

Wir ersetzen die vorliegende Aufgabe mit Herrn Carleman durch die folgende, scheinbar etwas kompliziertere. Es ist diejenige in T, außer in (ξ, η, ζ), reguläre positive Potentialfunktion u_h zu bestimmen, die sich in (ξ, η, ζ) wie $\frac{1}{r}$ verhält, auf S stetig ist und eine stetige Normalableitung hat und der Randbedingung

$$(27) \qquad\qquad \frac{\partial u_h}{\partial n} = u_h + h\,(F(u_h) - u_h)$$

genügt, unter h einen nichtnegativen Parameter verstanden [55a]. Für $h = 0$ geht (27) über in

$$\frac{\partial u_h}{\partial n} = u_h$$

und hat die zu der Randbedingung $\frac{\partial \mathfrak{G}}{\partial n} = \mathfrak{G}$ gehörige Greensche Funktion (dritter Art) zur Lösung [56]. Für $h = 1$ erhält man aber $\frac{\partial u_h}{\partial n} = F(u_h)$, $u_h = u$. Ist nun die Lösung des neuen Randwertproblems für irgendein nichtnegatives $h \leq 1$ bekannt, so läßt sich, wie Carleman zeigt und wie wir im folgenden auf einem teilweise abweichenden Wege beweisen werden, auch noch für alle $h + \alpha$ mit

---

[55a] Man überzeugt sich leicht, daß auch dieses Problem für $0 \leq h \leq 1$ nicht mehr als eine Lösung haben kann.

[56] Näheres über die dritte Randwertaufgabe der Potentialtheorie findet sich beispielsweise in meinem Encyklopädieartikel II C 3, Neuere Entwicklung der Potentialtheorie. Konforme Abbildung, S. 279—282. Es ist nicht schwer zu zeigen, daß $\mathfrak{G}$ auf S durchweg positiv ist (vgl. S. 56—57).

$0 \leq \alpha \leq \alpha_0$, unter α_0 einen hinreichend kleinen, festen, positiven Wert verstanden, die Existenz der Lösung dartun.

Für $h = 0$ ist, wie vorhin bemerkt, die Lösung vorhanden, und zwar gleich $\mathfrak{G}$. Also existiert sie auch für $h \leq \alpha_0$. Ist $\alpha_0 \geq 1$, so ist das eingangs gestellte Problem bereits gelöst. Ist aber $\alpha_0 < 1$, so folgt aus dem soeben genannten Satz, daß die Randwertaufgabe (27) für alle $h \leq 2\alpha_0$ eine Lösung hat. Ist $2\alpha_0 \geq 1$, so ist das Carlemansche Problem gelöst. Andernfalls wäre die gleiche Überlegung zu wiederholen.

Nach einer endlichen Anzahl Schritte gelangt man so von der Greenschen Funktion $\mathfrak{G}$ zu der gesuchten Lösung.

Es möge für ein bestimmtes h in $\langle 0, 1 \rangle$ das Randwertproblem (27) eine Lösung u_h haben. Wir zeigen, daß u_h auf S gewiß zwischen zwei festen positiven Schranken liegt [57].

Es sei $G(\xi, \eta, \zeta; x, y, z)$ die klassische Greensche Funktion [58], und es möge A_h einen Punkt auf S bezeichnen, in dem die in $T + S$ stetige, in T reguläre Potentialfunktion $u_h - G$, die auf S mit u_h übereinstimmt, ihren Höchstwert erreicht. Dort ist augenscheinlich

$$\frac{\partial}{\partial n}(u_h - G) \leq 0,$$

somit nach (27)

$$(28) \qquad u_h + h\left(F(u_h) - u_h\right) \leq \frac{\partial G}{\partial n} \leq \operatorname{Max} \frac{\partial G}{\partial n} = \omega_1 > 0. \text{[59]}$$

Betrachten wir jetzt die Funktion $\Lambda(t) = t + h(F(t) - t)$. Es gilt

$$\Lambda(0) = hF(0) \leq 0,$$

$$\frac{d\Lambda}{dt} = 1 + h\left(\frac{dF}{dt} - 1\right) > 0 \ \text{für} \ t > 0, \qquad \Lambda \to +\infty \ \text{für} \ t \to +\infty.$$

Die Gleichung $\Lambda(t) = \omega_1$ hat demnach eine und nur eine positive Wurzel γ_1^*. Wegen (28) ist gewiß

$$u_h \leq \gamma_1^* \qquad\qquad\qquad (\gamma_1^* > 0);$$

und dies gilt auf der ganzen Begrenzung S.

Es möge in ähnlicher Weise B_h einen Punkt bezeichnen, in dem $u_h - G$ sein Minimum annimmt. Dort ist offenbar

$$\frac{\partial}{\partial n}(u_h - G) \geq 0,$$

---

[57] Vgl. Carleman, loc. cit. [55], S. 40—41.

[58] D. h. die in T, außer im Punkte (ξ, η, ζ), wo sie sich wie $\frac{1}{r}$ verhält, reguläre, auf S verschwindende Potentialfunktion.

[59] Bekanntlich ist nach C. Neumann $\frac{\partial G}{\partial n} > 0$. Vgl. beispielsweise L. Lichtenstein, Über eine Eigenschaft der klassischen Greenschen Funktion, Math. Zeitschr. **11** (1921), S. 319—320.

somit wegen (27)

$$(29) \qquad u_h + h\left(F(u_h) - u_h\right) \geqq \frac{\partial G}{\partial n} \geqq \operatorname{Min} \frac{\partial G}{\partial n} = \omega_2 > 0.$$

Die Gleichung $\Lambda(t) = \omega_2$ hat eine und nur eine positive Wurzel γ_2^*. Wegen (29) ist auf S $u_h \geqq \gamma_2^*$ $(\gamma_2^* > 0)$. Wie man sich leicht überzeugt, sind γ_1^* und γ_2^* stetige Funktionen von h. Es sei $\gamma_2 = \operatorname{Min} \gamma_2^*$, $\gamma_1 = \operatorname{Max} \gamma_1^*$ in $\langle 0, 1\rangle$. Dann ist $0 < \gamma_2 < \gamma_1$ und für alle h in $\langle 0, 1\rangle$ auf S

$$(30) \qquad 0 < \gamma_2 \leqq u_h \leqq \gamma_1.$$

Aus (27) folgt, daß $\dfrac{\partial u_h}{\partial n}$ auf S gewiß eine Ungleichheit von der Form

$$\gamma^{(2)} \leqq \frac{\partial u_h}{\partial n} \leqq \gamma^{(1)}$$

erfüllt. Analoge Ungleichheiten erfüllt die Normalableitung $\dfrac{\partial \mathfrak{u}_h}{\partial n}$ der in $T + S$ stetigen, in T regulären Potentialfunktion $\mathfrak{u}_h = u_h - \dfrac{1}{\gamma}$. Nach bekannten Sätzen erfüllt $\mathfrak{u}_h$, da $\dfrac{\partial u_h}{\partial n}$ stetig ist, auf S eine Höldersche Bedingung von der Form

$$(31) \qquad |\mathfrak{u}_h(\sigma_1) - \mathfrak{u}_h(\sigma_2)| < A \operatorname{Max} \left|\frac{\partial \mathfrak{u}_h}{\partial n}\right| \varrho_{12}^{\lambda},$$

unter σ_1 und σ_2 zwei beliebige Punkte auf S, unter ϱ_{12} ihren geradlinigen Abstand, unter λ eine beliebige positive Zahl < 1 verstanden. Der Höldersche Koeffizient A hängt nur von λ ab[60]. Augenscheinlich hat auch u_h, wegen (27) also auch $\dfrac{\partial u_h}{\partial n}$ eine analoge Eigenschaft. Hieraus folgt aber, daß $\dfrac{\partial u_h}{\partial x}$, $\dfrac{\partial u_h}{\partial y}$, $\dfrac{\partial u_h}{\partial z}$ auf S für alle h in $\langle 0, 1\rangle$ gleichmäßig beschränkt sind und einer Hölderschen Bedingung von der Form

$$\left|\frac{\partial}{\partial x} u_h(\sigma_1) - \frac{\partial}{\partial x} u_h(\sigma_2)\right| < A^* \varrho_{12}^{\lambda} \qquad (A^* \text{ konstant})$$

genügen[61]. Für das Folgende genügt es festzuhalten, daß, unter D_s eine Ableitung in einer beliebigen Richtung auf S verstanden,

$$(32) \qquad |D_s u_h| \leqq \gamma_*, \qquad 0 \leqq h \leqq 1$$

gilt.

Aus (32) folgt augenscheinlich

$$(32') \qquad |u_h(\sigma_*) - u_h(\sigma)| \leqq \mathring{\gamma}\, \mathring{d},$$

unter $\mathring{d}$ den Abstand der Punkte σ_* und σ verstanden.

---

[60] Man vergleiche beispielsweise die Entwicklungen meiner loc. cit. [2] genannten Arbeit, S. 327.

[61] Vgl. loc. cit. [60], S. 326.

Wir nehmen wieder einmal an, unser Problem (27) möge für einen bestimmten Wert $h\,(0 \leqq h \leqq 1)$ eine positive Lösung haben. Wir versuchen, eine zu $h + \alpha\ (\alpha > 0)$ gehörige Lösung zu bestimmen, und setzen zu dem Ende

$$u_{h+\alpha} - u_h = v.$$

Offenbar ist v eine in $T + S$ stetige, in T reguläre Potentialfunktion. Wegen (27) ist

$$(33)\quad \frac{\partial v}{\partial n} = u_{h+\alpha} + (h + \alpha)\,(F(u_h + v) - (u_h + v)) - u_h - h\,(F(u_h) - u_h)$$
$$= v + h\,(F(u_h + v) - F(u_h) - v) + \alpha\,(F(u_h + v) - (u_h + v))$$
$$= v\left[1 - h + h\left(F_u(u_h) + \frac{v}{2!}\,F_{uu}(u_h) + \dots\right)\right]$$
$$+ \alpha\left[F(u_h) + v\,F_u(u_h) + \frac{v^2}{2!}\,F_{uu}(u_h) + \dots - u_h - v\right].$$

Die Beziehung $\displaystyle\int_S \frac{\partial v}{\partial n}\,d\sigma = 0$ gibt

$$\int_S v\left[1 - h + h\left(F_u(u_h) + \frac{v}{2!}\,F_{uu}(u_h) + \dots\right)\right]d\sigma$$
$$+ \alpha\int_S\left[F(u_h) + v\,F_u(u_h) + \frac{v^2}{2!}\,F_{uu}(u_h) + \dots - u_h - v\right]d\sigma = 0,$$

mithin, unter D den Flächeninhalt von S verstanden,

$$(34)\quad \frac{1}{D}\int_S v\,d\sigma = \frac{h}{D}\int_S v\,(1 - F_u(u_h))\,d\sigma$$
$$- \frac{h}{D}\int_S v\left[\frac{v}{2!}\,F_{uu}(u_h) + \frac{v^2}{3!}\,F_{uuu}(u_h) + \dots\right]d\sigma$$
$$- \frac{\alpha}{D}\int_S\left[F(u_h) + v\,F_u(u_h) + \frac{v^2}{2!}\,F_{uu}(u_h) + \dots - u_h - v\right]d\sigma.$$

Es sei (x_*, y_*, z_*) ein Punkt in T, und es möge $G^{\mathrm{II}}(x_*, y_*, z_*; x, y, z)$ diejenige zu T gehörige Greensche Funktion zweiter Art bezeichnen, die den Randbedingungen

$$(35)\quad \frac{\partial G^{\mathrm{II}}}{\partial n} = \frac{4\pi}{D}, \qquad \int_S G^{\mathrm{II}}(x_*, y_*, z_*; \sigma)\,d\sigma = 0 \ ^{62}$$

genügt. Durch diese Beziehungen und die Festsetzung, daß $G^{\mathrm{II}} - \dfrac{1}{r_*}\,(r_*^2 = (x_* - x)^2 + (y_* - y)^2 + (z_* - z)^2)$ eine in T reguläre Potentialfunktion darstellt, ist G^{II} vollkommen bestimmt.

---

[62] Wir schreiben hier wie im folgenden in naheliegender Weise für $G^{\mathrm{II}}(x_*, y_*, z_*; x, y, z)$, wenn (x, y, z) in den Punkt σ auf S rückt, $G^{\mathrm{II}}(x_*, y_*, z_*; \sigma)$.

Es gilt ferner das Reziprozitätsgesetz

$$(36) \qquad G^{\mathrm{II}}(x_*, y_*, z_*; x, y, z) = G^{\mathrm{II}}(x, y, z; x_*, y_*, z_*),$$

sowie für alle σ_* und σ auf S eine Abschätzung von der Form

$$(37) \qquad |G^{\mathrm{II}}(\sigma_*, \sigma)| \leqq B \frac{1}{r_*} \qquad (B \text{ konstant}). \;^{63}$$

Aus (35) folgt mit Rücksicht auf (36)

$$(38) \qquad \int\limits_S G^{\mathrm{II}}(\sigma_*, \sigma)\, d\sigma_* = 0.$$

Ist jetzt $v(x, y, z)$ irgendeine in $T + S$ stetige, in T reguläre Potentialfunktion, die auf S auch noch eine stetige Normalableitung hat, etwa die soeben eingeführte Funktion $u_{h+\alpha} - u_h$, so besteht die Beziehung

$$(39) \qquad v(\sigma_*) = -\frac{1}{4\pi} \int\limits_S G^{\mathrm{II}}(\sigma_*, \sigma) \frac{\partial v}{\partial n}\, d\sigma + \frac{1}{D} \int\limits_S v\, d\sigma. \;^{64}$$

Führt man hier für $\dfrac{\partial v}{\partial n}$ und $\dfrac{1}{D} \displaystyle\int\limits_S v\, d\sigma$ die vorhin gewonnenen Ausdrücke (33) und (34) ein, so erhält man

$$
\begin{aligned}
(40)\quad & v(\sigma_*) + \frac{1}{4\pi} \int\limits_S G^{\mathrm{II}}(\sigma_*, \sigma)(1 - h + h F_u(u_h))\, v(\sigma)\, d\sigma - \frac{h}{D} \int\limits_S (1 - F_u(u_h))\, v\, d\sigma \\[2mm]
&= -\frac{h}{4\pi} \int\limits_S G^{\mathrm{II}}(\sigma_*, \sigma)\Big(\frac{v^2}{2!} F_{uu}(u_h) + \frac{v^3}{3!} F_{uuu}(u_h) + \ldots\Big) d\sigma \\[2mm]
&\quad - \frac{\alpha}{4\pi} \int\limits_S G^{\mathrm{II}}(\sigma_*, \sigma)\Big\{F(u_h) + v F_u(u_h) + \frac{v^2}{2!} F_{uu}(u_h) + \ldots - u_h - v\Big\} d\sigma \\[2mm]
&\quad - \frac{h}{D} \int\limits_S v\Big(\frac{v}{2!} F_{uu}(u_h) + \frac{v^2}{3!} F_{uuu}(u_h) + \ldots\Big) d\sigma \\[2mm]
&\quad - \frac{\alpha}{D} \int\limits_S \Big\{F(u_h) + v F_u(u_h) + \frac{v^2}{2!} F_{uu}(u_h) + \ldots - u_h - v\Big\} d\sigma \\[2mm]
&= \Lambda\{\alpha, h; \sigma_*\}.
\end{aligned}
$$

Dies ist eine nichtlineare Integralgleichung von der im ersten Kapitel betrachteten Form. Daß der Kern $G^{\mathrm{II}}(\sigma_*, \sigma)$ nicht beschränkt ist, ist, wie wir auf S. 36 bemerkt haben, belanglos.

Integriert man die beiden Seiten von (40) nach σ_* und beachtet (38), so findet man unmittelbar, daß eine jede Lösung von (40) die

---

[63] Vgl. beispielsweise meinen Encyklopädieartikel II C 3, S. 250 bis 251.

[64] Vgl. beispielsweise loc. cit. [63], S. 251.

Beziehung (34) erfüllt. Es gibt darum gewiß in $T+S$ stetige, in T reguläre Potentialfunktionen $\bar{v}(x, y, z)$, die auf S der Bedingung

$$(41) \quad \frac{\partial \bar{v}}{\partial n} = v\left[1 - h + h\left(F_u(u_h) + \frac{v}{2}F_{uu}(u_h) + \dots\right)\right]$$
$$+ \alpha\left[F(u_h) + vF_u(u_h) + \frac{v^2}{2!}F_{uu}(u_h) + \dots - u_h - v\right]$$

genügen, und es gilt

$$(42) \quad \bar{v}(\sigma_*) = -\frac{1}{4\pi}\int_S G^{II}(\sigma_*, \sigma)\frac{\partial \bar{v}}{\partial n}\,d\sigma + \frac{1}{D}\int_S \bar{v}\,d\sigma.$$

Aus (42), (39), (41) und (33) folgt $\bar{v}(\sigma_*) = v(\sigma_*) + C$ (C konstant)[65]. Demnach ist $v(\sigma_*)$ der Randwert einer in T regulären Potentialfunktion $v(x, y, z) = \bar{v}(x, y, z) - C$, deren Normalableitung den Wert

$$(43) \quad \frac{\partial v}{\partial n} = v\left[1 - h + h\left(F_u(u_h) + \frac{v}{2!}F_{uu}(u_h) + \dots\right)\right]$$
$$+ \alpha\left[F(u_h) + vF_u(u_h) + \frac{v^2}{2!}F_{uu}(u_h) + \dots - u_h - v\right]$$

hat.

Es ist nicht schwer zu sehen, daß die homogene lineare Integralgleichung

$$(44) \quad w(\sigma_*) + \frac{1}{4\pi}\int_S G^{II}(\sigma_*, \sigma)(1 - h + hF_u(u_h))\,w(\sigma)\,d\sigma$$
$$- \frac{h}{D}\int_S w(\sigma)(1 - F_u(u_h))\,d\sigma = 0$$

keine Nullösungen hat, demnach der in I § 4 betrachtete „reguläre" Fall vorliegt. Andernfalls wäre nämlich wegen $\int_S G^{II}(\sigma_*, \sigma)\,d\sigma_* = 0$

$$\int_S w(\sigma)\{1 - h + hF_u(u_h)\}\,d\sigma = 0,$$

und es gäbe eine in $T+S$ stetige, in T reguläre Potentialfunktion $w(x, y, z)$, so daß auf S

$$\frac{\partial w}{\partial n} = (1 - h + hF_u(u_h))\,w$$

gilt. Nun ist bekanntlich

$$\int_T \left\{\left(\frac{\partial w}{\partial x}\right)^2 + \left(\frac{\partial w}{\partial y}\right)^2 + \left(\frac{\partial w}{\partial z}\right)^2\right\}d\tau = -\int_S w\frac{\partial w}{\partial n}\,d\sigma$$
$$= -\int_S w^2(1 - h + hF_u(u_h))\,d\sigma,$$

---

[65] Wir denken uns $\bar{v}(x, y, z)$ irgendwie normiert. Dann hat $\dfrac{1}{D}\displaystyle\int_S \bar{v}\,d\sigma$, mithin auch C einen bestimmten Wert.

und dies führt, falls nicht identisch $w(x,y,z) = 0$ ist, auf einen Widerspruch, da ja $1 - h + h F_u(u_h) > 0 \ (0 \leq h \leq 1)$ ist.

Nach dem Vorstehenden ist es klar, daß (44) keine Nullösung hat, ganz gleich wie die auf S erklärte stetige Funktion u_h, von der wir diesmal nur annehmen, daß sie den Ungleichheiten

$$(45) \qquad 0 < \gamma_2 \leq u_h \leq \gamma_1, \qquad |u_h(\sigma_*) - u_h(\sigma)| \leq \mathring{\gamma} \, \mathring{d}$$

genügt, beschaffen sei. Was h betrifft, so kann es beliebige Werte in dem abgeschlossenen Intervalle $\langle 0, 1 \rangle$ haben.

Es sei $\tilde{H}(\sigma_*, \sigma)$ der zu

$$\tilde{K}(\sigma_*, \sigma) = \frac{1}{4\pi} G^{\mathrm{II}}(\sigma_*, \sigma)(1 - h + h F_h(u_h)) - \frac{h}{D}(1 - F_h(u_h))$$

gehörige lösende Kern. Nach bekannten Sätzen gilt

$$\tilde{H}(\sigma_*, \sigma) = \tilde{K}(\sigma_*, \sigma) + \hat{H}(\sigma_*, \sigma),$$

unter $\hat{H}(\sigma_*, \sigma)$ eine auf S stetige Funktion verstanden (vgl. beispielsweise loc. cit. [17]), S. 1385—1387).

Wir zeigen, daß $\hat{H}(\sigma_*, \sigma)$ gleichmäßig beschränkt ist, d. h. daß für alle betrachteten h und u_h

$$(46) \qquad |\hat{H}(\sigma_*, \sigma)| \leq \gamma_0$$

gilt. Angenommen, es sei anders, es gebe demnach eine in $\langle 0, 1 \rangle$ gelegene Wertfolge $h_1, h_2, \ldots, h_n, \ldots$ und eine Folge die Ungleichheiten (45) erfüllender Funktionen $u_{h_1}, u_{h_2}, \ldots, u_{h_n}, \ldots$, sowie eine Folge von Punktepaaren σ_{*n}, σ_n auf S, so daß

$$(47) \qquad \hat{H}_n(\sigma_{*n}, \sigma_n) \to \infty.$$

Nach bekannten Sätzen läßt sich aus $u_{h_k} (k = 1, 2, \ldots)$ eine Teilfolge aussondern, die gegen eine stetige, den Ungleichheiten (45) genügende Funktion, sie heiße u_h, gleichmäßig konvergiert, zugleich konvergiert die entsprechende Teilfolge aus $h_1, h_2, \ldots$ gegen h. [66] Offenbar gilt in jedem Bereiche, in dem $\sigma_* \neq \sigma$ ist, gleichmäßig

$$(48) \qquad \tilde{K}(\sigma_*, \sigma) \to \tilde{K}(\sigma_*, \sigma),$$

darum, wie es sich zeigen läßt, für alle hinreichend entfernten Glieder der Teilfolge, übrigens für alle σ_* und σ auf S gleichmäßig

$$\hat{H}(\sigma_*, \sigma) \to \hat{H}(\sigma_*, \sigma),$$

unter $\tilde{K}$ und $\tilde{K} + \hat{H}$ die zu den einzelnen Individuen der Teilfolge gehörigen Kerne und lösenden Kerne, unter $\tilde{K}$ und $\tilde{K} + \hat{H}$ die

---

[66] Es handelt sich um den bekannten Satz, daß aus einer Folge gleichmäßig beschränkter, gleichgradig stetiger Funktionen gleichmäßig konvergente Teilfolgen ausgesondert werden können. (Vgl. beispielsweise H. Hahn, Theorie der reellen Funktionen, Berlin 1901, S. 300—309.)

entsprechenden zu u_h und h gehörigen Funktionen verstanden [67].
Da $\hat{H}$ beschränkt ist, so sind alle $\hat{H}(\sigma_*, \sigma)$ der Teilfolge gleichmäßig
beschränkt, im Widerspruch zu (47). Damit ist gezeigt, daß tatsächlich (46) gilt.

Die Integralgleichung (40) hat den Entwicklungen des ersten
Kapitels gemäß für alle den Ungleichheiten (45) genügenden u_h und
alle h in $\langle 0, 1\rangle$ eine und nur eine Lösung, sofern α absolut hinreichend klein, etwa $|\alpha| \leqq \frac{1}{m}$, bleibt. Sind die Ungleichheiten (45)
erfüllt, so gelangen wir, ausgehend von der uns bekannten, zu $h = 0$
gehörigen Lösung $\mathfrak{G}$ des Problems (27), nach m Schritten zu der
zu $h = 1$ gehörigen Lösung der eingangs gestellten Aufgabe. Es
ist aber leicht einzusehen, daß die Beziehungen (45) bei dem geschilderten Prozeß der schrittweisen Fortsetzung tatsächlich erfüllt
sind. Ist nämlich u_h etwa für einen Wert $h = \frac{l}{m}$ $(0 < l < m)$ positiv,
so bleibt es auch noch für $h = \frac{l+1}{m}$ positiv. Sonst müßte es einen
in dem Intervall $\left\langle \frac{l}{m}, \frac{l+1}{m} \right\rangle$ gelegenen Wert $\hat{h}$ geben, so daß u_h
für $h < \hat{h}$ auf S durchweg positiv wäre, für $h = \hat{h}$ hingegen mindestens
in einem Punkte auf S verschwinden müßte. Dies kann aber nicht sein,
da doch für alle $h < \hat{h}$ nach dem Vorstehenden $0 < \gamma_0 < u_h < \gamma_1$ gilt.

§ 3. Die elliptische Differentialgleichung $\Delta z = F\left(x, y, z, \frac{\partial z}{\partial x}, \frac{\partial z}{\partial y}\right)$.

**Lösung der ersten Randwertaufgabe in ihrer Abhängigkeit von
den vorgeschriebenen Randwerten.** Als eine weitere Anwendung
der im ersten Kapitel gewonnenen Ergebnisse soll in diesem Paragraphen das Verhalten der Lösung einer nichtlinearen partiellen
Differentialgleichung zweiter Ordnung vom elliptischen Typus bei
einer kleinen Änderung der Randwerte betrachtet werden. Es sei
vorweg bemerkt, daß es sich vorläufig noch nicht um die allgemeinsten
Differentialgleichungen vom elliptischen Typus handelt, — diese ergeben Integro-Differentialgleichungen, die sich nicht ohne weiteres auf
die Gleichungen von der in Kapitel I untersuchten Form zurückführen lassen, und sollen erst im nächsten Kapitel studiert werden. Der
Einfachheit halber wollen wir unseren Betrachtungen zweidimensionale
Gebiete zugrunde legen. Der Übergang zu drei oder auch mehr als
drei Dimensionen bietet keinerlei grundsätzliche Schwierigkeiten.

---

[67] Der zu $\tilde{\boldsymbol{K}}(\sigma_*, \sigma)$ gehörige Fredholmsche Nenner ist von Null verschieden.
Er ist darum auch für alle hinreichend entfernten Glieder der Teilfolge
der $\tilde{K}(\sigma_*,\sigma)$ angebbar von Null verschieden. Es ist des weiteren zu beachten,
daß für alle $\tilde{K}$ eine Ungleichheitsbezeichnung von der Form

$$(48') \qquad\qquad |\tilde{K}| \leqq \mathfrak{a}\,|\log \mathring{d}| + \mathfrak{b}$$

gilt.

Es sei T ein von einer geschlossenen Kurve S der Klasse $A\,h$ begrenztes Gebiet in der Ebene der Variablen x-y. Dies besagt, daß sich S in eine endliche Anzahl von Stücken zerlegen läßt, so daß in jedem einzelnen Stück entweder $y = y(x)$ oder aber $x = x(y)$ gesetzt werden kann, unter $y(x)$ bzw. $x(y)$ Funktionen verstanden, die stetig sind und eine stetige, der H-Bedingung (Hölderschen Bedingung)

$$(50) \quad |y'(x+h) - y'(x)| \leqq \alpha_0 |h|^{\lambda} \quad \text{bzw.} \quad |x'(y+k) - x'(y)| \leqq \alpha_0 |k|^{\lambda}$$
$$(0 < \lambda < 1), \quad (\alpha_0 \text{ konstant}),$$

genügende Ableitung haben [68].

Es sei $z_0(x, y)$ eine in $T + S$ erklärte stetige Funktion, die folgende Eigenschaften hat. Sie besitzt in $T + S$ stetige partielle Ableitungen erster Ordnung, die ihrerseits einer H-Bedingung

$$(51) \quad \begin{aligned} &\left|\frac{\partial}{\partial x} z_0(x+h, y+k) - \frac{\partial}{\partial x} z_0(x, y)\right|, \\ &\left|\frac{\partial}{\partial y} z_0(x+h, y+k) - \frac{\partial}{\partial y} z_0(x, y)\right| \leqq \alpha_1 (h^2 + k^2)^{\frac{\lambda}{2}} \quad [69] \end{aligned}$$

genügen, unter α_1 eine positive Konstante verstanden, wie später unter $\alpha_2, \alpha_3, \dots$. Im Innern von T sind auch $\dfrac{\partial^2 z_0}{\partial x^2}, \dfrac{\partial^2 z_0}{\partial x \partial y}, \dfrac{\partial^2 z_0}{\partial y^2}$ vorhanden und stetig. Ist s die von einem beliebigen Anfangspunkte gemessene Bogenlänge von S und ist auf S

$$z_0 = \varphi(s),$$

so ist augenscheinlich $\varphi(s)$ und seine Ableitung $\varphi'(s)$ stetig, ferner genügt $\varphi'(s)$ einer H-Bedingung von der Form

$$(52) \quad |\varphi'(s+l) - \varphi'(s)| \leqq \alpha_2 |l|^{\lambda}. \quad [70]$$

---

[68] Vgl. die Bemerkungen auf S. 105.

[69] Wir nennen α_1 den Hölderschen Koeffizienten, λ den Hölderschen Exponenten.

[70] Die Höldersche Bedingung (52) ist der Ungleichheit

$$\text{obere Grenze } |\varphi'(s+l) - \varphi'(s)| \, |l|^{-\lambda} \leqq \alpha_2$$

(bei festgehaltenem s) äquivalent. Wir setzen zur Vereinfachung

$$(52') \quad \text{obere Grenze } |\varphi'(s+l) - \varphi'(s)| \, |l|^{-\lambda} = |\varphi'(s)|_{\lambda}$$

und erhalten somit

$$(52'') \quad |\varphi'(s)|_{\lambda} \leqq \alpha_2.$$

Augenscheinlich ist $|\varphi'(s)|_{\lambda}$ eine ganz bestimmte, nicht notwendig stetige Funktion von s. Der H-Bedingung (51) können wir in ähnlicher Weise die bequeme Fassung

$$(51') \quad \left|\frac{\partial z_0}{\partial x}\right|_{\lambda}, \left|\frac{\partial z_0}{\partial y}\right|_{\lambda} \leqq \alpha_2$$

geben. Hier bezeichnen $\left|\dfrac{\partial z_0}{\partial x}\right|_{\lambda}$ und $\left|\dfrac{\partial z_0}{\partial y}\right|_{\lambda}$ ganz bestimmte Funktionen von x und y.

Schließlich genügt z_0 einer nichtlinearen elliptischen Differentialgleichung von der Form

$$(53) \qquad \varDelta z_0 = F\left(x, y, z_0, \frac{\partial z_0}{\partial x}, \frac{\partial z_0}{\partial y}\right), \qquad \varDelta z_0 \equiv \frac{\partial^2 z_0}{\partial x^2} + \frac{\partial^2 z_0}{\partial y^2},$$

woselbst $F(x, y, z, p, q)$ eine für alle (x, y) in $T + S$ und alle reellen oder komplexen z, p und q in dem Bereiche

$$(54) \qquad |z - z_0|, \quad \left|p - \frac{\partial z_0}{\partial x}\right|, \quad \left|q - \frac{\partial z_0}{\partial y}\right| \le R_0 \quad (R_0 \text{ konstant})$$

erklärte stetige, in bezug auf die drei letzten Argumente analytische und reguläre Funktion bezeichnet. Darüber hinaus erfüllt F für alle (x, y) in $T + S$ und alle z, p, q in (54) eine H-Bedingung von der Form

$$|F(x + h, y + k, z, p, q) - F(x, y, z, p, q)| \le {}^*\alpha (h^2 + k^2)^{\frac{\lambda}{2}}$$
$$({}^*\alpha \text{ konstant}),$$

in abgekürzter Schreibweise $|F|_\lambda \le {}^*\alpha$. Die Voraussetzung betreffend den analytischen Charakter von F machen wir nur, um die im ersten Kapitel entwickelte Theorie unmittelbar verwenden und nötigenfalls eine Diskussion der Verzweigungsgleichungen beliebig weit fortführen zu können. Die Konvergenz der sukzessiven Approximationen läßt sich, wie am Schluß dieses Paragraphen gezeigt werden wird, unter weit geringeren Voraussetzungen sicherstellen.

Es ist leicht zu sehen, daß die partiellen Ableitungen von F in bezug auf z, p, q für alle (x, y) in $T + S$ und alle reellen oder komplexen z, p, q in einem Bereiche

$$(*) \qquad |z - z_0|, \quad \left|p - \frac{\partial z_0}{\partial x}\right|, \quad \left|q - \frac{\partial z_0}{\partial y}\right| \le \bar{R}_0 < R_0$$

Ungleichheitsbedingungen genügen, die zu der Beziehung $|F|_\lambda \le {}^*\alpha$ analog sind. In der Tat ist, unter $\hat{C}$ Kreislinien vom Radius $\hat{R}_0 (\bar{R}_0 < \hat{R}_0 < R_0)$ um die Punkte z_0, $\frac{\partial z_0}{\partial x}$ und $\frac{\partial z_0}{\partial y}$ der Ebenen der komplexen Variablen z, p und q verstanden, dem Cauchyschen Integralsatze zufolge

$$F(x, y, z, p, q) = \frac{1}{(2\pi i)^3} \iiint\limits_{\hat{C}} \frac{F(x, y, \hat{z}, \hat{p}, \hat{q})}{(\hat{z} - z)(\hat{p} - p)(\hat{q} - q)}\, d\hat{z}\, d\hat{p}\, d\hat{q},$$

somit beispielsweise

$$\frac{\partial}{\partial z} F(x, y, z, p, q) = \frac{1}{(2\pi i)^3} \iiint\limits_{\hat{C}} \frac{F(x, y, \hat{z}, \hat{p}, \hat{q})}{(\hat{z} - z)^2(\hat{p} - p)(\hat{q} - q)}\, d\hat{z}\, d\hat{p}\, d\hat{q}.$$

Für hinreichend kleine $|h|$ und $|k|$, etwa $|h| \le h_0$, $|k| \le k_0$, liegen die Wertsysteme $x + h$, $y + k$, z, p, q für alle $(*)$ erfüllenden

z, p, q in dem Regularitätsbereiche. Es ist darum auch

$$\frac{\partial}{\partial z} F(x+h,\, y+k,\, z,\, p,\, q) = \frac{1}{(2\pi i)^3} \int\!\!\int_{\hat{C}}\!\!\int \frac{F(x+h,\, y+k,\, \hat{z},\, \hat{p},\, \hat{q})}{(\hat{z}-z)^2 (\hat{p}-p)(\hat{q}-q)}\, d\hat{z}\, d\hat{p}\, d\hat{q}.$$

Aus dieser und der vorstehenden Gleichung folgt leicht für $|h| \leqq h_0$, $|k| \leqq k_0$

$$\left| \frac{\partial}{\partial z} F(x+h,\, y+k,\, z,\, p,\, q) - \frac{\partial}{\partial z} F(x,\, y,\, z,\, p,\, q)\right|$$

$$\leqq \frac{{}^*\alpha\,(h^2+k^2)^{\frac{\lambda}{2}}}{(2\pi)^3} \int\!\!\int_{\hat{C}}\!\!\int \frac{|d\hat{z}\, d\hat{p}\, d\hat{q}|}{\operatorname{Min}|(\hat{z}-z)^2(\hat{p}-p)(\hat{q}-q)|}.$$

Es ist jetzt leicht einzusehen, daß

$$\left| \frac{\partial F}{\partial z}\right|_\lambda \leqq {}^*\alpha\, \frac{\hat{R}_0^{\,3}}{(\hat{R}_0 - \bar{R}_0)^4}$$

gilt [70a].

Es sei jetzt $\chi(s)$ eine Funktion, die wie $\varphi(s)$ beschaffen ist, und es sei

$$(55) \qquad \chi_* = \text{obere Grenze}\,(|\chi(s)|,\ |\chi'(s)|,\ |\chi'(s)|_\lambda).$$

Wir nehmen im folgenden an, χ_* sei hinreichend klein, und versuchen diejenigen Lösungen $z(x, y)$ der Differentialgleichung

$$(56) \qquad \Delta z = F\left(x,\, y,\, z,\, \frac{\partial z}{\partial x},\, \frac{\partial z}{\partial y}\right)$$

zu bestimmen, die in $T+S$ stetig sind, in T stetige partielle Ableitungen der beiden ersten Ordnungen haben, kürzer dort regulär sind, und auf S die Werte $\varphi(s) + \chi(s)$ annehmen. Mit einem Problem dieser Art habe ich mich anläßlich der Konstruktion eines zweidimensionalen Feldes von Extremalen in einer im Jahre 1917 erschienenen Arbeit in Verallgemeinerung und Weiterführung gewisser Untersuchungen von Herrn A. Korn und Herrn H. Müntz beschäftigt [71]. Die a. a. O. betrachtete Differentialgleichung ist freilich wesentlich allgemeiner als die Gleichung (56) und benötigt zu ihrer Bewältigung der weitergehenden Hilfsmittel des dritten Kapitels. Im übrigen ist der Konvergenzbeweis, der im folgenden entwickelt wird, erheblich einfacher und durchsichtiger als der seinerzeit von mir gegebene.

[70a] Dieser Ungleichheit liegt zunächst die Voraussetzung $|h| \leq h_0$, $|k| \leq k_0$ zugrunde. Daß sie, nötigenfalls bei passender Vergrößerung von ${}^*\alpha$, nunmehr auch für beliebige h und k gilt, liegt auf der Hand.

[71] Vgl. L. Lichtenstein, Untersuchungen über zweidimensionale reguläre Variationsprobleme. I. Das einfachste Problem bei fester Begrenzung. Jacobische Bedingung und die Existenz des Feldes. Verzweigung der Extremalflächen, Monatshefte für Mathematik und Physik **28** (1917), S. 3—51, insbesondere S. 18—35. Eine vereinfachte Darstellung findet sich in der zweiten Abhandlung dieser Serie, Math. Zeitschr. **5** (1919), S. 26—51, insbesondere S. 34—40.

Mit dem Verhalten der Lösung einer elliptischen Differentialgleichung der allgemeinsten Art bei einer kleinen Änderung der Randfunktion hat sich auch Herr S. Bernstein in seinen bekannten grundlegenden Untersuchungen beschäftigt [72]. Auf die Methoden und Ergebnisse von Herrn S. Bernstein werden wir noch wiederholt Gelegenheit haben zurückzukommen.

Es mögen $\dfrac{\partial z}{\partial x}$, $\dfrac{\partial z}{\partial y}$ sich auch noch auf S stetig verhalten. Wir setzen

$$(57) \qquad\qquad z = z_0 + Z.$$

Offenbar ist Z in $T + S$ stetig, hat in T stetige partielle Ableitungen erster und zweiter Ordnung und erfüllt die Differentialgleichung

$$(58)\quad \varDelta Z = F\left(x, y, z_0 + Z, \frac{\partial z_0}{\partial x} + \frac{\partial Z}{\partial x}, \frac{\partial z_0}{\partial y} + \frac{\partial Z}{\partial y}\right) - F\left(x, y, z_0, \frac{\partial z_0}{\partial x}, \frac{\partial z_0}{\partial y}\right)$$

$$= F_z Z + F_p \frac{\partial Z}{\partial x} + F_q \frac{\partial Z}{\partial y} + \frac{1}{2}\left\{ F_{zz} Z^2 + 2 F_{zp} Z \frac{\partial Z}{\partial x} + \ldots + F_{qq}\left(\frac{\partial Z}{\partial y}\right)^2\right\} + \ldots$$

$$F_z = \frac{\partial}{\partial z} F\left(x, y, z_0, \frac{\partial z_0}{\partial x}, \frac{\partial z_0}{\partial y}\right), \ldots.$$

Schließlich ist auf S augenscheinlich $Z = \chi$.

Es sei nun weiter θ diejenige in $T + S$ stetige, in T reguläre Potentialfunktion, die auf S die Werte $\chi(s)$ annimmt. Nach bekannten Sätzen der Potentialtheorie sind $\dfrac{\partial \theta}{\partial x}$, $\dfrac{\partial \theta}{\partial y}$ auch noch auf S stetig und erfüllen in $T + S$ eine H-Bedingung mit dem Exponenten λ. Ferner ist

$$(59) \quad \text{obere Grenze} \left\{ |\theta|, \left|\frac{\partial\theta}{\partial x}\right|, \left|\frac{\partial\theta}{\partial y}\right|, \left|\frac{\partial\theta}{\partial x}\right|_\lambda, \left|\frac{\partial\theta}{\partial y}\right|_\lambda \right\} \leqq \alpha_3 \chi_* .$$ [73]

Wir denken uns χ_* so klein gewählt, daß $\alpha_3 \chi_* \leqq \frac{1}{2} \bar{R}_0$ wird, und setzen

$$Z(x, y) = \theta(x, y) + \mathfrak{Z}(x, y).$$

---

[72] Nähere Angaben finden sich in meinem Encyklopädieartikel II C 12, Neuere Entwicklung der Theorie partieller Differentialgleichungen zweiter Ordnung vom elliptischen Typus, S. 1324—1329. Vgl. ferner S. Bernstein, Math. Annalen **95** (1926), S. 585—594; **96** (1927), S. 633—647.

[73] Vgl. J. Schauder, Potentialtheoretische Untersuchungen, Teil I, Math. Zeitschr. **33** (1931), S. 602—640, insbesondere S. 634. Die entsprechenden Sätze für Gebiete der Klasse Bh, d. h. Gebiete, die so beschaffen sind, daß die auf S. **63** eingeführten Funktionen $y(x)$ bzw. $x(y)$ stetige, der H-Bedingung genügende Ableitungen zweiter Ordnung haben, hat zuerst Herr Korn formuliert [vgl. A. Korn, Sur les équations de l'élasticité, Annales de l'École Normale (3) **24** (1907), S. 9—75, insbesondere S. 9—26]. Dabei wird gleichzeitig angenommen, daß die Randfunktion stetige, der H-Bedingung genügende Ableitung zweiter Ordnung hat. Den tatsächlich durchgeführten Beweisen der Kornschen Arbeit liegen stetig gekrümmte Gebiete und Randfunktionen, die wie $\chi(s)$ beschaffen sind, zugrunde. Es sei schließlich bemerkt, daß es sich sowohl bei Korn wie bei Schauder um dreidimensionale Gebiete handelt.

Die Funktion $\mathfrak{Z}(x, y)$ verschwindet auf S und erfüllt in T die Differentialgleichung

$$(60) \qquad \Delta\mathfrak{Z} - F_p\frac{\partial\mathfrak{Z}}{\partial x} - F_q\frac{\partial\mathfrak{Z}}{\partial y} - F_z\mathfrak{Z} = F_z\theta + F_p\frac{\partial\theta}{\partial x} + F_q\frac{\partial\theta}{\partial y}$$

$$+ \frac{1}{2}\left\{F_{zz}(\theta+\mathfrak{Z})^2 + 2F_{zp}(\theta+\mathfrak{Z})\left(\frac{\partial\theta}{\partial x} + \frac{\partial\mathfrak{Z}}{\partial x}\right) + \cdots\right.$$

$$\left. + F_{qq}\left(\frac{\partial\theta}{\partial y} + \frac{\partial\mathfrak{Z}}{\partial y}\right)^2\right\} + \cdots.$$

Den weiteren Entwicklungen schicken wir einige Vorbemerkungen aus der Theorie der linearen elliptischen Differentialgleichungen zweiter Ordnung

$$(61) \qquad \Lambda\{\mathfrak{Z}(x, y)\} \equiv \frac{\partial^2\mathfrak{Z}}{\partial x^2} + \frac{\partial^2\mathfrak{Z}}{\partial y^2} + a\frac{\partial\mathfrak{Z}}{\partial x} + b\frac{\partial\mathfrak{Z}}{\partial y} + c\mathfrak{Z} = 0$$

voraus, unter a, b, c beliebige in $T + S$ erklärte stetige, in T einer H-Bedingung (mit dem Exponenten $\lambda < 1$) genügende Funktionen verstanden [74].

Ein grundlegender Satz dieser Theorie besagt: es gibt entweder stets eine und nur eine in $T + S$ stetige, in T reguläre Lösung der Gleichung (61), die auf S eine beliebige vorgeschriebene stetige Wertfolge annimmt, und diese Lösung ist identisch gleich Null, falls die Randwerte durchweg verschwinden, oder aber es gibt eine endliche Anzahl $m \geq 1$ in $T + S$ stetiger, in T regulärer, nicht identisch verschwindender, linear unabhängiger Lösungen, $\mathfrak{Z}_1(x, y), \ldots, \mathfrak{Z}_m(x, y)$, die auf S durchweg gleich Null sind. In diesem Falle ist die erste Randwertaufgabe nur dann lösbar, wenn die Randwerte m bestimmten Integralrelationen genügen, — die Lösung ist nur bis auf einen additiven Bestandteil von der Form $\sum\limits_{k}^{1 \ldots m} c_k\mathfrak{Z}_k(x, y)$ bestimmt.

In dem zuerst genannten Falle eindeutiger Lösbarkeit, der insbesondere eintritt, wenn in $T + S$ überall $c \leq 0$ gilt, oder wenn das Gebiet T „hinreichend klein" [74a] ist, gibt es eine zu dem ersten Randwertproblem gehörige Greensche Funktion $G(\xi, \eta; x, y)$ von (61).

Wir verstehen darunter eine Funktion, die in $T + S$ überall außer im Punkte (ξ, η) stetig ist, in T stetige Ableitungen erster und

---

[74] Dies besagt, daß a, b, c in jedem ganz im Innern von $T + S$ enthaltenen Bereiche $\mathfrak{T} + \mathfrak{S}$ einer H-Bedingung (mit dem Exponenten λ) genügt. Der Höldersche Koeffizient hängt diesmal im allgemeinen von $\mathfrak{T} + \mathfrak{S}$ ab.

[74a] Kriterien, die in manchen Fällen darüber zu entscheiden gestatten, ob ein Gebiet als „hinreichend klein" angesehen werden kann, gibt neuerdings Herr Max Müller. Vgl. Max Müller, Über die Greensche Funktion des Laplaceschen Differentialausdruckes, Sitzungsberichte der Heidelberger Akademie der Wissenschaften, Jahrgang 1929, 6. Abhandlung.

zweiter Ordnung hat und als Funktion von x, y der Differentialgleichung (61) genügt,

$$(62) \qquad \Lambda\{G(\xi, \eta; x, y)\} = 0,$$

die ferner auf S verschwindet und in der Umgebung von (ξ, η) sich wie $\log \frac{1}{r}$ $(r^2 = (\xi - x)^2 + (\eta - y)^2)$ verhält, so daß

$$g(\xi, \eta; x, y) = G(\xi, \eta; x, y) - \log\frac{1}{r}$$

in T durchaus stetig ist, während

$$\left|\frac{\partial g}{\partial x}\right|\left|\log\frac{1}{r}\right|^{-1}, \qquad \left|\frac{\partial g}{\partial y}\right|\left|\log\frac{1}{r}\right|^{-1}$$

beschränkt bleiben. Von den Eigenschaften der Greenschen Funktion seien besonders erwähnt:

Die partiellen Ableitungen erster Ordnung $\dfrac{\partial G}{\partial x}$, $\dfrac{\partial G}{\partial y}$ sind auch noch auf S stetig. Es gelten für alle nicht zusammenfallenden (x, y) und (ξ, η) in T die Ungleichheitsbeziehungen

$$(63) \quad |G(\xi, \eta; x, y)| \leqq \alpha_4 \left|\log\frac{1}{r}\right| + \alpha_5, \qquad \left|\frac{\partial G}{\partial x}\right|, \left|\frac{\partial G}{\partial y}\right| \leqq \frac{\alpha_6}{r}.$$

Geht (ξ, η) gegen S bei festgehaltenem (x, y) in T, so geht $G(\xi, \eta; x, y)$ gegen Null,

$$G(\xi, \eta; x, y) \to 0.$$

Es sei $h(x, y)$ irgendeine in $T + S$ stetige Funktion, die in T einer H-Bedingung genügt. Es existiert eine und nur eine Lösung der Differentialgleichung

$$(64) \qquad \Lambda\{\mathfrak{Z}(x, y)\} = h(x, y),$$

die auf S verschwindet. Sie hat in $T + S$ stetige, der H-Bedingung genügende Ableitungen erster Ordnung und ist durch den Ausdruck

$$(65) \qquad \mathfrak{Z}(x, y) = -\frac{1}{2\pi}\int_T G(x', y'; x, y)\, h(x', y')\, dx'\, dy'$$

gegeben. Es gilt weiter

$$(66) \quad \begin{aligned} \frac{\partial \mathfrak{Z}}{\partial x} &= -\frac{1}{2\pi}\int_T \frac{\partial}{\partial x} G(x', y'; x, y)\, h(x', y')\, dx'\, dy', \\[2mm] \frac{\partial \mathfrak{Z}}{\partial y} &= -\frac{1}{2\pi}\int_T \frac{\partial}{\partial y} G(x', y'; x, y)\, h(x', y')\, dx'\, dy'. \end{aligned} \quad [75]$$

---

[75] Man vergleiche hierzu meinen in der Fußnote [72] genannten Encyklopädieartikel II C 12, Neuere Entwicklung der Theorie partieller Differentialgleichungen zweiter Ordnung vom elliptischen Typus, S. 1287—1291, insbesondere die Fußnote [22]. Bei dem Beweise der Formel (65) wird a. a. O. allerdings angenommen,

Ist $h(x,y)$, im Gegensatz zu unseren bisherigen Annahmen, in $T + S$ schlechthin stetig, so hat die durch (65) erklärte Funktion $\mathfrak{Z}(x,y)$ auch jetzt noch stetige, in $T + S$ einer H-Bedingung mit dem Exponenten λ[75a] genügende partielle Ableitungen erster Ordnung, und es gelten die Formeln (66). Doch brauchen partielle Ableitungen zweiter Ordnung $\dfrac{\partial^2 \mathfrak{Z}}{\partial x^2}, \ldots, \dfrac{\partial^2 \mathfrak{Z}}{\partial y^2}$ nicht überall in T zu existieren, so daß die Differentialgleichung (64) nicht überall in T zu gelten braucht. Als ihr Äquivalent erscheint die Integralbeziehung

$$(64') \qquad \mathfrak{Z}(x,y) = \frac{1}{2\pi} \int\limits_{T} G(x_1, y_1; x, y) \left[a(x_1, y_1) \frac{\partial \mathfrak{Z}}{\partial x_1} + b(x_1, y_1) \frac{\partial \mathfrak{Z}}{\partial y_1} \right.$$
$$\left. + c(x_1, y_1)\, \mathfrak{Z}(x_1, y_1) - h(x_1, y_1) \right] dx_1\, dy_1,$$

unter $G(x_1, y_1; x, y)$ die klassische, auf S verschwindende Greensche Funktion der Potentialtheorie verstanden.

Wir haben eingangs vorausgesetzt, daß a, b, c in T einer H-Bedingung genügen. Ist diese Voraussetzung nicht notwendig erfüllt, ist demnach lediglich bekannt, daß a, b, c in $T + S$ schlechthin stetig sind, so gelten alle vorhin ausgesprochenen Sätze, insbesondere die Sätze betreffend die Greensche Funktion $G(x_1, y_1; x, y)$, doch steht die Existenz partieller Ableitungen zweiter Ordnung sowohl der Lösungen als auch der Greenschen Funktion selbst in T nicht mehr fest, die Differentialgleichungen darum durch äquivalente Integralbeziehungen ersetzt werden müssen. So tritt beispielsweise für (64) wieder die Beziehung (64') ein.

Indem wir jetzt zu unserem eigentlichen Problem der Behandlung der Differentialgleichung (60) zurückkehren, bemerken wir, daß, wenn wir $a = -F_p$, $b = -F_q$, $c = -F_z$ setzen, diese Funktionen gewiß in T einer H-Bedingung genügen, und zwar weil $\dfrac{\partial z_0}{\partial x}$ und $\dfrac{\partial z_0}{\partial y}$ diese Eigenschaft haben[75b]. Es möge nun das erste Randwertproblem der Differentialgleichung (61) stets und darum auch eindeutig lösbar sein.

---

daß a und b in $T + S$ stetige, in T einer H-Bedingung genügende Ableitungen erster Ordnung haben, so daß eine zu (61) adjungierte Differentialgleichung

$$(61') \qquad \frac{\partial^2 \mathfrak{Z}}{\partial x^2} + \frac{\partial^2 \mathfrak{Z}}{\partial y^2} - \frac{\partial}{\partial x}(a\,\mathfrak{Z}) - \frac{\partial}{\partial y}(b\,\mathfrak{Z}) + c\,\mathfrak{Z} = 0$$

existiert. Auch (61') hat in diesem Falle eine Greensche Funktion $H(\xi, \eta; x, y)$, und es gilt $H(\xi, \eta; x, y) = G(x, y; \xi, \eta)$. Unter den Voraussetzungen des Textes findet sich die Formel (65) abgeleitet in meiner Arbeit, Neue Untersuchungen in der Theorie der partiellen Differentialgleichungen zweiter Ordnung vom elliptischen Typus. (Erscheint voraussichtlich in dem Bulletin international de l'Académie Polonaise des Sciences et des Lettres, 1931 oder 1932.)

  [75a] Sogar mit einem beliebigen Exponenten $\mu < 1$. Der Höldersche Koeffizient hängt allerdings von der Wahl von μ ab.

  [75b] Übrigens erfüllen im vorliegenden Falle a, b, c sogar in $T + S$ eine H-Bedingung.

Wegen (65) können wir, indem wir die rechte Seite der Gleichung (60) mit $h(x, y)$ identifizieren, schreiben

$$\mathfrak{Z}(x,y) = -\frac{1}{2\pi}\int_T G(x_1, y_1; x, y)\Big[F_z^1\theta_1 + F_p^1\frac{\partial\theta}{\partial x_1} + F_q^1\frac{\partial\theta}{\partial y_1} + \frac{1}{2}F_{zz}^1(\theta_1 + \mathfrak{Z}_1)^2$$
$$+ F_{zp}^1(\theta_1 + \mathfrak{Z}_1)\Big(\frac{\partial\theta}{\partial x_1} + \frac{\partial\mathfrak{Z}}{\partial x_1}\Big) + \cdots + \frac{1}{2}F_{qq}^1\Big(\frac{\partial\theta}{\partial y_1} + \frac{\partial\mathfrak{Z}}{\partial y_1}\Big)^2 + \cdots\Big] dx_1\, dy_1,$$

$$(67)\qquad F_z^1 = F_z\Big(x_1, y_1, z_0(x_1, y_1), \frac{\partial z_0}{\partial x_1}, \frac{\partial z_0}{\partial y_1}\Big), \ldots,$$

$$\frac{\partial\mathfrak{Z}}{\partial x} = -\frac{1}{2\pi}\int_T \frac{\partial}{\partial x} G(x_1, y_1; x, y)\Big[F_z^1\theta_1 + F_p^1\frac{\partial\theta}{\partial x_1} + F_q^1\frac{\partial\theta}{\partial y_1} + \cdots\Big] dx_1\, dy_1,$$

$$\frac{\partial\mathfrak{Z}}{\partial y} = -\frac{1}{2\pi}\int_T \frac{\partial}{\partial y} G(x_1, y_1; x, y)\Big[F_z^1\theta_1 + F_p^1\frac{\partial\theta}{\partial x_1} + F_q^1\frac{\partial\theta}{\partial y_1} + \cdots\Big] dx_1\, dy_1.$$

Die Beziehungen (67) bilden ein System simultaner Integralgleichungen für $\mathfrak{Z}, \frac{\partial\mathfrak{Z}}{\partial x}, \frac{\partial\mathfrak{Z}}{\partial y}$, die der im ersten Kapitel entwickelten Theorie zugänglich sind. Sie haben demnach eine und nur eine Lösung, sobald $\mathrm{Max}\Big(|\theta(x)|, \Big|\frac{\partial\theta}{\partial x}\Big|, \Big|\frac{\partial\theta}{\partial y}\Big|\Big)$, oder, was auf dasselbe hinausläuft, sobald χ_* hinreichend klein ist. Den Ergebnissen des ersten Kapitels gemäß ist der Zusammenhang der Funktion $\mathfrak{Z}(x, y)$ mit $\theta, \frac{\partial\theta}{\partial x}, \frac{\partial\theta}{\partial y}$ als eine analytische Funktionaloperation anzusprechen, da sich $\mathfrak{Z}(x, y)$, wie übrigens auch $\frac{\partial\mathfrak{Z}}{\partial x}$ und $\frac{\partial\mathfrak{Z}}{\partial y}$, in Form einer „Integralpotenzreihe" von $\theta, \frac{\partial\theta}{\partial x}, \frac{\partial\theta}{\partial y}$ darstellen läßt.

In den Formeln (67) stellt der Klammerausdruck unter dem Integralzeichen eine in $T + S$ stetige Funktion dar. Darum erfüllen $\frac{\partial\mathfrak{Z}}{\partial x}$ und $\frac{\partial\mathfrak{Z}}{\partial y}$ in $T + S$ gewiß eine H-Bedingung mit einem beliebigen Exponenten < 1. (Vgl. S. 69.) Also erfüllt der vorerwähnte Klammerausdruck seinerseits in $T + S$ eine H-Bedingung mit dem Exponenten λ. Also hat $\mathfrak{Z}$ in T stetige Ableitungen zweiter Ordnung und erfüllt die Differentialgleichung (60).

Wir haben vorhin angenommen, daß das erste Randwertproblem der Differentialgleichung $\Lambda\{\mathfrak{Z}(x, y)\} = 0$ mit $a = -F_p$, $b = -F_q$, $c = -F_z$ stets und darum in einer einzigen Art und Weise lösbar ist. Es möge jetzt der andere noch mögliche Fall vorliegen, und es mögen wie vorhin die Funktionen

$$(68)\qquad \mathfrak{z}_1(x, y), \ldots, \mathfrak{z}_m(x, y)$$

ein System linear unabhängiger, auf S verschwindender Lösungen jener Gleichung darstellen. Wir denken uns diese Funktionen den Beziehungen $\int_T \mathfrak{z}_k\mathfrak{z}_l\, dx\, dy = \delta_{kl} = \begin{cases} 1 & \text{für } k = l, \\ 0 & \text{,, } k \neq l \end{cases}$ gemäß bestimmt.

Es gilt nun die folgende Ergänzung des vorhin betrachteten Hauptsatzes. Die lineare Integralgleichung

$$(69) \quad \mathfrak{W}(x, y) - \frac{1}{2\pi} \int\limits_{T} \left\{ a(x', y') \frac{\partial}{\partial x'} G(x', y'; x, y) + b(x', y') \frac{\partial}{\partial y'} G(x', y'; x, y) \right.$$
$$\left. + c(x', y') G(x', y'; x, y) \right\} \mathfrak{W}(x', y') \, dx' \, dy' = 0,$$

in der $G(x', y'; x, y)$ die auf S verschwindende Greensche Funktion der Differentialgleichung $\varDelta u = 0$ bedeutet, hat m linear unabhängige Nullösungen. Es möge $\vartheta_1(x, y), \ldots, \vartheta_m(x, y)$ irgendein den Beziehungen $\int\limits_{T} \vartheta_k \vartheta_l \, dx \, dy = \delta_{kl}$ genügendes System dieser Nullösungen bezeichnen [76]. Es existiert nunmehr eine vollkommen bestimmte Greensche Funktion der Differentialgleichung (61) „im erweiterten Sinne" $\mathfrak{G}(\xi, \eta; x, y)$, die folgende Eigenschaften hat. Sie ist in T überall außer im Punkte (ξ, η) stetig, hat daselbst stetige partielle Ableitungen erster und zweiter Ordnung und erfüllt die Differentialgleichung

$$(70) \qquad \varLambda\{\mathfrak{G}(\xi, \eta; x, y)\} = 2\pi \sum_{k=1}^{m} \vartheta_k(\xi, \eta) \, \vartheta_k(x, y).$$

Sie verschwindet auf S und verhält sich in der Umgebung von (ξ, η) wie $\log \dfrac{1}{r}$, so daß

$$(71) \qquad \gamma(\xi, \eta; x, y) = \mathfrak{G}(\xi, \eta; x, y) - \log \frac{1}{r}$$

in T durchaus stetig ist, während zugleich

$$(72) \qquad \left|\frac{\partial \gamma}{\partial x}\right| \left|\log \frac{1}{r}\right|^{-1}, \qquad \left|\frac{\partial \gamma}{\partial y}\right| \left|\log \frac{1}{r}\right|^{-1}$$

daselbst beschränkt bleiben. Die partiellen Ableitungen $\dfrac{\partial \mathfrak{G}}{\partial x}$, $\dfrac{\partial \mathfrak{G}}{\partial y}$ sind auch noch auf S stetig. Es gelten für alle nicht zusammenfallenden (x, y) und (ξ, η) in T die Ungleichheitsbeziehungen

$$|\mathfrak{G}(\xi, \eta; x, y)| \leqq \alpha_7 \left|\log \frac{1}{r}\right| + \alpha_8, \qquad \left|\frac{\partial \mathfrak{G}}{\partial x}\right|, \left|\frac{\partial \mathfrak{G}}{\partial y}\right| \leqq \frac{\alpha_9}{r}.$$

Geht (ξ, η) gegen S bei festgehaltenem (x, y) in T, so geht $\mathfrak{G}(\xi, \eta; x, y)$ gegen Null,

$$\mathfrak{G}(\xi, \eta; x, y) \to 0.$$

---

[76] Haben a, b, c in $T + S$ stetige, der H-Bedingung genügende partielle Ableitungen erster Ordnung, so gibt (69) nach einer teilweisen Integration

$$\mathfrak{W}(x, y) + \frac{1}{2\pi} \int\limits_{T} \left(\frac{\partial}{\partial x'}(a' \mathfrak{W}') + \frac{\partial}{\partial y'}(b' \mathfrak{W}') - c' \mathfrak{W}'\right) G(x', y'; x, y) \, dx' \, dy' = 0,$$

somit

$$\frac{\partial^2 \mathfrak{W}}{\partial x^2} + \frac{\partial^2 \mathfrak{W}}{\partial y^2} - \frac{\partial}{\partial x}(a \mathfrak{W}) - \frac{\partial}{\partial y}(b \mathfrak{W}) + c \mathfrak{W} = 0.$$

Diesmal sind also $\vartheta_1(x, y), \ldots, \vartheta_m(x, y)$ in T reguläre, auf S verschwindende Lösungen der zu (61) adjungierten Differentialgleichung.

Es gilt schließlich

$$(73) \quad \begin{aligned} &\int_T \mathfrak{G}(\xi,\eta;x,y)\,\mathfrak{z}_k(x,y)\,dx\,dy = 0, \\ &\int_T \mathfrak{G}(\xi,\eta;x,y)\,\vartheta_k(\xi,\eta)\,d\xi\,d\eta = 0 \end{aligned} \qquad (k=1,\dots,m).\,^{76\mathrm{a}}$$

Es sei jetzt $h(x,y)$ irgendeine in $T+S$ stetige, in T einer H-Bedingung genügende Funktion, die den Integralbeziehungen

$$(74) \qquad \int_T h(x,y)\,\vartheta_k(x,y)\,dx\,dy = 0$$

genügt. Die Differentialgleichung

$$(75) \qquad \Lambda\{\mathfrak{Z}(x,y)\} = h(x,y)$$

hat gewiß in T reguläre, auf S verschwindende Lösungen. Sie sind durch die Formel

$$(76) \quad \mathfrak{Z}(x,y) = -\frac{1}{2\pi}\int_T \mathfrak{G}(x',y';x,y)\,h(x',y')\,dx'\,dy' + \sum_{k=1}^{m} r_k\,\mathfrak{z}_k(x,y),$$

wo r_k willkürliche Konstante bezeichnen, gegeben. Es gilt weiter

$$(77) \quad \begin{aligned} \frac{\partial \mathfrak{Z}}{\partial x} &= -\frac{1}{2\pi}\int_T \frac{\partial}{\partial x}\mathfrak{G}(x',y';x,y)\,h(x',y')\,dx'\,dy' + \sum_{k=1}^{m} r_k\frac{\partial \mathfrak{z}_k}{\partial x}, \\ \frac{\partial \mathfrak{Z}}{\partial y} &= -\frac{1}{2\pi}\int_T \frac{\partial}{\partial y}\mathfrak{G}(x',y';x,y)\,h(x',y')\,dx'\,dy' + \sum_{k=1}^{m} r_k\frac{\partial \mathfrak{z}_k}{\partial y}. \end{aligned}$$

Ist $h(x,y)$ in $T+S$ schlechthin stetig, so haben die durch (76) erklärten Funktionen auch jetzt noch stetige, in $T+S$ einer H-Bedingung mit dem Exponenten λ[76b] genügende partielle Ableitungen erster Ordnung, und es gelten die Formeln (77). Wie bei den entsprechenden Betrachtungen auf S. 69 brauchen diesmal partielle Ableitungen zweiter Ordnung nicht überall in T zu existieren, so daß die Beziehung (75) durch die äquivalente Integralbeziehung (64′) ersetzt werden muß. Das gleiche tritt ein, wenn bezüglich a, b, c, entgegen den eingangs gemachten Annahmen, nur bekannt ist, daß sie in $T+S$ schlechthin stetig sind (vgl. S. 69)[77].

Wir kehren jetzt zu der Differentialgleichung (60) zurück. Sie kann in der Form $\Lambda\{\mathfrak{Z}(x,y)\} = h(x,y)$ mit

$$(78) \quad a = -F_p,\ b = -F_q,\ c = -F_z,\ h = F_z\theta + F_p\frac{\partial\theta}{\partial x} + F_q\frac{\partial\theta}{\partial y}$$

$$+ \frac{1}{2}\left\{F_{zz}(\theta+\mathfrak{Z})^2 + 2F_{zp}(\theta+\mathfrak{Z})\left(\frac{\partial\theta}{\partial x}+\frac{\partial\mathfrak{Z}}{\partial x}\right) + \dots\right\} + \dots$$

[76a] Vgl. meine am Schluß der Fußnote [75] genannte Abhandlung.

[76b] Sogar mit einem beliebigen Exponenten $\mu < 1$. Der Höldersche Koeffizient hängt allerdings von der Wahl von μ ab.

[77] Vgl. meine am Schluß der Fußnote [75] genannte Arbeit.

geschrieben werden. Die Formel (76) liefert darum

$$(79) \qquad \mathfrak{Z}(x, y) = -\frac{1}{2\pi} \int_T \mathfrak{G}(x_1, y_1; x, y)\Big[F_z^1 \theta_1 + F_p^1 \frac{\partial\theta}{\partial x_1} + F_q^1 \frac{\partial\theta}{\partial y_1}$$

$$+ \frac{1}{2} F_{zz}^1 (\theta_1 + \mathfrak{Z}_1)^2 + F_{zp}^1 (\theta_1 + \mathfrak{Z}_1)\left(\frac{\partial\theta}{\partial x_1} + \frac{\partial\mathfrak{Z}}{\partial x_1}\right) + \ldots\Big] dx_1\, dy_1 + \sum_{k=1}^m r_k \mathfrak{Z}_k(x, y).$$

wobei nach (74)

$$(80) \quad \int_T \vartheta_k(x_1, y_1)\Big[F_z^1 \theta_1 + F_p^1 \frac{\partial\theta}{\partial x_1} + F_q^1 \frac{\partial\theta}{\partial y_1} + \frac{1}{2} F_{zz}^1 (\theta_1 + \mathfrak{Z}_1)^2 + \ldots\Big] dx_1\, dy_1 = 0$$

$$(k = 1, \ldots, m)$$

sein soll. Aus der Gleichung (79) und den beiden durch Differentiation nach x und y zu gewinnenden Formeln lassen sich $\mathfrak{Z}, \dfrac{\partial\mathfrak{Z}}{\partial x}, \dfrac{\partial\mathfrak{Z}}{\partial y}$ in Abhängigkeit von θ und r_k bestimmen.

Setzt man die so erhaltenen Ausdrücke in (80) hinein, so erhält man m Verzweigungsgleichungen zur Ermittelung von $r_1, \ldots, r_m$. Der von uns beschrittene Weg führt, wie man leicht sieht, auf die Liapounoffsche Art der Bildung der Verzweigungsgleichungen (vgl. S. 20).

Wir haben vorhin, um die allgemeine Theorie des ersten Kapitels anwenden und nötigenfalls eine Diskussion der Verzweigungsgleichungen beliebig weit fortführen zu können, angenommen, $F(x, y, z, p, q)$ sei eine analytische und reguläre Funktion ihrer drei letzten Argumente und erfülle, als Funktion der beiden ersten Argumente aufgefaßt, eine H-Bedingung. Die Konvergenz der sukzessiven Approximationen läßt sich allerdings unter weit geringeren Voraussetzungen sicherstellen. Es genügt, wie wir jetzt beweisen wollen, anzunehmen, $F(x, y, z, p, q)$ sei für alle (x, y) in $T + S$ und alle z, p, q in dem *reellen* dreidimensionalen Bereiche (54) stetig, besitze daselbst stetige partielle Ableitungen $\dfrac{\partial F}{\partial z}, \dfrac{\partial F}{\partial p}, \dfrac{\partial F}{\partial q}$ und erfülle in bezug auf x und y eine Höldersche Bedingung $|F|_\lambda \leqq {}^*\alpha$. Wir schreiben, um dies zu zeigen, die Differentialgleichung des Problems in der Form

$$(60') \qquad \varDelta\mathfrak{Z} - F_p \frac{\partial\mathfrak{Z}}{\partial x} - F_q \frac{\partial\mathfrak{Z}}{\partial y} - F_z \mathfrak{Z} = F_z \theta + F_p \frac{\partial\theta}{\partial x} + F_q \frac{\partial\theta}{\partial y}$$

$$+ F\left(x, y, z_0 + \theta + \mathfrak{Z}, p_0 + \frac{\partial\theta}{\partial x} + \frac{\partial\mathfrak{Z}}{\partial x}, q_0 + \frac{\partial\theta}{\partial y} + \frac{\partial\mathfrak{Z}}{\partial y}\right)$$

$$- F\left(x, y, z_0, \frac{\partial z_0}{\partial x}, \frac{\partial z_0}{\partial y}\right) - F_z(\theta + \mathfrak{Z}) - F_p\left(\frac{\partial\theta}{\partial x} + \frac{\partial\mathfrak{Z}}{\partial x}\right) - F_q\left(\frac{\partial\theta}{\partial y} + \frac{\partial\mathfrak{Z}}{\partial y}\right).$$

Bezüglich der Funktionen F_p, F_q und F_z wissen wir diesmal nur, daß sie in $T + S$ schlechthin stetig sind. Es tritt darum jetzt die

Bemerkung auf S. 69 in Kraft, so daß die Differentialgleichung $(60')$ durch die äquivalente Integralbeziehung

$$(60'') \quad \mathfrak{Z}(x,y) = -\frac{1}{2\pi} \int_T G(x_1, y_1; x, y) \left\{ F_p^1 \frac{\partial \mathfrak{Z}}{\partial x_1} + F_q^1 \frac{\partial \mathfrak{Z}}{\partial y_1} + F_z^1 \mathfrak{Z}_1 \right.$$

$$\left. + F_z^1 \theta_1 + F_p^1 \frac{\partial \theta}{\partial x_1} + F_q^1 \frac{\partial \theta}{\partial y_1} + \cdots - F_q^1 \left(\frac{\partial \theta}{\partial y_1} + \frac{\partial \mathfrak{Z}}{\partial y_1} \right) \right\} dx_1 \, dy_1$$

zu ersetzen ist. Von hier aus gewinnen wir wie auf S. 70 die Beziehungen

$$\mathfrak{Z}(x,y) = -\frac{1}{2\pi} \int_T G(x_1, y_1; x, y) \, \Pi(x_1, y_1) \, dx_1 \, dy_1,$$

$$(*) \qquad \frac{\partial \mathfrak{Z}}{\partial x} = -\frac{1}{2\pi} \int_T \frac{\partial}{\partial x} G(x_1, y_1; x, y) \, \Pi(x_1, y_1) \, dx_1 \, dy_1,$$

$$\frac{\partial \mathfrak{Z}}{\partial y} = -\frac{1}{2\pi} \int_T \frac{\partial}{\partial y} G(x_1, y_1; x, y) \, \Pi(x_1, y_1) \, dx_1 \, dy_1,$$

wo zur Vereinfachung

$$\Pi(x,y) = F_z \theta + F_p \frac{\partial \theta}{\partial x} + F_q \frac{\partial \theta}{\partial y}$$

$$+ F\left(x, y, z_0 + \theta + \mathfrak{Z}, \; p_0 + \frac{\partial \theta}{\partial x} + \frac{\partial \mathfrak{Z}}{\partial x}, \; q_0 + \frac{\partial \theta}{\partial y} + \frac{\partial \mathfrak{Z}}{\partial y} \right)$$

$$- F\left(x, y, z_0, \frac{\partial z_0}{\partial x}, \frac{\partial z_0}{\partial y} \right) - F_z(\theta + \mathfrak{Z}) - F_p\left(\frac{\partial \theta}{\partial x} + \frac{\partial \mathfrak{Z}}{\partial x} \right) - F_q\left(\frac{\partial \theta}{\partial y} + \frac{\partial \mathfrak{Z}}{\partial y} \right)$$

gesetzt worden ist. Nun ist, wie man leicht verifiziert,

$$\Pi(x,y) = F_z \theta + F_p \frac{\partial \theta}{\partial x} + F_q \frac{\partial \theta}{\partial y} + (\theta + \mathfrak{Z})\left(\frac{\partial \tilde{F}}{\partial z} - F_z \right)$$

$$+ \left(\frac{\partial \theta}{\partial x} + \frac{\partial \mathfrak{Z}}{\partial x} \right)\left(\frac{\partial \tilde{F}}{\partial p} - F_p \right) + \left(\frac{\partial \theta}{\partial y} + \frac{\partial \mathfrak{Z}}{\partial y} \right)\left(\frac{\partial \tilde{F}}{\partial q} - F_q \right),$$

$$\frac{\partial \tilde{F}}{\partial z} = \frac{\partial}{\partial z} F'\left(x, y, z_0 + \vartheta(\theta + \mathfrak{Z}), \; p_0 + \vartheta\left(\frac{\partial \theta}{\partial x} + \frac{\partial \mathfrak{Z}}{\partial x} \right), \right.$$

$$\left. q_0 + \vartheta\left(\frac{\partial \theta}{\partial y} + \frac{\partial \mathfrak{Z}}{\partial y} \right) \right), \cdots \qquad (0 < \vartheta < 1).$$

Setzt man jetzt

$$\Omega = \text{Max}\left(|\mathfrak{Z}|, \left| \frac{\partial \mathfrak{Z}}{\partial x} \right|, \left| \frac{\partial \mathfrak{Z}}{\partial y} \right| \right), \quad \Omega_1 = \text{Max}\left(|\theta|, \left| \frac{\partial \theta}{\partial x} \right|, \left| \frac{\partial \theta}{\partial y} \right| \right) \text{ in } T + S,\text{[77a]}$$

[77a] Wir setzen etwa $\Omega \leqq \dfrac{R_0}{2}$, $\Omega_1 \leqq \dfrac{R_0}{2}$ voraus. Alsdann wird im Einklang mit den Ungleichheiten (54) gewiß $|Z|, \left| \dfrac{\partial Z}{\partial x} \right|, \left| \dfrac{\partial Z}{\partial y} \right| \leqq R_0$.

sowie für alle (x, y) in $T + S$ und alle

$$|z|,\ |p|,\ |q| \leqq \Omega + \Omega_1$$

$$\mathrm{Max}\left\{\left|\frac{\partial \hat{F}}{\partial z} - F_z\right|, \left|\frac{\partial \hat{F}}{\partial p} - F_p\right|, \left|\frac{\partial \hat{F}}{\partial q} - F_q\right|\right\} = {}_1\alpha\{\Omega, \Omega_1\},$$

$$\frac{\partial \hat{F}}{\partial z} = \frac{\partial}{\partial z} F\left(x, y, z_0 + z, \frac{\partial z_0}{\partial x} + p, \frac{\partial z_0}{\partial y} + q\right), \dots,$$

so findet man

$$(^{**}) \qquad |\Pi(x, y)| \leqq {}_0\alpha\,\Omega_1 + 3(\Omega + \Omega_1)\,{}_1\alpha\{\Omega, \Omega_1\},$$

$${}_0\alpha = \mathrm{Max}\,(|F_z| + |F_p| + |F_q|).$$

Die Funktion ${}_1\alpha\{\Omega, \Omega_1\}$ ist ganz wie die auf S. 14 eingeführte Funktion $\mathsf{A}(\Omega, \Omega_1)$ beschaffen. Wegen $(^{**})$ liegen die Integralausdrücke in $(^*)$ rechts absolut genommen unterhalb einer Schranke

$$(^{*}_{*}{}^{*}) \qquad {}^0\alpha\,\Omega_1 + (\Omega + \Omega_1)\,{}_2\alpha\{\Omega, \Omega_1\} \qquad (^0\alpha \text{ konstant}),$$

wo ${}_2\alpha\{\Omega, \Omega_1\}$ sich ganz wie A verhält.

Es sei $\dot{\mathfrak{Z}}$ eine wie $\mathfrak{Z}$ in $T + S$ nebst ihren partiellen Ableitungen erster Ordnung stetige Funktion, und es sei

$$|\dot{\mathfrak{Z}}|,\ \left|\frac{\partial \dot{\mathfrak{Z}}}{\partial x}\right|,\ \left|\frac{\partial \dot{\mathfrak{Z}}}{\partial y}\right| \leqq \Omega,\quad |\mathfrak{Z} - \dot{\mathfrak{Z}}|,\ \left|\frac{\partial}{\partial x}(\mathfrak{Z} - \dot{\mathfrak{Z}})\right|,\ \left|\frac{\partial}{\partial y}(\mathfrak{Z} - \dot{\mathfrak{Z}})\right| \leqq \mho.$$

Es möge weiter $\dot{\Pi}(x, y)$ den Ausdruck bezeichnen, den man erhält, wenn man in $\Pi(x, y)$ überall $\mathfrak{Z}$ durch $\dot{\mathfrak{Z}}$ ersetzt. Es gilt

$$\Pi(x, y) - \dot{\Pi}(x, y) = F\left(x, y, z_0 + \theta + \mathfrak{Z}, p_0 + \frac{\partial \theta}{\partial x} + \frac{\partial \mathfrak{Z}}{\partial x}, q_0 + \frac{\partial \theta}{\partial y} + \frac{\partial \mathfrak{Z}}{\partial y}\right)$$

$$- F\left(x, y, z_0 + \theta + \dot{\mathfrak{Z}}, p_0 + \frac{\partial \theta}{\partial x} + \frac{\partial \dot{\mathfrak{Z}}}{\partial x}, q_0 + \frac{\partial \theta}{\partial y} + \frac{\partial \dot{\mathfrak{Z}}}{\partial y}\right)$$

$$- F_z(\mathfrak{Z} - \dot{\mathfrak{Z}}) - F_p\left(\frac{\partial \mathfrak{Z}}{\partial x} - \frac{\partial \dot{\mathfrak{Z}}}{\partial x}\right) - F_q\left(\frac{\partial \mathfrak{Z}}{\partial y} - \frac{\partial \dot{\mathfrak{Z}}}{\partial y}\right),$$

darum, wie man leicht findet,

$$|\Pi(x, y) - \dot{\Pi}(x, y)| \leqq \mho\,{}_3\alpha\{\Omega, \Omega_1\}.$$

Auch ${}_3\alpha$ verhält sich wie A. Hieraus erhält man fast unmittelbar die Ungleichheit

$$(^{*}_{*}{}^{*}_{*})\quad \left| -\frac{1}{2\pi}\int\limits_T G(x_1, y_1; x, y)\,\Pi(x, y)\,dx_1\,dy_1 \right.$$

$$\left. + \frac{1}{2\pi}\int\limits_T G(x_1, y_1; x, y)\,\dot{\Pi}(x, y)\,dx_1\,dy_1 \right| \leqq \mho\,{}_4\alpha\{\Omega, \Omega_1\},$$

sowie die beiden Ungleichheitsbeziehungen, die sich ergeben, wenn man linker Hand G durch $\dfrac{\partial G}{\partial x}$ bzw. $\dfrac{\partial G}{\partial y}$ ersetzt.

Die Funktionen $_2\alpha$ und $_4\alpha$ spielen jetzt augenscheinlich dieselbe Rolle wie die in den Formeln $(8'')$ und $(11'')$ des ersten Kapitels auftretenden Funktionen A und B; $^0\alpha\,\Omega_1$ stellt eine Schranke für den Absolutbetrag der Glieder erster Ordnung in $(*)$ rechts dar, d. h. der Glieder, die wir bei Behandlung der Funktionalbeziehung $\zeta(x) = \mathfrak{U}\{v\} + \mathfrak{V}\{\zeta, v\}$ mit $\mathfrak{U}\{v\}$ bezeichnet hatten. Den a. a. O. gewonnenen Ergebnissen zufolge haben die Integro-Differentialgleichungen $(*)$ für alle hinreichend kleinen Ω_1 eine und nur eine Lösung, deren absoluter Betrag hinreichend klein ist. Die partiellen Ableitungen $\dfrac{\partial \mathfrak{Z}}{\partial x}$ und $\dfrac{\partial \mathfrak{Z}}{\partial y}$ erfüllen in $T + S$ eine H-Bedingung mit dem Exponenten λ.[77b] Aus $(60'')$ folgt jetzt, wie sich leicht zeigen läßt, rückwärts mit $z = z_0 + \theta + \mathfrak{Z}$ die Beziehung

$$z(x, y) = -\frac{1}{2\pi} \int_T G(x_1, y_1; x, y) F\left(x, y, z_1, \frac{\partial z}{\partial x_1}, \frac{\partial z}{\partial y_1}\right) dx\,dy$$
$$+ \theta(x, y) + \theta_0(x, y),$$

unter $\theta_0(x, y)$ diejenige in $T + S$ stetige, in T reguläre Potentialfunktion verstanden, die auf S dieselben Werte wie $z_0(x, y)$ annimmt. Da $\dfrac{\partial z}{\partial x}$ und $\dfrac{\partial z}{\partial y}$ in $T + S$ der H-Bedingung genügen, so gilt für den zweiten Faktor unter dem Integralzeichen das gleiche.

Also hat z in T stetige partielle Ableitungen zweiter Ordnung und erfüllt die Differentialgleichung (56).

Die Voraussetzungen, die wir den vorstehenden Betrachtungen zugrunde gelegt haben, sind im wesentlichen dieselben, die man bei Behandlung der Differentialgleichung $\Delta z = F\left(x, y, z, \dfrac{\partial z}{\partial x}, \dfrac{\partial z}{\partial y}\right)$ in einem „hinreichend kleinen" Gebiete zugrunde zu legen pflegt[77c].

Wir haben vorhin stillschweigend angenommen, daß die Integro-Differentialgleichung

$$\mathfrak{Z}(x, y) = -\frac{1}{2\pi} \int_T G(x_1, y_1; x, y)\left[F_p^1 \frac{\partial \mathfrak{Z}}{\partial x_1} + F_q^1 \frac{\partial \mathfrak{Z}}{\partial y_1} + F_z^1 \mathfrak{Z}_1\right] dx_1\,dy_1,$$

welche diesmal die Differentialgleichung

$$\Delta \mathfrak{Z} - F_p \frac{\partial \mathfrak{Z}}{\partial x} - F_q \frac{\partial \mathfrak{Z}}{\partial y} - F_z \mathfrak{Z} = 0$$

zu vertreten hat, keine in $T + S$ nebst ihren partiellen Ableitungen

---

[77b] Sogar mit einem beliebigen Exponenten $\mu < 1$. Der Höldersche Koeffizient hängt allerdings von der Wahl von μ ab.

[77c] Vgl. É. Picard, Mémoire sur la théorie des équations aux dérivées partielles et la méthode des approximations successives, Journal de Mathématiques (4) 6 (1890), S. 145—210, insbesondere S. 156—162. Siehe auch beispielsweise den Encyklopädieartikel II A 7c von A. Sommerfeld, S. 524.

erster Ordnung stetige Lösung hat. Trifft diese Annahme nicht zu, so wird man von der Greenschen Funktion im erweiterten Sinne $\mathfrak{G}(x_1, y_1; x, y)$ Gebrauch machen und im übrigen wie vorhin verfahren.

Wir kehren noch einmal zu der Differentialgleichung (60) zurück. Sie läßt sich, wie wir jetzt zeigen wollen, noch auf eine andere Weise auf eine nichtlineare Integralgleichung von der im ersten Kapitel behandelten Form zurückführen. Man setze

$$\mathfrak{Z}(x, y) = -\frac{1}{2\pi} \int_T G(x_1, y_1; x, y)\, \mathfrak{Z}_1\, d x_1\, d y_1,$$

unter $\mathfrak{Z}$ eine in $T + S$ stetige Funktion verstanden. Dann ist

$$\frac{\partial \mathfrak{Z}}{\partial x} = -\frac{1}{2\pi} \int_T \frac{\partial G}{\partial x}\, \mathfrak{Z}_1\, d x_1\, d y_1, \qquad \frac{\partial \mathfrak{Z}}{\partial y} = -\frac{1}{2\pi} \int_T \frac{\partial G}{\partial y}\, \mathfrak{Z}_1\, d x_1\, d y_1$$

und, wenn, wie wir annehmen wollen, $\mathfrak{Z}$ in T einer H-Bedingung genügt,

$$\Delta \mathfrak{Z}(x, y) = \mathfrak{Z}(x, y).$$

Die Gleichung (60) geht jetzt über in

$$\mathfrak{Z}(x, y) + \frac{1}{2\pi} \int_T \left(F_p \frac{\partial G}{\partial x} + F_q \frac{\partial G}{\partial y} + F_z G\right) \mathfrak{Z}_1\, d x_1\, d y_1$$

$$= F_z \theta + F_p \frac{\partial \theta}{\partial x} + F_q \frac{\partial \theta}{\partial y} + \frac{1}{2} F_{zz} \left(\theta - \frac{1}{2\pi} \int_T G\, \mathfrak{Z}_1\, d x_1\, d y_1\right)^2$$

$$+ F_{zp} \left(\theta - \frac{1}{2\pi} \int_T G\, \mathfrak{Z}_1\, d x_1\, d y_1\right) \left(\frac{\partial \theta}{\partial x} - \frac{1}{2\pi} \int_T \frac{\partial G}{\partial x}\, \mathfrak{Z}_1\, d x_1\, d y_1\right) + \cdots .$$

Dies ist die Beziehung, die wir im Sinne hatten[77d].

Als ein wesentliches Ergebnis unserer Betrachtungen ist die Feststellung anzusehen, daß für die Unterscheidung, ob ein „regulärer" Fall oder ein „Verzweigungsfall" vorliegt, das Verhalten der „Jacobischen Differentialgleichung"

$$(81) \qquad \Delta \mathfrak{Z} - F_p \frac{\partial \mathfrak{Z}}{\partial x} - F_q \frac{\partial \mathfrak{Z}}{\partial y} - F_z \mathfrak{Z} = 0$$

maßgebend ist. Aus der Tatsache, daß (81) Nullösungen hat, demnach der „Verzweigungsfall" vorliegt, folgt übrigens, wie wir wissen (vgl. I, § 7), keinesfalls, daß tatsächlich Verzweigungen, insbesondere reelle Verzweigungen existieren. So haben die in II, § 1 betrachteten Integralgleichungen (8) allemal nur eine einzige Lösung, trotzdem es sich dort um einen Verzweigungsfall handelt.

[77d] Vgl. L. Lichtenstein, Zur Theorie der linearen partiellen Differentialgleichungen zweiter Ordnung des elliptischen Typus, Math. Annalen **67** (1909), S. 559—575, insbesondere S. 566 die Fußnote *).

§ 4. Die Differentialgleichung $\Delta z = F(x, y, z)$. Wir wollen noch den besonderen Fall der Differentialgleichung

$$(82) \qquad\qquad \Delta z = F(x, y, z)$$

etwas näher betrachten. Die den vorhergehenden Entwicklungen zugrunde liegenden Voraussetzungen lassen sich jetzt durch andere, weniger einschränkende ersetzen. So genügt es, vorauszusetzen, daß T von einer beliebigen Jordanschen Kurve

$$(83) \qquad x = x(t), \quad y = y(t), \quad 0 \leqq t \leqq 2\pi$$

begrenzt ist und daß z_0 sich in $T + S$ stetig verhält, in T stetige Ableitungen erster und zweiter Ordnung hat und die Differentialgleichung

$$(84) \qquad . \qquad\qquad \Delta z_0 = F(x, y, z_0)$$

erfüllt. Die Randwerte von z_0 stellen diesmal eine *schlechthin stetige* Funktion von t dar. Sie heiße $\varphi(t)$. Die Funktion $F(x, y, z)$ ist für alle (x, y) in $T + S$ und alle reellen und komplexen z mit $|z - z_0| \leqq R_0$ erklärt und in bezug auf ihr drittes Argument analytisch und regulär. Als Funktion ihrer beiden ersten Argumente betrachtet, erfüllt F für alle (x, y) in $T + S$ und alle z mit $|z - z_0| \leqq R_0$ eine H-Bedingung. Wie bereits auf S. 64 bemerkt, machen wir die Voraussetzung betreffend den analytischen Charakter der Funktion $F(x, y, z)$ nur der Einfachheit halber, um die im ersten Kapitel entwickelte allgemeine Theorie ohne weiteres verwenden zu können.

Um die Konvergenz der sukzessiven Approximationen zu sichern, genügt es, den Ergebnissen auf S. 73ff. zufolge, anzunehmen, $F(x, y, z)$ sei für alle (x, y) in $T + S$ und alle *reellen* z mit $|z - z_0| \leqq R_0$ nebst der partiellen Ableitung $\dfrac{\partial F}{\partial z}$ stetig und erfülle, als Funktion der beiden ersten Argumente betrachtet, für alle z mit $|z - z_0| \leqq R_0$ in $T + S$ eine H-Bedingung [77e].

[77e] Mit den Lösungen der Differentialgleichung (82) in der Nachbarschaft einer gegebenen Lösung beschäftigt sich neuerdings in mehreren Arbeiten Herr R. Iglisch. Vgl. namentlich seine Dissertation, Reelle Lösungsfelder der elliptischen Differentialgleichung $\Delta u = F(u)$ und nichtlinearer Integralgleichungen, Math. Annalen **101** (1929), S. 98—119, sowie: Aufbau der Theorie der ersten Randwertaufgabe von $\Delta u = F(u, x, y)$ bei $\dfrac{\partial F(u, x, y)}{\partial u} \geq 0$ mit Hilfe linearer Integralgleichungen, Jahresber. d. D. M. Ver. **39** (1930), S. 159—163. Die nichtlineare Integralgleichung des Problems wird von Herrn Iglisch durch sukzessive Approximationen gelöst. Dabei wird angenommen, daß F und $\dfrac{\partial F}{\partial u}$ stetig sind und überdies $\dfrac{\partial F}{\partial u}$ die Lipschitzsche Bedingung $\left| \dfrac{\partial}{\partial u} F(u_2) - \dfrac{\partial}{\partial u} F(u_1) \right| \leqq \text{Const} \cdot |u_2 - u_1|$ erfüllt. (Man vgl. weiter unten S. 83.)

Es sei schließlich $\chi(t)$ eine beliebige stetige Funktion, und es sei

$$\chi_* = \operatorname{Max}|\chi(t)|.$$

Gesucht werden diejenigen in $T + S$ stetigen, in T regulären Lösungen der Differentialgleichung (82), die auf S die Werte $\varphi(t) + \chi(t)$ annehmen [78].

Die nichtlineare Differentialgleichung (60) nimmt jetzt die sehr einfache Form

$$\Delta \mathfrak{Z} - F_z \mathfrak{Z} = F_z \theta + \frac{1}{2!} F_{zz}(\theta + \mathfrak{Z})^2 + \frac{1}{3!} F_{zzz}(\theta + \mathfrak{Z})^3 + \cdots,$$
(85)
$$F_z = \frac{\partial}{\partial z} F(x, y, z_0(x, y)), \ldots,$$

an. Hat die „Jacobische Differentialgleichung"

(86) $$\Delta \mathfrak{Z} - F_z \mathfrak{Z} = 0$$

keine Nullösungen, was gewiß der Fall ist, wenn beispielsweise $F_z \geqq 0$ gilt, so existiert eine Greensche Funktion $G(\xi, \eta; x, y)$ von (86), sie ist diesmal symmetrisch, und wir gelangen wie auf S. 70 zu der nichtlinearen Integralgleichung

$$\mathfrak{Z}(x, y) = -\frac{1}{2\pi} \int_T G(x_1, y_1; x, y)$$
(87)
$$\times \left[F_z^1 \theta_1 + \frac{1}{2!} F_{zz}^1(\theta_1 + \mathfrak{Z}_1)^2 + \frac{1}{3!} F_{zzz}^1(\theta_1 + \mathfrak{Z}_1)^3 + \cdots \right] dx_1\, dy_1, \text{ [79]}$$
$$F_z^1 = F_z(x_1, y_1, z_0(x_1, y_1)), \ldots.$$

Man kann aber auch, unter Zuhilfenahme der klassischen Greenschen

---

[78] Dabei bezeichnet $\varphi(t)$ natürlich die Randfunktion der Ausgangslösung z_0.

[79] Das Integral $\int_T$ ist hierbei als ein „inneres" Integral aufzufassen. Es sei $T_1, T_2, \ldots$ irgendeine Folge von Gebieten, die folgende Eigenschaften haben. Alle T_n sind in T enthalten; allemal liegt $T_n + S_n$ ganz im Innern von T_{n+1}; jeder Punkt von T liegt von einem n an in allen T_n. Es sei ferner $f(x, y)$ irgendeine in $T + S$ erklärte stetige Funktion. Es ist dann, wie man leicht zeigen kann, $\lim\limits_{n \to \infty} \int_{T_n} f(x, y)\, dx\, dy$ vorhanden und von der speziellen Wahl der Folge $\{T_n\}$ unabhängig. Wir setzen

$$\int_T f(x, y)\, dx\, dy = \lim_{n \to \infty} \int_{T_n} f(x, y)\, dx\, dy.$$

Man beachte, daß T nicht notwendig einen Inhalt im Sinne von Peano und Jordan oder auch nur ein Maß im Sinne von Lebesgue hat. Daß auch jetzt noch die Auflösungsformel (65) mutatis mutandis gilt, folgt leicht aus den Ergebnissen meiner Arbeit, Über die erste Randwertaufgabe der Potentialtheorie, Sitzungsberichte der Berliner Math. Gesellschaft 15 (1916), S. 92—96.

Funktion der Potentialtheorie $G(\xi, \eta; x, y)$ den weiteren Betrachtungen in naheliegender Weise die nichtlineare Integralgleichung

$$(88) \qquad \mathfrak{Z}(x, y) + \frac{1}{2\pi} \int\limits_T G(x_1, y_1; x, y)\, F_z^1\, \mathfrak{Z}(x_1, y_1)\, dx_1\, dy_1$$

$$= -\frac{1}{2\pi} \int\limits_T G(x_1, y_1; x, y) \left[F_z^1 \theta_1 + \frac{1}{2!} F_{zz}^1 (\theta_1 + \mathfrak{Z}_1)^2 + \dots \right] dx_1\, dy_1$$

zugrunde legen. Die maßgebende lineare homogene Integralgleichung hat im vorliegenden Falle keine Nullösungen; es liegt der reguläre Fall vor. Es gibt für alle hinreichend kleinen χ_* eine und nur eine Lösung.

Hat demgegenüber die Gleichung (86), darum auch die soeben erwähnte lineare Integralgleichung Nullösungen, so liegt der Verzweigungsfall vor. Die Diskussion der Verzweigungsgleichungen hat nach dem in I, § 7 entworfenen Schema zu erfolgen und bietet keinerlei Schwierigkeiten dar.

Wir wollen den einfachsten Fall, daß die Jacobische Differentialgleichung $\Delta \mathfrak{Z} - F_z \mathfrak{Z} = 0$ nur *eine* auf S verschwindende Eigenfunktion, somit die lineare Integralgleichung

$$(89) \quad \mathfrak{Z}(x, y) + \frac{1}{2\pi} \int\limits_T G(x_1, y_1; x, y)\, F_z(x_1, y_1, z_0(x_1, y_1))\, \mathfrak{Z}(x_1, y_1)\, dx_1\, dy_1 = 0$$

nur eine Nullösung hat, etwas näher betrachten. Aus (89) folgt

$$\int\limits_T F_z \mathfrak{Z}^2\, dx\, dy = -\frac{1}{2\pi} \int\limits_T \int\limits_T G(x_1, y_1; x, y)\, F_z F_z^1$$

$$\times\, \mathfrak{Z}(x, y)\, \mathfrak{Z}(x_1, y_1)\, dx\, dy\, dx_1\, dy_1 < 0,$$

da, wie man weiß, der Kern $G(x_1, y_1; x, y)$ positiv definit ist. Man kann darum die Nullösung, wir nennen sie $\mathfrak{z}(x, y)$, gewiß so normieren, daß

$$(90) \qquad\qquad \int\limits_T F_z \mathfrak{z}^2\, dx\, dy = -1$$

wird. Wir setzen

$$(91) \qquad \frac{1}{2\pi} G(x_1, y_1; x, y) = \frac{1}{2\pi} G(x, y; x_1, y_1)$$

$$= L(x, y; x_1, y_1) + \mathfrak{z}(x, y)\, \mathfrak{z}(x_1, y_1)$$

und behaupten, die lineare Integralgleichung

$$\mathfrak{Z}(x, y) + \int\limits_T L(x, y; x_1, y_1)\, F_z^1\, \mathfrak{Z}(x_1, y_1)\, dx_1\, dy_1 = 0$$

hat keine von Null verschiedene Lösung [79a].

[79a] Man sieht leicht, daß der Kern $L(x, y; x_1, y_1)\, F_z^1$ nicht der auf S. 21 ff. gegebenen Vorschrift gemäß gebildet ist.

Es sei im Gegensatz hierzu

$$\mathfrak{z}_0(x, y) + \int_T L(x, y; x_1, y_1) F_z^1 \, \mathfrak{z}_0(x_1, y_1) \, dx_1 \, dy_1 = 0,$$

somit

$$(92) \quad \mathfrak{z}_0(x, y) + \frac{1}{2\pi} \int_T G(x, y; x_1\, y_1) F_z^1 \, \mathfrak{z}_0(x_1, y_1) \, dx_1 \, dy_1$$

$$= \mathfrak{z}(x, y) \int_T \mathfrak{z}(x_1, y_1) F_z^1 \, \mathfrak{z}_0(x_1, y_1) \, dx_1 \, dy_1.$$

Multipliziert man rechts und links mit $F_z \mathfrak{z}(x, y) \, dx \, dy$ und integriert über T, so findet man wegen (90), da ja $\mathfrak{z}(x, y)$ der Gleichung (89) genügt,

$$(92') \qquad \int \mathfrak{z}_0(x, y) F_z \, \mathfrak{z}(x, y) \, dx \, dy = 0.$$

Aus (92) schließen wir, daß $\mathfrak{z}_0(x, y)$ der Integralgleichung (89) genügt, mithin $\mathfrak{z}_0(x, y) = c' \mathfrak{z}(x, y)$ (c' konstant) gilt. Aus (90) und (92') folgt aber $c' = 0$, darum $\mathfrak{z}_0(x, y) \equiv 0$, w. z. b. w.

Es sei $M(x, y; x_1, y_1)$ der lösende Kern der inhomogenen Integralgleichung

$$\mathfrak{Z}(x, y) + \int_T L(x, y; x_1, y_1) F_z^1 \, \mathfrak{Z}(x_1, y_1) \, dx_1 \, dy_1 = f(x, y).$$

Nach (90) und (91) ist, da $\mathfrak{z}(x, y)$ die Gleichung (89) erfüllt,

$$(*) \qquad \int_T L(x, y; x_1, y_1) F_z^1 \, \mathfrak{z}(x_1, y_1) \, dx_1 \, dy_1 = 0.$$

Nach bekannten Sätzen ist [80]

$$M(x, y; x_1, y_1) + \int_T M(x, y; x_2, y_2) L(x_2, y_2; x_1, y_1) F_z^1 \, dx_2 \, dy_2$$

$$= L(x, y; x_1, y_1) F_z^1$$

und

$$M(x, y; x_1, y_1)$$

$$+ \int_T L(x, y; x_2, y_2) F_z(x_2, y_2, z_0(x_2, y_2)) M(x_2, y_2; x_1, y_1) \, dx_2 \, dy_2$$

$$= L(x, y; x_1, y_1) F_z^1.$$

Hieraus und aus (*) folgt

$$(**) \qquad \int_T M(x, y; x_1, y_1) \, \mathfrak{z}(x_1, y_1) \, dx_1 \, dy_1 = 0$$

sowie

$$(*_*\!*) \qquad \int_T M(x, y; x_1, y_1) F_z \, \mathfrak{z}(x, y) \, dx \, dy = 0.$$

Führt man jetzt in (88) für $\dfrac{1}{2\pi} G(x_1, y_1; x, y)$ den Ausdruck (91)

---

[80] Vgl. loc. cit. [17] S. 1372.

ein, so erhält man mit

$$(93) \qquad r = -\int_T F_z \, \mathfrak{Z}(x, y) \, \mathfrak{z}(x, y) \, dx \, dy,$$

$$(94) \qquad \mathfrak{Z}(x, y) + \int_T L(x, y; x_1, y_1) F_z^1 \, \mathfrak{Z}(x_1, y_1) \, dx_1 \, dy_1$$

$$= r\mathfrak{z}(x, y) - \frac{1}{2\pi} \int_T G(x_1, y_1; x, y) \Big[F_z^1 \theta_1 + \frac{1}{2!} F_{zz}^1 (\theta_1 + \mathfrak{Z}_1)^2$$

$$+ \frac{1}{3!} F_{zzz}^1 (\theta_1 + \mathfrak{Z}_1)^3 + \ldots \Big] dx_1 \, dy_1.$$

Die Fredholmsche Auflösungsformel liefert jetzt wegen (**)

$$(95) \qquad \mathfrak{Z}(x, y) = r\mathfrak{z}(x, y)$$

$$- \frac{1}{2\pi} \int_T G(x_1, y_1; x, y) \Big[F_z^1 \theta_1 + \frac{1}{2!} F_{zz}^1 (\theta_1 + \mathfrak{Z}_1)^2 + \ldots \Big] dx_1 \, dy_1$$

$$+ \frac{1}{2\pi} \int_T \int_T M(x, y; x', y') \, G(x_1, y_1; x', y') \Big[F_z^1 \theta_1$$

$$+ \frac{1}{2!} F_{zz}^1 (\theta_1 + \mathfrak{Z}_1)^2 + \ldots \Big] dx' \, dy' \, dx_1 \, dy_1$$

und nach Auflösung dieser Gleichung durch sukzessive Approximationen

$$(96) \qquad \mathfrak{Z}(x, y) = r\mathfrak{z}(x, y) - \frac{1}{2\pi} \int_T G(x_1, y_1; x, y) F_z^1 \theta_1 \, dx_1 \, dy_1$$

$$+ \frac{1}{2\pi} \int_T \int_T M(x, y; x', y') \, G(x_1, y_1; x', y') F_z^1 \theta_1 \, dx' \, dy' \, dx_1 \, dy_1 + [\theta, r]_2,$$

unter $[\theta, r]_2$ die Gesamtheit der Glieder zweiter und höherer Ordnung
verstanden. Nach Einsetzen in (93) erhält man, wenn man den in § 6 I
gemachten Festsetzungen gemäß $\theta = \lambda \Theta$ schreibt und beachtet, daß

$$\int_T M(x, y; x', y') \, F_z \, \mathfrak{z}(x, y) \, dx \, dy = 0,$$

$$(97)$$

$$- \frac{1}{2\pi} \int_T G(x_1, y_1; x, y) \, F_z \, \mathfrak{z}(x, y) \, dx \, dy = \mathfrak{z}(x_1, y_1)$$

ist, die Verzweigungsgleichung in der Form (vgl. § 7 I, insbesondere
die Formel (61) I)

$$(98) \quad \lambda \int_T F_z^1 \Theta(x_1, y_1) \, \mathfrak{z}(x_1, y_1) \, dx_1 \, dy_1 + A_{00} \lambda^2 + A_{01} \lambda r + A_{11} r^2$$

$$+ A_{000} \lambda^3 + A_{001} \lambda^2 r_1 + A_{011} \lambda r^2 + A_{111} r^3 + \ldots = 0.$$

Es möge $\int_T F_z^1 \Theta(x_1, y_1) \, \mathfrak{z}(x_1, y_1) \, dx_1 \, dy_1$ nicht verschwinden,
etwa > 0 sein.

Ist $A_{11} > 0$, so gehören zu negativen, absolut hinreichend kleinen λ zwei reelle r, somit zwei reelle Lösungen des vorliegenden Randwertproblems. Für positive λ sind die beiden Lösungen imaginär.

Es sei jetzt $A_{11} = 0$, und es möge $r^q (q > 2)$ die niedrigste Potenz von r sein, deren Koeffizient $A_{1\ldots 1}$ nicht verschwindet. Wir finden

$$r = \left(- \frac{\lambda}{A_{1\ldots 1}} \int\limits_T F_z^1 \Theta(x_1, y_1)\, \mathfrak{z}(x_1, y_1)\, d x_1\, d y_1 \right)^{\frac{1}{q}} + \ldots .$$

Ist q gerade, so gehören zu absolut hinreichend kleinen λ mit $\lambda A_{1\ldots 1} < 0$ zwei reelle und $q - 2$ imaginäre Lösungen, kleinen $|\lambda|$ mit $\lambda A_{1\ldots 1} > 0$ entsprechen q imaginäre Lösungen. Ist aber q ungerade, so gibt es für alle absolut kleinen λ allemal eine reelle und $q - 1$ imaginäre Lösungen[81].

In einer ganz ähnlichen Weise ließe sich die Abhängigkeit der Lösung der zweiten oder dritten Randwertaufgabe von den vor-

---

[81] Vgl. L. Lichtenstein, Untersuchungen über zweidimensionale reguläre Variationsprobleme I. Das einfachste Problem bei fester Begrenzung. Jacobische Bedingung und die Existenz des Feldes. Verzweigung der Extremalflächen. Monatshefte für Mathematik und Physik **28** (1917), S. 3—51. A. a. O. liegt den Betrachtungen eine Differentialgleichung wesentlich allgemeineren Charakters zugrunde. (Man vergleiche die näheren Ausführungen weiter unten S. 101 ff.) Die Diskussion bezieht sich auf den Fall $q = 2$. In meinen Arbeiten über die Gleichgewichtsfiguren rotierender Flüssigkeiten (vgl. die Fußnote [117]) habe ich ins einzelne gehende allgemeingültige Entwicklungen in derselben Form wie im Text (S. 25 ff.) gegeben. Dort wird auch der Fall $q > 2$ erledigt.

Auf die ganz spezielle Differentialgleichung (82) ist (vgl. die Fußnote [77e]) neuerdings Herr R. Iglisch in mehreren Arbeiten zurückgekommen. Man vergleiche außer den in der Anmerkung [77e] genannten Abhandlungen: a) Über die Vielfachheit einer Lösung in der Theorie der nichtlinearen Integralgleichungen von E. Schmidt, Jahresb. d. D. M. Ver. **39** (1930), S. 65—72; b) Über die Verzweigung von Lösungen bei der elliptischen Differentialgleichung $\Delta u = F(u, x, y)$ und nichtlinearen Integralgleichungen, ebenda S. *64—65*; c) Zur Theorie der Schwingungen, Monatshefte f. Math. u. Physik **37** (1930), S. 325—342. Herr Iglisch findet (vgl. loc. cit. b)), daß ich „ein etwas allgemeineres Problem" behandle, und legt besonderes Gewicht auf den Übergang von $q = 2$ zu $q > 2$. Es erscheint demgegenüber nicht überflüssig zu bemerken, daß die von mir a. a. O. betrachtete Differentialgleichung sich nicht auf ein System nichtlinearer Integralgleichungen von der im ersten Kapitel betrachteten Form zurückführen läßt (vgl. weiter unten die Ausführungen des Textes S. 88 ff.).

In einer späteren Arbeit, Zur Theorie der reellen Verzweigungen von Lösungen nichtlinearer Integralgleichungen, Journ. f. Math. **164** (1931), S. 151—172 beschäftigt sich Herr Iglisch mit der Diskussion eines *Systems* von Verzweigungsgleichungen. Wie in den früheren Arbeiten handelt es sich dabei um die spezielle nichtlineare Integralgleichung von der Form

$$w(s) + \frac{1}{2\pi} \int G(s, t)\, H(w(t), t)\, d t = h(s),$$

unter $G(s, t)$ einen symmetrischen Kern, unter $H(w(t), t)$ eine in w analytische Funktion verstanden.

geschriebenen Werten der Normalableitung oder einer linearen Kombination der Randwerte und der Werte der Normalableitung verfolgen.

Man würde den Betrachtungen geeignete Greensche Funktionen zugrunde legen und mutatis mutandis wie auf S. 77 verfahren[82].

Auch wenn es sich bei vorgeschriebenen Randwerten oder Werten der Normalableitung der Lösung um die Abhängigkeit dieser von gewissen in der Differentialgleichung selbst auftretenden Parametern handelt, wird man sich analoger Überlegungen bedienen.

Die Differentialgleichung (82) ist der Integralgleichung

$$z(x,y) = -\frac{1}{2\pi} \int_T G(x_1, y_1; x, y) F(x_1, y_1, z(x_1, y_1)) \, dx_1 \, dy_1$$
$$+ \theta_0(x, y) + \theta(x, y)$$

äquivalent, unter $\theta_0(x, y)$ diejenige in $T + S$ stetige, in T reguläre Potentialfunktion verstanden, die auf S mit $z_0(x, y)$ übereinstimmt; $|\theta(x, y)|$ gilt hierbei als hinreichend klein. Nach Voraussetzung ist eine Lösung $z_0(x, y)$ derjenigen Integralgleichung, die man erhält, wenn man $\theta(x, y)$ vollends gleich Null setzt, bekannt.

Allgemeiner könnte man der Betrachtung eine Integralgleichung von der Form

$$u(s) = \int_T \Re(s, t) F(t, u(t), \lambda) \, dt$$

zugrunde legen, wo das Integrationsgebiet T ein- oder mehrdimensional sein kann und zur Abkürzung mit s und t Punkte in T bezeichnet werden. Für einen bestimmten Wert λ_0 des Parameters λ ist eine Lösung $u_0(s)$ dieser Integralgleichung bekannt. Zu bestimmen sind etwaige Lösungen für Werte des Parameters, die sich von λ_0 hinreichend wenig unterscheiden. Wir nehmen der Einfachheit halber an, $\Re(s, t)$ sei stetig, F sei in bezug auf das erste Argument stetig, in bezug auf die beiden anderen Argumente in einem Bereiche $|u - u_0| \leqq R_0$, $|\lambda - \lambda_0| \leqq R_0$ analytisch und regulär. Setzt man $u = u_0 + v$, $\lambda = \lambda_0 + \omega$, so erhält man zur Bestimmung von v eine nichtlineare Integralgleichung von der im ersten Kapitel betrachteten Gestalt[82a].

§ 5. Die Differentialgleichung $\Delta z = k e^z$ $(k > 0)$. Das Randwertproblem im großen. Als eine besonders interessante Anwendung der vorhin entwickelten methodischen Gedanken werden wir in den

---

[82] Man vergleiche L. Lichtenstein, Neue Beiträge zur Theorie der linearen partiellen Differentialgleichungen zweiter Ordnung vom elliptischen Typus, Math. Zeitschr. **20** (1924), S. 194—212, insbesondere S. 194—198. Siehe auch meinen Encyklopädieartikel II C 12, S. 1304—1305. A. a. O. finden sich die in Betracht kommenden Greenschen Funktionen.

[82a] Vgl. A. Hammerstein, loc. cit. [186] b), S. 160—176; R. Iglisch, loc. cit. [77c] und [81].

folgenden Zeilen das erste Randwertproblem der Differentialgleichung

$$(99) \qquad \Delta z = k\,e^z, \qquad k(x, y) > 0,$$

die bekanntlich in der Theorie der Uniformisierung algebraischer Funktionen eine wichtige Rolle spielt, erledigen. Wie auf S. 78 werden wir hierbei annehmen, daß T von einer Jordanschen Kurve $x = x(t)$, $y = y(t)$ begrenzt ist und die vorgeschriebenen Randwerte von z eine schlechthin stetige Funktion von t, sie heiße $\varphi(t)$, darstellen; $k(x, y)$ ist in $T + S$ stetig und erfüllt in T eine H-Bedingung. Die Differentialgleichung (99) ist in den letzten Jahrzehnten von Picard, Poincaré, Bieberbach wiederholt mit Erfolg behandelt worden. Auch ich habe mich in mehreren Abhandlungen mit diesem Gegenstand beschäftigt[83]. Teils handelt es sich bei den erwähnten Untersuchungen einfach um das erste Randwertproblem, teils allgemeiner um die Bestimmung einer Lösung, die vorgeschriebenen Rand- und Unstetigkeitsbedingungen genügt. — Wir wollen uns der Einfachheit halber auf die Behandlung des ersten Randwertproblems beschränken und unter Verwendung eines auf Ed. Le Roy und S. Bernstein zurückgehenden methodischen Gedankens, von dem wir übrigens bereits in § 2 Gebrauch gemacht hatten, das Problem auf die Auflösung einer nichtlinearen Integralgleichung reduzieren, die der im Kapitel I entwickelten Theorie zugänglich ist. Wir führen einen Parameter ν in die Differentialgleichung (99) ein und wollen demgemäß diejenige in $T + S$ stetige, in T reguläre Lösung der Gleichung

$$(100) \qquad \Delta z_\nu = \nu\,k\,e^{z_\nu}$$

bestimmen, die auf S gleich $\varphi(t)$ wird. Für $\nu = 0$ ist das Problem als gelöst zu betrachten, für $\nu = 1$ ist es mit unserem eigentlichen Problem identisch. Wir zeigen, daß sich für $|z_\nu|$ a priori eine für alle $0 \leq \nu \leq 1$ gültige Schranke angeben läßt. In der Tat sei $\Phi(x, y)$ diejenige in $T + S$ stetige, in T reguläre Potentialfunktion, die auf S gleich $\varphi(t)$ ist, und es möge $G(\xi, \eta; x, y)$ die zu $T + S$ gehörige klassische Greensche Funktion bezeichnen. Nach bekannten Sätzen folgt aus (100)

$$(101) \qquad z_\nu(x, y) = -\frac{\nu}{2\pi} \int_T G(x, y; x_1, y_1)\, k(x_1, y_1)\, e^{z_\nu(x_1, y_1)}\, dx_1\, dy_1$$
$$+ \Phi(x, y).$$

Nun ist $G(x, y; x_1, y_1) > 0$, darum gewiß

$$(102) \qquad z_\nu(x, y) < \Phi(x, y),$$

mithin

$$0 < e^{z_\nu(x, y)} < e^{\operatorname{Max} \Phi(x, y)} = e^{\operatorname{Max} \varphi(t)}$$

---

[83] Vgl. beispielsweise meinen Encyklopädieartikel II C 12, S. 1330—1333, wo sich nähere Literaturangaben finden.

und

$$(103)\quad z_\nu(x,y) > \Phi(x,y) - \frac{\nu}{2\pi}\int_T G(x,y;x_1,y_1)\,k(x_1,y_1)\,e^{\operatorname{Max}\varphi(t)}\,dx_1\,dy_1,$$

w. z. b. w. [84]

Wir nehmen nunmehr an, daß für einen bestimmten nicht-negativen Wert $\nu < 1$ die Lösung z_ν bereits bekannt sei, und versuchen $z_{\nu+\alpha}$ $(\alpha > 0)$ zu bestimmen. Aus (100) und aus

$$\Delta z_{\nu+\alpha} = (\nu+\alpha)\,k\,e^{z_{\nu+\alpha}}$$

folgt mit

$$(104)\qquad\qquad u = z_{\nu+\alpha} - z_\nu$$

die Gleichung

$$(105)\qquad\qquad \Delta u = (\nu+\alpha)\,k\,e^{z_\nu+u} - \nu\,k\,e^{z_\nu}$$

und nach einer leichten Umordnung

$$\Delta u - \nu\,k\,e^{z_\nu}u = \alpha\,k\,e^{z_\nu}\left(1 + u + \frac{u^2}{2!} + \dots\right) + \nu\,k\,e^{z_\nu}\left(\frac{u^2}{2!} + \frac{u^3}{3!} + \dots\right),$$

somit, da u auf S verschwindet,

$$(106)\qquad u(x,y) + \frac{\nu}{2\pi}\int_T G(x,y;x_1,y_1)\,k(x_1,y_1)\,e^{z_\nu(x_1,y_1)}\,u(x_1,y_1)\,dx_1\,dy_1$$

$$= -\frac{\alpha}{2\pi}\int_T G(x,y;x_1,y_1)\,k(x_1,y_1)\,e^{z_\nu(x_1,y_1)}\left(1 + u_1 + \frac{u_1^2}{2!} + \dots\right)dx_1\,dy_1$$

$$- \frac{\nu}{2\pi}\int_T G(x,y;x_1,y_1)\,k(x_1,y_1)\,e^{z_\nu(x_1,y_1)}\left(\frac{u_1^2}{2!} + \frac{u_1^3}{3!} + \dots\right)dx_1\,dy_1$$

$$(u_1 = u(x_1,y_1)).$$

Dies ist eine nichtlineare Integralgleichung von der im ersten Kapitel betrachteten Form. Da $\nu\,k\,e^{z_\nu} > 0$ ist, so liegt jetzt gewiß der reguläre Fall vor (vgl. die Bemerkungen auf S. 79). Da $|z_\nu(x,y)|$ unterhalb einer von vornherein angebbaren Schranke liegt, hat (106) eine und nur eine Lösung für alle α unterhalb einer festen Schranke, sagen wir für $|\alpha| \leq \alpha_0$, ganz gleich welchen Wert $\nu < 1$ hat [85]. Dies ließe sich ganz wie auf S. 61 beweisen. Da, wie gesagt, z_ν für $\nu = 0$ tatsächlich bekannt ist, so gelangen wir nach Ausführung einer

---

[84] Eine von der im Text angegebenen nicht wesentlich verschiedene Art, gewisse Schranken für die Lösung a priori anzugeben, spielt schon in den vorhin genannten Untersuchungen von Herrn Bieberbach eine wesentliche Rolle. Vgl. L. Bieberbach, $\Delta u = e^u$ und die automorphen Funktionen, Math. Annalen 77 (1916), S. 173—212.

[85] Die vorhin gefundene Schranke gilt auch für $\nu = 1$. Wir nehmen im Text $\nu < 1$ an, nur weil $\nu = 1$ bedeuten würde, unser eigentliches Problem wäre bereits gelöst.

endlichen Anzahl von Schritten zu dem Werte $\nu = 1$, somit zu der Lösung des eingangs gestellten Problems [86].

Durch eine naheliegende Verallgemeinerung der soeben dargelegten Methode gelangt man zur Erledigung des ersten Randwertproblems der Differentialgleichung

$$(107) \qquad \Delta z = F(x, y, z), \qquad F(x, y, z) \geqq 0, \qquad F_z(x, y, z) \geqq 0,$$

unter F eine für alle (x, y) in $T + S$ und alle z erklärte analytische Funktion verstanden.

Wie schon mehrfach erwähnt, genügen, wie wir im dritten Kapitel (vgl. S. 88 ff.) sehen werden, erheblich geringere Voraussetzungen bezüglich F, um den Erfolg der Methode zu sichern.

Die Methode der schrittweisen Änderung eines in die Differentialgleichung eingeführten Parameters ist, wie wir schon in § 2 zu bemerken Gelegenheit hatten, von S. Bernstein in seinen grundlegenden Untersuchungen über die nichtlinearen Differentialgleichungen vom elliptischen Typus mit großem Erfolg zur Behandlung gewisser sehr wichtiger spezieller Klassen von solchen Gleichungen angewandt worden. Von wesentlicher Bedeutung und für den Erfolg entscheidend ist dabei die Möglichkeit, für die Lösung der mit einem Parameter behafteten Differentialgleichung und ihre partiellen Ableitungen bis zu einer gewissen Ordnung a priori feste Schranken zu sichern [87].

---

[86] Die soeben erledigte Randwertaufgabe kann man als Ausgangspunkt bei Behandlung derjenigen Probleme benutzen, die sich in der Theorie der Uniformisierung darbieten. Vgl. meine loc. cit. [83] genannten Arbeiten.

[87] Man vergleiche hierüber Näheres in meinem loc. cit. [83] genannten Encyklopädieartikel II C 12, S. 1320—1330.

In diesem Zusammenhang ist auf die Arbeiten von Herrn Schauder zur Theorie stetiger Abbildungen in Funktionalräumen, Math. Zeitschr. **26** (1927), S. 47—65; ebenda S. 417—431, hinzuweisen. An der zuletzt genannten Stelle wird

u. a. bewiesen, daß die Differentialgleichung $\Delta z = f(x, y, z, p, q)$, $p = \dfrac{\partial z}{\partial x}$, $q = \dfrac{\partial z}{\partial y}$,

in der f eine in dem ganzen fünfdimensionalen Raume erklärte, einer Ungleichheit von der Form $|f(x, y, z, p, q)| \leqq M$ genügende *schlechthin stetige* Funktion bezeichnet, für beliebige stetige Randwerte und für alle beschränkten Gebiete T, die keine punktartigen Randkomponenten besitzen, eine Lösung hat. Diese hat in T stetige, einer H-Bedingung mit beliebigem Exponenten $\lambda < 1$ genügende partielle Ableitungen erster Ordnung, fast überall, d. h. höchstens mit Ausnahme einer Menge vom Lebesgueschen Flächenmaße Null, partielle Ableitungen zweiter Ordnung und erfüllt ebenfalls fast überall die Beziehung $\Delta z = f(x, y, z, p, q)$. Ist $G(x_1, y_1; x, y)$ die zu T gehörige klassische Greensche Funktion, ist ferner $\theta_*(x, y)$ diejenige in $T + S$ stetige, in T reguläre Potentialfunktion, die auf dem Rande mit z übereinstimmt, so gilt in T überall

$$z(x, y) = -\frac{1}{2\pi} \int\limits_T G(x_1, y_1; x, y)\, f(x_1, y_1, z_1, p_1, q_1)\, dx_1\, dy_1 + \theta_*(x, y).$$

Drittes Kapitel.

Einige Klassen nichtlinearer Integro-Differentialgleichungen, die sich nicht auf Systeme nichtlinearer Integralgleichungen zurückführen lassen.

§ 1. Die allgemeine elliptische Differentialgleichung zweiter Ordnung. Die Lösung in Abhängigkeit von einem Parameter. Der reguläre Fall. Verzweigungen. Ein Blick auf die Entwicklungen des § 2 I lehrt, daß für das Gelingen des dort eingeschlagenen Verfahrens der sukzessiven Approximationen in erster Linie das Bestehen der Ungleichheiten (8) I und (11) I maßgebend ist.

In diesem Kapitel werden wir uns mit einer Reihe spezieller Probleme beschäftigen, die auf Integro-Differentialgleichungen führen, die sich nicht auf nichtlineare Integralgleichungen von der im ersten Kapitel betrachteten Gestalt oder auf Systeme solcher Gleichungen reduzieren lassen. Gleichwohl gelingt es auch hier, Ungleichheiten von der Form (8) I und (11) I aufzustellen und daraufhin die Aufgaben ohne weitere Schwierigkeiten zu erledigen. Wie im ersten Kapitel hat man dabei zumeist einen regulären Fall und einen Verzweigungsfall zu unterscheiden. Den Kernpunkt der Betrachtungen bildet naturgemäß allemal die Ableitung der vorgenannten maßgebenden Ungleichheiten [88].

Wir beginnen mit einem Problem der Theorie partieller Differentialgleichungen zweiter Ordnung vom elliptischen Typus, das die Betrachtungen des § 3 II wesentlich verallgemeinert [88a].

Es sei T ein von einer geschlossenen Kurve S der Klasse Bh begrenztes Gebiet [89], und es möge $\Theta + \Sigma$ irgendeinen Bereich der

---

[88] Vgl. die Ausführungen des § 3 I.

[88a] Die Literatur findet sich in meinem Encyklopädieartikel II C 12, S. 1324—1327 angegeben. Hervorzuheben sind neben den wiederholt erwähnten Arbeiten von S. Bernstein die Abhandlungen von A. Korn, Abh. d. Kgl. Preußischen Akademie der Wissenschaften vom Jahre 1909, Anhang, S. 1—37, und H. Müntz, Journal für Mathematik **139** (1910), S. 5—32.

[89] Dieses besagt in der Bezeichnungsweise meines Encyklopädieartikels II C 3, S. 185, daß, wenn etwa $x = x(s)$, $y = y(s)$ (s Bogenlänge) die Gleichungen

Klasse A bezeichnen, der $T + S$ ganz in seinem Innern enthält [90].
Es sei $z_0(x, y)$ eine in $\Theta + \Sigma$ erklärte, daselbst nebst ihren partiellen
Ableitungen der drei ersten Ordnungen stetige Funktion. Es sei
weiter $\Phi(x, y, z, p, q, r, s, t; \nu)$ eine für alle (x, y) in $\Theta + \Sigma$ und alle
z, p, q, r, s, t, ν in dem Bereiche

$$(1) \qquad |z - z_0|, \quad \left| p - \frac{\partial z_0}{\partial x} \right|, \quad \left| q - \frac{\partial z_0}{\partial y} \right|,$$

$$\left| r - \frac{\partial^2 z_0}{\partial x^2} \right|, \quad \left| s - \frac{\partial^2 z_0}{\partial x \partial y} \right|, \quad \left| t - \frac{\partial^2 z_0}{\partial y^2} \right|, \quad |\nu - \nu_0| \leqq R_0$$

erklärte, nebst ihren partiellen Ableitungen der drei ersten Ordnungen
stetige, der Ungleichheit

$$(2) \qquad 4 \frac{\partial \Phi}{\partial r} \frac{\partial \Phi}{\partial t} - \left(\frac{\partial \Phi}{\partial s} \right)^2 > 0$$

genügende Funktion. Schließlich gilt

$$(3) \qquad \Phi(x, y, z_0, p_0, q_0, r_0, s_0, t_0; \nu_0) = 0, \quad p_0 = \frac{\partial z_0}{\partial x}, \ldots, t_0 = \frac{\partial^2 z_0}{\partial y^2}.$$

Aus den vorstehenden Annahmen folgt, wie sich zeigen läßt, daß
z_0 in Θ auch noch stetige partielle Ableitungen vierter Ordnung hat.
Betrachten wir etwa die Funktion $Z = \frac{\partial z_0}{\partial x}$. Sie genügt, wie man
durch Differentiation der Gleichung (3) erkennt, der linearen partiellen
Differentialgleichung vom elliptischen Typus

$$\Phi_r \frac{\partial^2 Z}{\partial x^2} + \Phi_s \frac{\partial^2 Z}{\partial x \partial y} + \Phi_t \frac{\partial^2 Z}{\partial y^2} + \Phi_p \frac{\partial Z}{\partial x} + \Phi_q \frac{\partial Z}{\partial y} + \Phi_z Z + \Phi_x = 0,$$

$$\Phi_r = \frac{\partial}{\partial r} \Phi(x, y, z_0, p_0, q_0, r_0, s_0, t_0; \nu_0), \ldots.$$

Ihre Koeffizienten sind in $\Theta + \Sigma$ stetig und haben daselbst stetige
partielle Ableitungen erster Ordnung. Nach Voraussetzung hat Z
in $\Theta + \Sigma$ stetige partielle Ableitungen zweiter Ordnung. Einem von
mir vor längerer Zeit bewiesenen Satze zufolge hat Z in Θ gewiß
auch noch stetige partielle Ableitungen dritter Ordnung [91].

---

von S bezeichnen, die Funktionen $x(s)$ und $y(s)$ stetige Ableitungen erster und
zweiter Ordnung haben und $\frac{d^2 x}{d s^2}, \frac{d^2 y}{d s^2}$ einer H-Bedingung mit dem Exponenten
$\lambda < 1$ genügen. (Vgl. die Fußnote [70]). Natürlich steht nichts im Wege, anzunehmen, daß T von einer endlichen Anzahl geschlossener, einander weder
schneidender noch berührender Kurven dieser Art begrenzt ist.

[90] Der Höchstwert des Abstandes der Punkte auf S von Σ kann dabei beliebig klein sein.

[91] Vgl. L. Lichtenstein, Über den analytischen Charakter der Lösungen regulärer zweidimensionaler Variationsprobleme, Bulletin de l'Académie des Sciences
de Cracovie 1913, S. 915—941, insbesondere S. 930—936. Den a. a. O. gegebenen
Entwicklungen folgend, kann man zeigen, daß $\frac{\partial^2 Z}{\partial x^2}, \frac{\partial^2 Z}{\partial x \partial y}, \frac{\partial^2 Z}{\partial y^2}$ in Θ einer

In ähnlicher Weise überzeugt man sich, daß auch $\dfrac{\partial z}{\partial y}$ in Θ stetige partielle Ableitungen der drei ersten Ordnungen hat.

Wir versuchen jetzt *für hinreichend kleine Werte von* $|\omega|$ *eine in* $T + S$ *stetige, in* T *reguläre Lösung* $z(x, y)$ *der Differentialgleichung*

$$(4) \qquad \Phi\left(x, y, z, \frac{\partial z}{\partial x}, \frac{\partial z}{\partial y}, \frac{\partial^2 z}{\partial x^2}, \frac{\partial^2 z}{\partial x \partial y}, \frac{\partial^2 z}{\partial y^2}; v_0 + \omega\right) = 0$$

zu bestimmen, die auf S *mit* $z_0(x, y)$ *übereinstimmt.*

Wird

$$(5) \qquad\qquad z = z_0 + u(x, y)$$

gesetzt, so ist also $u(x, y) = 0$ auf S. Ferner ist

$$(6) \qquad \Phi\left(x, y, z_0 + u, p_0 + u_x, \ldots, t_0 + u_{yy}; v_0 + \omega\right)$$

$$- \Phi\left(x, y, z_0, \ldots, t_0; v_0\right) = 0, \qquad \left(u_x = \frac{\partial u}{\partial x}, \ldots, u_{yy} = \frac{\partial^2 u}{\partial y^2}\right).$$

Wir setzen

$$\Phi\left(x, y, z_0 + u, p_0 + u_x, \ldots, t_0 + u_{yy}; v_0 + \omega\right) - \Phi\left(x, y, z_0, \ldots, t_0; v_0\right)$$

$$= \Phi_r u_{xx} + \Phi_s u_{xy} + \Phi_t u_{yy} + \Phi_p u_x + \Phi_q u_y + \Phi_z u + \omega \Phi_v$$

$$(7) \qquad - \Pi\left(x, y, u, u_x, u_y, \ldots, u_{yy}; \omega\right),$$

$$\Phi_r = \frac{\partial}{\partial r} \Phi\left(x, y, z_0, p_0, q_0, r_0, s_0, t_0; v_0\right), \ldots,$$

$$\Phi_v = \frac{\partial}{\partial v} \Phi\left(x, y, z_0, p_0, q_0, r_0, s_0, t_0; v_0\right)$$

und erhalten so

$$(8) \qquad \Phi_r \frac{\partial^2 u}{\partial x^2} + \Phi_s \frac{\partial^2 u}{\partial x \partial y} + \Phi_t \frac{\partial^2 u}{\partial y^2} + \Phi_p \frac{\partial u}{\partial x} + \Phi_q \frac{\partial u}{\partial y} + \Phi_z u$$

$$= - \omega \Phi_v + \Pi\left(x, y, u, \frac{\partial u}{\partial x}, \frac{\partial u}{\partial y}, \frac{\partial^2 u}{\partial x^2}, \frac{\partial^2 u}{\partial x \partial y}, \frac{\partial^2 u}{\partial y^2}; \omega\right).$$

Wir schreiben zur Vereinfachung

$$(9) \qquad a = \Phi_r, \ 2b = \Phi_s, \ c = \Phi_t, \ f = \Phi_p, \ g = \Phi_q, \ h = \Phi_z$$

und betrachten die lineare partielle Differentialgleichung zweiter Ordnung

$$(10) \quad \mathsf{M}\{u\} \equiv a \frac{\partial^2 u}{\partial x^2} + 2b \frac{\partial^2 u}{\partial x \partial y} + c \frac{\partial^2 u}{\partial y^2} + f \frac{\partial u}{\partial x} + g \frac{\partial u}{\partial y} + hu = 0.$$

H-Bedingung genügen. Hieraus ergibt sich leicht, daß

$$\frac{d}{dx} \Phi_r = \Phi_{xr} + \Phi_{zr} \frac{\partial z}{\partial x} + \ldots + \Phi_{rr} \frac{\partial^3 z}{\partial x \partial y^2}, \ \frac{d}{dy} \Phi_r, \ \frac{d}{dx} \Phi_s, \ \ldots$$

ebenfalls einer H-Bedingung genügen. Und dies hat weiter die Existenz und Stetigkeit der Ableitungen dritter Ordnung von Z zur Folge.

Die Koeffizienten $a, b, \ldots, h$ haben augenscheinlich in $T + S$ stetige, einer H-Bedingung mit dem Exponenten λ genügende partielle Ableitungen erster Ordnung[91a]. Wegen (2) ist ferner

$$a c - b^2 > 0.$$

es handelt sich also um eine Differentialgleichung vom elliptischen Typus.

Sie läßt sich ohne weiteres auf die Normalform bringen. Wir schreiben zu diesem Ende vor allem

$$\mathsf{M}\{u\} \equiv \frac{\partial}{\partial x}\left(a\frac{\partial u}{\partial x} + b\frac{\partial u}{\partial y}\right) + \frac{\partial}{\partial y}\left(b\frac{\partial u}{\partial x} + c\frac{\partial u}{\partial y}\right)$$
$$+ \left(f - \frac{\partial a}{\partial x} - \frac{\partial b}{\partial y}\right)\frac{\partial u}{\partial x} + \left(g - \frac{\partial b}{\partial x} - \frac{\partial c}{\partial y}\right)\frac{\partial u}{\partial y} + h u = 0.$$

Nach bekannten Sätzen gibt es unendlichviele in einem Bereiche $\hat{T} + \hat{S}$, der $T + S$ in seinem Innern enthält und selbst in Θ enthalten ist, erklärte Systeme von Funktionen $\mathfrak{x} = \mathfrak{x}(x, y)$, $\mathfrak{y} = \mathfrak{y}(x, y)$, die folgende Eigenschaften haben. Sie haben stetige partielle Ableitungen erster Ordnung und stetige, der H-Bedingung mit dem Exponenten λ genügende Ableitungen zweiter Ordnung. Sie vermitteln eine umkehrbar eindeutige und stetige (topologische) Abbildung des Bereiches $T + S$ auf einen Bereich $\mathfrak{T} + \mathfrak{S}$ der Klasse Bh in der Ebene der Variablen $\mathfrak{x}, \mathfrak{y}$. Setzt man $u(x, y) = \mathfrak{u}(\mathfrak{x}, \mathfrak{y})$, so gilt weiter

$$\frac{\partial}{\partial x}\left(a\frac{\partial u}{\partial x} + b\frac{\partial u}{\partial y}\right) + \frac{\partial}{\partial y}\left(b\frac{\partial u}{\partial x} + c\frac{\partial u}{\partial y}\right) = \frac{\partial}{\partial \mathfrak{x}}\left(\mathfrak{p}\frac{\partial \mathfrak{u}}{\partial \mathfrak{x}}\right) + \frac{\partial}{\partial \mathfrak{y}}\left(\mathfrak{p}\frac{\partial \mathfrak{u}}{\partial \mathfrak{x}}\right),$$

$$\mathfrak{p} = \sqrt{a c - b^2}.\ [92]$$

Augenscheinlich ist jetzt

$$\mathsf{M}\{u\} \equiv \frac{\partial}{\partial \mathfrak{x}}\left(\mathfrak{p}\frac{\partial \mathfrak{u}}{\partial \mathfrak{x}}\right) + \frac{\partial}{\partial \mathfrak{y}}\left(\mathfrak{p}\frac{\partial \mathfrak{u}}{\partial \mathfrak{y}}\right) + \mathfrak{a}_*\frac{\partial \mathfrak{u}}{\partial \mathfrak{x}} + \mathfrak{b}_*\frac{\partial \mathfrak{u}}{\partial \mathfrak{y}} + \mathfrak{c}_*\mathfrak{u}.$$

Nach einer naheliegenden Umformung überzeugen wir uns, daß die Beziehung $\mathsf{M}\{u\} = 0$ einer Differentialgleichung von der Form

$$(11) \qquad \mathfrak{M}\{\mathfrak{u}\} \equiv \frac{\partial^2 \mathfrak{u}}{\partial \mathfrak{x}^2} + \frac{\partial^2 \mathfrak{u}}{\partial \mathfrak{y}^2} + \mathfrak{a}\frac{\partial \mathfrak{u}}{\partial \mathfrak{x}} + \mathfrak{b}\frac{\partial \mathfrak{u}}{\partial \mathfrak{y}} + \mathfrak{c}\mathfrak{u} = 0$$

gleichwertig ist. Ihre Koeffizienten erfüllen eine H-Bedingung mit dem Exponenten λ, d. h. genau dieselbe Bedingung, die den Koeffizienten der Differentialgleichung (61) II auferlegt war. Hieraus folgt aber leicht, daß der in § 3 II angegebene fundamentale Existenzsatz

---

[91a] Sie haben sogar stetige Ableitungen zweiter Ordnung. Bei den unmittelbar folgenden Betrachtungen kommen indessen nur die im Text genannten Eigenschaften zur Verwendung.

[92] Vgl. L. Lichtenstein, Randwertaufgaben der Theorie der linearen partiellen Differentialgleichungen zweiter Ordnung vom elliptischen Typus. I. Die erste Randwertaufgabe. Allgemeine ebene Gebiete. Journal für die reine und angewandte Mathematik **142** (1913), S. 1—40, insbesondere S. 35—40.

sinngemäß auf die Differentialgleichung $\mathsf{M}\{u\} = 0$ übertragen werden kann. Sie hat demnach entweder stets eine und nur eine in $T + S$ stetige, in T reguläre Lösung, die auf S beliebig vorgegebene schlechthin stetige Randwerte annimmt, oder aber es gibt $m (\geq 1)$ linear unabhängige, in T reguläre, auf S verschwindende Lösungen dieser Gleichung. In dem zuerst genannten Falle, der beispielsweise für $h \leq 0$ eintritt und den wir unseren unmittelbar folgenden Betrachtungen zugrunde legen, existiert eine Greensche Funktion $\mathfrak{G}(\xi, \eta; x, y)$, d. h. eine Funktion, die folgende Eigenschaften hat. Sie ist, als Funktion von x, y aufgefaßt, in T außer in (ξ, η) regulär, verschwindet auf S und genügt der Differentialgleichung

$$(12) \qquad\qquad \mathsf{M}\{\mathfrak{G}\} = 0.$$

In der Umgebung von (ξ, η) ist

$$(13) \qquad \mathfrak{G}(\xi, \eta; x, y) = -\frac{1}{2}\left(a(\xi, \eta)\, c(\xi, \eta) - (b(\xi, \eta))^2\right)^{-\frac{1}{2}}$$
$$\times \log\{c(\xi, \eta)(x - \xi)^2 - 2b(\xi, \eta)(x - \xi)(y - \eta) + a(\xi, \eta)(y - \eta)^2\}$$
$$+ \gamma(\xi, \eta; x, y).$$

Dabei sind

$$\gamma, \; \left(\left|\frac{\partial \gamma}{\partial x}\right| + \left|\frac{\partial \gamma}{\partial y}\right|\right) |\log((x - \xi)^2 + (y - \eta)^2)|^{-1}$$

beschränkt.

Es sei jetzt $\psi(x, y)$ irgendeine in $T + S$ erklärte, einer H-Bedingung mit dem Exponenten λ genügende Funktion

$$(14) \qquad\qquad |\psi| \leq M, \qquad |\psi|_\lambda \leq N.$$

Die Differentialgleichung

$$(15) \qquad\qquad \mathsf{M}\{U\} = \psi(x, y)$$

hat eine und nur eine in $T + S$ stetige, in T reguläre Lösung, die überall auf S verschwindet. Ihre partiellen Ableitungen erster und zweiter Ordnung sind auch noch auf S stetig. Die Ableitungen zweiter Ordnung erfüllen überdies in $T + S$ eine H-Bedingung mit dem Exponenten λ. Es bestehen weiter Ungleichheitsbeziehungen von der Form

$$(16) \quad |U|, \; |U_x|, \; |U_y|, \; |U_{xx}|, \; |U_{xy}|, \; |U_{yy}|, \; |U_{xx}|_\lambda, \; |U_{xy}|_\lambda, \; |U_{yy}|_\lambda$$
$$\leq \beta^{(1)} M + \beta^{(2)} N \qquad (\beta^{(1)}, \beta^{(2)} \text{ konstant}).$$

Es gelten schließlich die zu (65) II, (66) II analogen Formeln

$$(17) \qquad U(\xi, \eta) = -\frac{1}{2\pi}\int_T \mathfrak{G}(x, y; \xi, \eta)\, \psi(x, y)\, dx\, dy,$$

$$(18) \quad \frac{\partial U}{\partial \xi} = -\frac{1}{2\pi}\int_T \frac{\partial \mathfrak{G}}{\partial \xi}\, \psi(x, y)\, dx\, dy, \qquad \frac{\partial U}{\partial \eta} = -\frac{1}{2\pi}\int_T \frac{\partial \mathfrak{G}}{\partial \eta}\, \psi(x, y)\, dx\, dy.\; [93]$$

---

[93] Man vergleiche die Ausführungen meiner am Schluß der Fußnote [92] genannten Abhandlung.

Dagegen sind $\dfrac{\partial^2 U}{\partial \xi^2}$, $\dfrac{\partial^2 U}{\partial \xi \, \partial \eta}$, $\dfrac{\partial^2 U}{\partial \eta^2}$ nicht etwa durch eine weitere Differentiation unter dem Integralzeichen zu gewinnen.

Wendet man die Formel (17) auf die Gleichung (8) an, so erhält man

$$(19) \quad u(x,y) = \frac{\omega}{2\pi} \int\limits_{T} \mathfrak{G}(x_1, y_1; x, y)\, \Phi_\nu^1 \, dx_1\, dy_1 - \frac{1}{2\pi} \int\limits_{T} \mathfrak{G}(x_1, y_1; x, y)$$

$$\times \Pi\left(x_1, y_1, u(x_1, y_1), \frac{\partial u}{\partial x_1}, \frac{\partial u}{\partial y_1}, \frac{\partial^2 u}{\partial x_1^2}, \frac{\partial^2 u}{\partial x_1 \partial y_1}, \frac{\partial^2 u}{\partial y_1^2}; \omega\right) dx_1\, dy_1,$$

$$\Phi_\nu^1 = \frac{\partial}{\partial \nu} \Phi\left(x_1, y_1, z_0(x_1, y_1), \frac{\partial z_0}{\partial x_1}, \frac{\partial z_0}{\partial y_1}, \ldots; \nu_0\right).$$

Ferner ist

$$(20) \quad \frac{\partial u}{\partial x} = \frac{\omega}{2\pi} \int\limits_{T} \frac{\partial \mathfrak{G}}{\partial x}\, \Phi_\nu^1 \, dx_1\, dy_1$$

$$- \frac{1}{2\pi} \int\limits_{T} \frac{\partial \mathfrak{G}}{\partial x}\, \Pi\left(x_1, y_1, u(x_1, y_1), \frac{\partial u}{\partial x_1}, \ldots, \frac{\partial^2 u}{\partial y_1^2}; \omega\right) dx_1\, dy_1,$$

und eine analoge Formel gilt für $\dfrac{\partial u}{\partial y}$. Dagegen lassen sich keinerlei Formeln ähnlichen Charakters für $\dfrac{\partial^2 u}{\partial x^2}$, $\dfrac{\partial^2 u}{\partial x \, \partial y}$, $\dfrac{\partial^2 u}{\partial y^2}$ aufstellen, so daß *die Integro-Differentialgleichung* (19) *sich nicht auf ein System nichtlinearer Integralgleichungen reduzieren läßt.* Gleichwohl gelten, wie wir alsbald sehen werden, Ungleichheiten von der Art (8) I, (11) I, so daß das im ersten Kapitel, § 2 benutzte Verfahren der sukzessiven Approximationen auch jetzt noch zum Ziele führen wird.

Wir bezeichnen den Ausdruck $\Pi(x, y, u, u_x, \ldots, u_{yy}; \omega)$, als zusammengesetzte Funktion von x und y aufgefaßt, einfacher mit $\Pi(x, y)$ und nehmen (vgl. (1))

$$(21) \quad |u|, |u_x|, \ldots, |u_{yy}|, |u_{xx}|_\lambda, |u_{xy}|_\lambda, |u_{yy}|_\lambda \leqq \Omega \leqq R_0,$$
$$|\omega| \leqq \Omega_1 \leqq R_0$$

an. Wie wir jetzt zeigen wollen, ist

$$(22) \quad |\Pi|, |\Pi|_\lambda \leqq A(\Omega^2 + \Omega \Omega_1 + \Omega_1^2) \qquad (A \text{ konstant}).$$

Beweis. Es sei

$$\Phi(x, y, z_0 + t u, p_0 + t u_x, \ldots, t_0 + t u_{yy}; \nu_0 + t \omega) = \Phi(t) \quad (0 \leqq t \leqq 1)$$

gesetzt. Wie man sich leicht überzeugt (vgl. (7)), ist

$$(23) \quad -\Pi(x, y) = \Phi(1) - \Phi(0) - \Phi'(0) = \int\limits_0^1 dt_2 \int\limits_0^{t_2} \frac{\partial^2 \Phi}{\partial t_1^2}\, dt_1$$

und

$$(24) \qquad \frac{\partial^2 \Phi}{\partial t^2} = u^2 \Phi_{zz}(x, y, z_0 + t\,u, \ldots; v_0 + t\,\omega)$$
$$+ 2\,u\,u_x\,\Phi_{zp}(x, y, z_0 + t\,u, \ldots; v_0 + t\,\omega) + \ldots$$
$$+ 2\,u_{yy}\,\omega\,\Phi_{tr}(x, y, z_0 + t\,u, \ldots; v_0 + t\,\omega) + \omega^2 \Phi_{rr}(x, y, z_0 + t\,u, \ldots; v_0 + t\,\omega).$$

Wegen (21) ist vor allem

$$(25) \qquad \left| \frac{\partial^2 \Phi}{\partial t^2} \right| \leqq A_1(\Omega^2 + \Omega\,\Omega_1 + \Omega_1^2),$$

darum nach (23) auch

$$(26) \qquad |\Pi| \leqq A_1(\Omega^2 + \Omega\,\Omega_1 + \Omega_1^2).$$

Ferner ist gewiß

$$(27) \qquad |\Pi|_\lambda \leqq \int\limits_0^1 dt_2 \int\limits_0^{t_2} \left| \frac{\partial^2 \Phi}{\partial t_1^2} \right|_\lambda dt_1 \quad {}^{93\,a}$$

sowie nach (24) und (21), wie man ohne Mühe findet,

$$\left| \frac{\partial^2 \Phi}{\partial t^2} \right|_\lambda \leqq A_2(\Omega^2 + \Omega\,\Omega_1 + \Omega_1^2),$$

mithin auch

$$(28) \qquad |\Pi|_\lambda \leqq A_2(\Omega^2 + \Omega\,\Omega_1 + \Omega_1^2).$$

Setzt man nunmehr $A = \mathrm{Max}\,(A_1, A_2)$, so erhält man die behauptete Ungleichheit (22).[94]

Es sei $\dot{u}(x, y)$ eine andere Funktion, die wie $u(x, y)$ beschaffen ist, und es sei

$$(29) \qquad |\dot{u}|, |\dot{u}_x|, \ldots, |\dot{u}_{yy}|, |\dot{u}_{xx}|_\lambda, |\dot{u}_{xy}|_\lambda, |\dot{u}_{yy}|_\lambda \leqq \Omega \leqq R_0,$$

$$(30) \qquad |u - \dot{u}|, \ldots, |u_{yy} - \dot{u}_{yy}|, |u_{xx} - \dot{u}_{xx}|_\lambda, |u_{xy} - \dot{u}_{xy}|_\lambda,$$
$$|u_{yy} - \dot{u}_{yy}|_\lambda \leqq \mho, \ \mho \leqq 2\,\Omega \leqq 2\,R_0.$$

Wie man sofort sieht, ist

$$(31) \quad \dot{\Pi} - \Pi = [\Phi(1) - \Phi(0) - \Phi'(0)] - [\dot{\Phi}(1) - \dot{\Phi}(0) - \dot{\Phi}'(0)]$$
$$= \int\limits_0^1 \left\{ \frac{\partial}{\partial t}(\Phi - \dot{\Phi}) - \left[\frac{\partial}{\partial t}(\Phi - \dot{\Phi}) \right]_{t=0} \right\} dt.$$

[93a] Sollte die beschränkte Funktion $\left| \dfrac{\partial^2 \Phi}{\partial t_1^2} \right|_\lambda$ nicht im Riemannschen Sinne integrierbar sein, so sind die Integralausdrücke (27) als obere Riemannsche Integrale aufzufassen.

[94] Ähnlicher Abschätzungen, unter wesentlicher Benutzung der Formel (23), habe ich mich bereits in meiner ersten Arbeit über die Gleichgewichtsfiguren rotierender Flüssigkeiten bedient. Vgl. Math. Zeitschr. 1 (1918), S. 229—284 insbesondere S. 247.

Ferner ist

32) $\dfrac{\partial}{\partial t}(\Phi - \dot{\Phi})$

$$= u\Phi_z(x, y, z_0 + tu, \ldots; v_0 + t\omega) - \dot{u}\Phi_z(x, y, z_0 + t\dot{u}, \ldots; v_0 + t\omega) + \ldots$$
$$+ u_{yy}\Phi_t(x, y, z_0 + tu, \ldots; v_0 + t\omega) - \dot{u}_{yy}\Phi_t(x, y, z_0 + t\dot{u}, \ldots; v_0 + t\omega)$$
$$+ \omega\Phi_\nu(x, y, z_0 + tu, \ldots; v_0 + t\omega) - \omega\Phi_\nu(x, y, z_0 + t\dot{u}, \ldots; v_0 + t\omega)$$
$$= (u - \dot{u})\,\Phi_z(x, y, z_0 + tu, \ldots; v_0 + t\omega)$$
$$+ \dot{u}\{\Phi_z(x, y, z_0 + tu, \ldots; v_0 + t\omega) - \Phi_z(x, y, z_0 + t\dot{u}, \ldots; v_0 + t\omega)\} + \ldots$$

und

$$(33) \qquad \left[\dfrac{\partial}{\partial t}(\Phi - \dot{\Phi})\right]_{t=0} = (u - \dot{u})\,\Phi_z(x, y, z_0, \ldots; v_0) + \ldots$$
$$+ (u_{yy} - \dot{u}_{yy})\,\Phi_t(x, y, z_0, \ldots; v_0),$$

darum

$$(34) \qquad \dfrac{\partial}{\partial t}(\Phi - \dot{\Phi}) - \left[\dfrac{\partial}{\partial t}(\Phi - \dot{\Phi})\right]_{t=0}$$
$$= (u - \dot{u})\,[\Phi_{zz}(x, y, z_0 + \theta tu, \ldots; v_0 + \theta t\omega)\,tu$$
$$+ \Phi_{zp}(x, y, z_0 + \theta tu, \ldots; v_0 + \theta t\omega)\,tu_z + \ldots]$$
$$+ \dot{u}\,[\Phi_{zz}(x, y, z_0 + t(\dot{u} + \vartheta(u - \dot{u})), \ldots; v_0 + t\omega)\,t(u - \dot{u}) + \ldots] + \ldots$$
$$0 < \theta < 1, \qquad 0 < \vartheta < 1.$$

Der absolute Betrag der rechten Seite ist, wie man leicht feststellt,
$\leqq B_1(\Omega + \Omega_1)\,\mho$, folglich ist

$$(35) \qquad\qquad |\Pi - \dot{\Pi}| \leqq B_1(\Omega + \Omega_1)\,\mho.$$

Eine analoge Ungleichheit gilt für $|\Pi - \Pi|_\lambda$. Um dies zu zeigen,
bemerken wir zunächst, daß

$$(36) \qquad |\Pi - \dot{\Pi}|_\lambda \leqq \int_0^1 \left\{\left|\dfrac{\partial}{\partial t}(\Phi - \dot{\Phi}) - \left[\dfrac{\partial}{\partial t}(\Phi - \dot{\Phi})\right]_{t=0}\right|_\lambda\right\} dt \quad {}^{94a}$$

gilt, und schätzen die unter dem Integralzeichen nach (32) und (33)
auftretenden Glieder passend gruppiert ab. Wir setzen zur Vereinfachung

$$(37) \qquad \underline{x} = x + h, \quad \underline{y} = y + k, \quad \underline{z}_0 = z_0(\underline{x}, \underline{y}), \quad \underline{u} = u(\underline{x}, \underline{y})$$

und bestimmen die Änderung des in (31) unter dem Integralzeichen
stehenden Ausdruckes beim Übergang von (x, y) zu $(\underline{x}, \underline{y})$. Der Beitrag

---

[94a] Man vergleiche die Bemerkungen der Fußnote [93a].

des ersten Summanden in (32) und (33) ist

$$(38) \quad \{u(\underline{x}, \underline{y}) - \dot{u}(\underline{x}, \underline{y})\}\{\Phi_z(\underline{x}, \underline{y}, \underline{z}_0 + t\,\underline{u}, \ldots; \nu_0 + t\,\omega) - \Phi_z(\underline{x}, \underline{y}, \underline{z}_0, \ldots; \nu_0)\}$$

$$- \{u(x, y) - \dot{u}(x, y)\}\{\Phi_z(x, y, z_0 + t\,u, \ldots; \nu_0 + t\,\omega) - \Phi_z(x, y, z_0, \ldots; \nu_0)$$

$$= \{(u(\underline{x}, \underline{y}) - \dot{u}(\underline{x}, \underline{y})) - (u(x, y) - \dot{u}(x, y))\}$$

$$\times \{\Phi_z(\underline{x}, \underline{y}, \underline{z}_0 + t\,\underline{u}, \ldots; \nu_0 + t\,\omega) - \Phi_z(\underline{x}, \underline{y}, \underline{z}_0, \ldots; \nu_0)\}$$

$$+ \{u(x, y) - \dot{u}(x, y)\}\{\Phi_z(\underline{x}, \underline{y}, \underline{z}_0 + t\,\underline{u}, \ldots; \nu_0 + t\,\omega)$$

$$- \Phi_z(\underline{x}, \underline{y}, \underline{z}_0, \ldots; \nu_0) - \Phi_z(x, y, z_0 + t\,u, \ldots; \nu_0 + t\,\omega)$$

$$+ \Phi_z(x, y, z_0, \ldots; \nu_0)\}.$$

Aus (29) und (30) folgt fast unmittelbar, daß in der letzten Gleichung der erste Summand rechts absolut unterhalb einer Schranke von der Form

$$_1\beta(\Omega + \Omega_1)\,\mathfrak{O}\,d^\lambda \qquad (d^2 = h^2 + k^2)$$

liegt. Der zweite Summand läßt sich auf die Gestalt

$$(39) \quad \{u(x, y) - \dot{u}(x, y)\}\{[\Phi_{zz}(\underline{x}, \underline{y}, \underline{z}_0 + \vartheta_1 t\,\underline{u}, \ldots; \nu_0 + \vartheta_1 t\,\omega)t\,\underline{u}$$

$$- \Phi_{zz}(x, y, z_0 + \vartheta_1 t\,u, \ldots; \nu_0 + \vartheta_1 t\,\omega)t\,u]$$

$$+ [\Phi_{zp}(\underline{x}, \underline{y}, \underline{z}_0 + \vartheta_1 t\,\underline{u}, \ldots; \nu_0 + \vartheta_1 t\,\omega)t\,\underline{u}_x$$

$$- \Phi_{zp}(x, y, z_0 + \vartheta_1 t\,u, \ldots; \nu_0 + \vartheta_1 t\,\omega)t\,u_x] + \ldots$$

$$+ [\Phi_{z\nu}(\underline{x}, \underline{y}, \underline{z}_0 + \vartheta_1 t\,\underline{u}, \ldots; \nu_0 + \vartheta_1 t\,\omega)t\,\omega$$

$$- \Phi_{z\nu}(x, y, z_0 + \vartheta_1 t\,u, \ldots; \nu_0 + \vartheta_1 t\,\omega)t\,\omega]\}$$

$$(0 < \vartheta_1 < 1)$$

bringen.

Beachtet man, daß Φ_{zz}, $\Phi_{zp}\ldots$, stetige partielle Ableitungen erster Ordnung haben, so findet man ohne Mühe, daß auch (39) absolut unterhalb einer Schranke

$$(40) \qquad _2\beta(\Omega + \Omega_1)\,\mathfrak{O}\,d^\lambda$$

liegt. So geht man weiter und findet schließlich für den Ausdruck unter dem Integralzeichen in (36) eine ebenso beschaffene Schranke. Demnach ist auch

$$|\Pi - \dot{\Pi}|_\lambda \leqq B_2(\Omega + \Omega_1)\,\mathfrak{O}.$$

Setzt man $B = \mathrm{Max}(B_1, B_2)$, so erhält man für (35) und (40) zusammenfassend

$$(41) \qquad |\Pi - \dot{\Pi}|, \; |\Pi - \dot{\Pi}|_\lambda \leqq B(\Omega + \Omega_1)\,\mathfrak{O}.$$

Wir kehren jetzt zu der Integro-Differentialgleichung (19) zurück und schreiben diese kürzer in der Form

$$(42) \quad u(x, y) = \frac{\omega}{2\pi}\int_T \mathfrak{G}(x_1, y_1; x, y)\,\Phi_\nu^1\,dx_1\,dy_1 + \mathsf{H} = \omega\,\Xi + \mathsf{H}.$$

Augenscheinlich faßt hierbei $\omega\,\Xi$ Glieder erster Ordnung, H diejenigen zweiter und höherer Ordnung zusammen. Wir fügen zu (42) die acht Gleichungen

$$(43) \quad \frac{\partial u}{\partial x} = \omega \frac{\partial \Xi}{\partial x} + \frac{\partial \mathsf{H}}{\partial x}, \quad \frac{\partial u}{\partial y} = \omega \frac{\partial \Xi}{\partial y} + \frac{\partial \mathsf{H}}{\partial y}, \quad \ldots, \quad \frac{\partial^2 u}{\partial y^2} = \omega \frac{\partial^2 \Xi}{\partial y^2} + \frac{\partial^2 \mathsf{H}}{\partial y^2},$$

$$(44) \quad \left| \frac{\partial^2 u}{\partial x^2} \right|_\lambda = \left| \omega \frac{\partial^2 \Xi}{\partial x^2} + \frac{\partial^2 \mathsf{H}}{\partial x^2} \right|_\lambda, \quad \left| \frac{\partial^2 u}{\partial x \partial y} \right|_\lambda = \left| \omega \frac{\partial^2 \Xi}{\partial x \partial y} + \frac{\partial^2 \mathsf{H}}{\partial x \partial y} \right|_\lambda,$$
$$\left| \frac{\partial^2 u}{\partial y^2} \right|_\lambda = \left| \omega \frac{\partial^2 \Xi}{\partial y^2} + \frac{\partial^2 \mathsf{H}}{\partial y^2} \right|_\lambda$$

hinzu und fassen die Gesamtheit der neun Gleichungen (42), (43), (44) als ein System simultaner Funktionalbeziehungen zur Bestimmung von u, u_x, u_y, u_{xx}, u_{xy}, u_{yy}, $|u_{xx}|_\lambda$, $|u_{xy}|_\lambda$, $|u_{yy}|_\lambda$ auf[95].

Der auf S. 92 angegebenen Eigenschaft (16) des Integralausdruckes (17) zufolge erfüllen die Ausdrücke zweiten und höheren Grades in (43) Ungleichheiten, die zu (26) und (35) ganz analog sind. Was die Gleichungen (44) betrifft, so gilt hier beispielsweise

$$\left| \frac{\partial^2 u}{\partial x^2} \right|_\lambda \leqq |\omega| \left| \frac{\partial^2 \Xi}{\partial x^2} \right|_\lambda + \left| \frac{\partial^2 \mathsf{H}}{\partial x^2} \right|_\lambda$$

und in naheliegender Schreibweise

$$\left| \frac{\partial^2 u}{\partial x^2} - \frac{\partial^2 \dot{u}}{\partial x^2} \right|_\lambda \leqq |\omega| \left| \frac{\partial^2 \Xi}{\partial x^2} - \frac{\partial^2 \dot{\Xi}}{\partial x^2} \right|_\lambda + \left| \frac{\partial^2 \mathsf{H}}{\partial x^2} - \frac{\partial^2 \dot{\mathsf{H}}}{\partial x^2} \right|_\lambda,$$

und für die zweiten Summanden rechter Hand ergeben sich wieder Schranken von der Form (28) und (40).

Diese Feststellungen genügen, um auf Grund der Ergebnisse des § 2 I (vgl. insbesondere S. 6—8) die Konvergenz des Verfahrens der sukzessiven Approximationen für hinreichend kleine $|\omega|$, etwa $|\omega| \leqq \omega_0$, zu sichern. Wir schreiben

$$_1u = \frac{\omega}{2\pi} \int\limits_T \mathfrak{G}(x_1, y_1; x, y) \, \Phi_\nu^1 \, dx_1 dy_1,$$

$$_2u = \frac{\omega}{2\pi} \int\limits_T \mathfrak{G}(x_1, y_1; x, y) \, \Phi_\nu^1 \, dx_1 dy_1$$
$$- \frac{1}{2\pi} \int\limits_T \mathfrak{G}(x_1, y_1; x, y) \, \Pi\left(x_1, y_1, {}_1u(x_1, y_1), \frac{\partial_1 u}{\partial x_1}, \ldots, \frac{\partial_1^2 u}{\partial y_1^2}; \omega\right) dx_1 dy_1,$$

$$_3u = \frac{\omega}{2\pi} \int\limits_T \mathfrak{G}(x_1, y_1; x, y) \, \Phi_\nu^1 \, dx_1 dy_1$$
$$- \frac{1}{2\pi} \int\limits_T \mathfrak{G}(x_1, y_1; x, y) \, \Pi\left(x_1, y_1, {}_2u(x_1, y_1), \frac{\partial_2 u}{\partial x_1}, \ldots, \frac{\partial_2^2 u}{\partial y_1^2}; \omega\right) dx_1 dy_1,$$

(45)

$$\cdots \cdots \cdots \cdots \cdots$$

$$\Phi_\nu^1 = \frac{\partial \Phi}{\partial \nu}\left(x_1, y_1, z_0(x_1, y_1), \ldots, \frac{\partial^2 z_0}{\partial y_1^2}; \nu_0\right).$$

---

[95] Es sei nochmals darauf hingewiesen, daß in den sechs letzten Gleichungen in (43) nicht unterhalb der Integralzeichen differentiiert werden darf.

Die Funktionen $_1u$, $_2u$, $_3u$, ... sind stetig und haben stetige partielle Ableitungen erster und zweiter Ordnung in $T+S$. Die partiellen Ableitungen zweiter Ordnung erfüllen daselbst eine H-Bedingung. Die unendlichen Reihen

$$(46) \qquad {}_1u + \sum_{k}^{2\ldots\infty} ({}_ku - {}_{k-1}u), \quad \frac{\partial\, {}_1u}{\partial x} + \sum_{k}^{2\ldots\infty} \frac{\partial}{\partial x} ({}_ku - {}_{k-1}u), \ldots,$$

$$\frac{\partial^2\, {}_1u}{\partial y^2} + \sum_{k}^{2\ldots\infty} \frac{\partial^2}{\partial y^2} ({}_ku - {}_{k-1}u), \ldots, \ \left|\frac{\partial^2\, {}_1u}{\partial y^2}\right|_\lambda + \sum_{k}^{2\ldots\infty} \left|\frac{\partial^2}{\partial y^2} ({}_ku - {}_{k-1}u)\right|_\lambda$$

konvergieren, sofern $|\omega| \leqq \omega_0$ angenommen wird, für alle (x, y) in $T + S$ unbedingt und gleichmäßig. Die Funktion

$$(47) \qquad u = {}_1u + \sum_{k}^{2\ldots\infty} ({}_ku - {}_{k-1}u)$$

hat darum in $T + S$ stetige Ableitungen erster Ordnung und stetige, einer H-Bedingung genügende Ableitungen zweiter Ordnung. Geht man in der Beziehung

$$(48) \qquad {}_nu = \frac{\omega}{2\pi} \int_T \mathfrak{G}\, \Phi_\nu^1\, dx_1\, dy_1$$

$$- \frac{1}{2\pi} \int_T \mathfrak{G}\, \Pi\left(x_1, y_1, {}_{n-1}u(x_1, y_1), \frac{\partial_{n-1} u}{\partial x_1}, \ldots; \omega\right) dx_1\, dy_1$$

zur Grenze $n \to \infty$ über, so überzeugt man sich leicht, daß $u(x, y)$ der Integro-Differentialgleichung (19), darum auch der Differentialgleichung (8), genügt. Offenbar ist $z = z_0 + u$ eine Lösung des eingangs gestellten Problems. Sie ist die einzige, die so beschaffen ist, daß $z - z_0$, $\frac{\partial}{\partial x}(z - z_0)$, ..., $\frac{\partial^2}{\partial y^2}(z - z_0)$, $\left|\frac{\partial^2}{\partial x^2}(z - z_0)\right|_\lambda$, $\left|\frac{\partial^2}{\partial x\, \partial y}(z - z_0)\right|_\lambda$, $\left|\frac{\partial^2}{\partial y^2}(z - z_0)\right|_\lambda$ absolut unterhalb einer angebbaren hinreichend niedrigen Schranke liegen. Denn auch der in § 2 I abgeleitete Unitätssatz läßt sich auf das System (42), (43), (44) ohne weiteres übertragen.

Wir haben vorhin vorausgesetzt, die erste Randwertaufgabe der Differentialgleichung (10) sei stets lösbar. Es möge jetzt (10) demgegenüber $m\ (\geqq 1)$ linear unabhängige, auf S verschwindende Lösungen $u_1(x, y)$, ..., $u_m(x, y)$ haben.

Wir gehen diesmal von der Differentialgleichung

$$(49) \qquad a\frac{\partial^2 u}{\partial x^2} + 2b\frac{\partial^2 u}{\partial x\, \partial y} + c\frac{\partial^2 u}{\partial y^2} + f\frac{\partial u}{\partial x} + g\frac{\partial u}{\partial y} = 0$$

aus, die, wie wir wissen, stets eine Greensche Funktion $\mathfrak{G}_0(\xi, \eta; x, y)$

hat, und führen das Problem (8) auf die Auflösung der Integro-Differentialgleichung

$$(50) \quad u(x,y) - \frac{1}{2\pi} \int_T \mathfrak{G}_0(x_1,y_1;x,y)\, h(x_1,y_1)\, u(x_1,y_1)\, dx_1\, dy_1$$

$$= \frac{\omega}{2\pi} \int_T \mathfrak{G}_0(x_1,y_1;x,y)\, \Phi_\nu^1\, dx_1\, dy_1$$

$$- \frac{1}{2\pi} \int_T \mathfrak{G}_0(x_1,y_1;x,y)\, \Pi\left(x_1,y_1, u(x_1,y_1), \frac{\partial u}{\partial x_1}, \frac{\partial u}{\partial y_1}, \ldots; \omega\right) dx_1\, dy_1$$

zurück. Augenscheinlich liegt jetzt der Verzweigungsfall vor. Es sei $v_1(x,y), \ldots, v_m(x,y)$ ein System linear unabhängiger Lösungen der zu

$$(51) \quad u(x,y) - \frac{1}{2\pi} \int_T \mathfrak{G}_0(x_1,y_1;x,y)\, h(x_1,y_1)\, u(x_1,y_1)\, dx_1\, dy_1 = 0$$

adjungierten Integralgleichung

$$v(x_1,y_1) - \frac{1}{2\pi} \int_T \mathfrak{G}_0(x_1,y_1;x,y)\, h(x_1,y_1)\, v(x,y)\, dx\, dy = 0.$$

Wir denken uns $u_1(x,y), \ldots, v_m(x,y)$ den Beziehungen

$$\int_T u_k(x,y)\, u_l(x,y)\, dx\, dy = \begin{cases} 0 & \text{für } k \neq l, \\ 1 & \text{für } k = l, \end{cases}$$

$$\int_T v_k(x,y)\, v_l(x,y)\, dx\, dy = \begin{cases} 0 & \text{für } k \neq l, \\ 1 & \text{für } k = l \end{cases}$$

gemäß normiert, setzen mit Herrn Schmidt (vgl. S. 21)

$$(52) \quad -\frac{1}{2\pi} \mathfrak{G}_0(x_1,y_1;x,y)\, h(x_1,y_1) = L(x,y;x_1,y_1) - \sum_{l=1}^{m} v_l(x,y)\, u_l(x_1,y_1) \quad [96]$$

und erhalten

$$(53) \quad u(x,y) + \int_T L(x,y;x_1,y_1)\, u(x_1,y_1)\, dx_1\, dy_1$$

$$= \frac{\omega}{2\pi} \int_T \mathfrak{G}_0(x_1,y_1;x,y)\, \Phi_\nu^1\, dx_1\, dy_1 - \frac{1}{2\pi} \int_T \mathfrak{G}_0(x_1,y_1;x,y)$$

$$\times \Pi\left(x_1,y_1, u(x_1,y_1), \frac{\partial u}{\partial x_1}, \frac{\partial u}{\partial y_1}, \ldots; \omega\right) dx_1\, dy_1 + \sum_{l=1}^{m} r_l v_l(x,y),$$

$$(54) \quad r_l = \int_T u_l(x_1,y_1)\, u(x_1,y_1)\, dx_1\, dy_1.$$

---

[96] Allgemeiner, wenn u_k, v_k ($k = 1, \ldots, m$) nicht notwendig reell sind,

$$-\frac{1}{2\pi} \mathfrak{G}_0(x_1,y_1;x,y)\, h(x_1,y_1) = L(x,y;x_1,y_1) - \sum_{l=1}^{m} \overline{v}_l(x,y)\, \overline{u}_l(x_1,y_1).$$

Die Integro-Differentialgleichung (53) läßt sich wie die Gleichung (19)
für alle $|\omega| \leqq \bar{\omega}_0$ durch sukzessive Approximationen auflösen. Die
Lösung gibt, in (54) eingeführt, die Verzweigungsgleichungen.

Ist Φ eine analytische und reguläre Funktion von z, p, q, r, s, t, v
so erweist sich auch $u(x, y)$ als eine analytische und reguläre Funktion
von $\omega; r_1, \ldots, r_m$. Die Diskussion der Verzweigungsgleichungen kann
alsdann wie in § 7 I erfolgen.

Übrigens könnte man wie in § 3 II von einer Greenschen Funktion
im erweiterten Sinne ausgehen. Dies würde wie a. a. O. auf die
Liapounoffsche Art der Bildung der Verzweigungsgleichungen hinaus-
laufen.

Jetzt einige Bemerkungen.

Vor allem die naheliegende Bemerkung, daß die Ergebnisse der
vorstehenden Betrachtungen als Ausgangspunkt für die Auflösung
der ersten Randwertaufgabe in der Theorie gewisser allgemeiner
Klassen nichtlinearer Differentialgleichungen im großen verwendet
werden können. Wir haben bereits wiederholt (vgl. S. 54 und S. 85) auf
die von S. Bernstein mit großem Erfolg benutzte Methode der schrittweisen Fortsetzung der Lösung [97] in Abhängigkeit von einem geeigneten,
in die Differentialgleichung eingeführten Parameter hingewiesen und
die Methode selbst an dem einfachen Beispiele der Gleichung $\Delta z = k e^z$
erläutert. Als ein weiteres Beispiel sei an dieser Stelle das Randwertproblem der Minimalfläche genannt, das auf die Differentialgleichung

$$(55) \quad \left[1 + \left(\frac{\partial z}{\partial x}\right)^2\right] \frac{\partial^2 z}{\partial y^2} - 2 \frac{\partial z}{\partial x} \frac{\partial z}{\partial y} \frac{\partial^2 z}{\partial x \partial y} + \left[1 + \left(\frac{\partial z}{\partial y}\right)^2\right] \frac{\partial^2 z}{\partial x^2} = 0$$

führt. S. Bernstein ersetzt (55) durch die Gleichung

$$(56) \quad \frac{\partial^2 z}{\partial x^2} + \frac{\partial^2 z}{\partial y^2} + \lambda \left(\left(\frac{\partial z}{\partial x}\right)^2 \frac{\partial^2 z}{\partial y^2} - 2 \frac{\partial z}{\partial x} \frac{\partial z}{\partial y} \frac{\partial^2 z}{\partial x \partial y} + \left(\frac{\partial z}{\partial y}\right)^2 \frac{\partial^2 z}{\partial x^2}\right) = 0$$

und bemerkt, daß (56) für $\lambda = 0$ in die Laplacesche Gleichung übergeht und sich für $\lambda = 1$ mit (55) deckt. Gibt es eine Ebene (wir
wählen sie dann zur x-y-Ebene), auf die sich die vorgegebene Randkurve S der Minimalfläche, die der Einfachheit halber als analytische
und reguläre Raumkurve vorausgesetzt sei, als eine konvexe Kurve
projiziert, so läßt sich, dies ist das grundlegende Ergebnis von
Bernstein, durch S eine Minimalfläche legen [98].

---

[97] Es liegt dabei grundsätzlich der reguläre Fall vor.

[98] Vgl. S. Bernstein, loc. cit. [72] und Math. Annalen **95** (1926), S. 585—594;
96 (1927), S. 633—647. Neuere Arbeiten über das Randwertproblem der Minimalflächen: A. Haar, Über das Plateausche Problem, Math. Annalen **97** (1927),
S. 124—158; R. Garnier, Sur le problème de Plateau, Annales de l'École Normale (3) **45** (1928), S. 53—144; T. Radó, The problem of the least area and the
problem of Plateau, Math. Zeitschr. **32** (1930), S. 763—796, sowie die beiden
vorausgegangenen Noten, Some remarks on the problem of Plateau, Proceedings
of the National Academy of Sciences **16** (1930), S. 242—248; On the problem of

Es sei noch einmal darauf hingewiesen, daß den Angelpunkt der S. Bernsteinschen Methoden die Möglichkeit bildet, in gewissen Fällen a priori Schranken für den Absolutwert der gesuchten Lösung und ihrer partiellen Ableitungen bis zu einer bestimmten Ordnung anzugeben.

Während wir uns in §§ 3 II und 4 II hauptsächlich mit der Abhängigkeit der Lösung von den Randwerten beschäftigten, handelte es sich jetzt um deren Abhängigkeit von einem in der Gleichung selbst auftretenden Parameter [98a]. Es ist einleuchtend, daß dieselbe Methode sinngemäß modifiziert, ohne weiteres zum Ziele führt, wenn man die Abhängigkeit der Lösung von den Randwerten studieren will. Dies wollen wir an dem besonders wichtigen Beispiele der Lagrangeschen Gleichung eines regulären Variationsproblems zeigen. Wir gewinnen dabei einen wichtigen Satz über die Existenz des Feldes.

§ 2. Reguläre zweidimensionale Variationsprobleme und die Existenz des Feldes. Es sei T ein von einer oder mehreren geschlossenen, analytischen und regulären Kurven S begrenztes Gebiet in der Ebene der Variablen x und y, es seien weiter $z(x, y)$ eine in $T + S$ erklärte analytische und reguläre Funktion, $\Re$ ein dreidimensionales Gebiet, welches das Flächenstück $z = z(x, y)$ ganz in seinem Innern enthält, $f(x, y, z, p, q)$ eine für alle x, y, z in $\Re$ und alle reellen p, q erklärte analytische und reguläre Funktion. Betrachten wir das Doppelintegral

$$(57) \qquad J = \int_T f(x, y, z, p, q)\, dx\, dy, \qquad p = \frac{\partial z}{\partial x}, \quad q = \frac{\partial z}{\partial y}.$$

Wir nehmen an, daß $z(x, y)$ der Lagrangeschen Differentialgleichung

$$f_{pp}\frac{\partial^2 z}{\partial x^2} + 2 f_{pq}\frac{\partial^2 z}{\partial x\, \partial y} + f_{qq}\frac{\partial^2 z}{\partial y^2} + f_{pz}\frac{\partial z}{\partial x} + f_{qz}\frac{\partial z}{\partial y}$$

$$(58) \qquad\qquad\qquad\qquad\qquad + f_{px} + f_{qy} - f_z = 0,$$

$$f_z = \frac{\partial}{\partial z}f\Big(x, y, z, \frac{\partial z}{\partial x}, \frac{\partial z}{\partial y}\Big), \quad f_{qy} = \frac{\partial^2}{\partial q\, \partial y}f\Big(x, y, z, \frac{\partial z}{\partial x}, \frac{\partial z}{\partial y}\Big), \cdots$$

Plateau, Annals of Mathematics (2) **31** (1930), S. 457—469; J. Douglas, Bulletin of the American Math. Society **33**, S. 143, 259; **34**, S. 405; **35**, S. 292; **36**, S. 49—50, 189—190 sowie die Hauptarbeit: Solution of the problem of Plateau, Transactions of the American Math. Society **33** (1931), S. 262—321, ferner Proceedings of the National Academy of Sciences **17** (1931), S. 211—216.

[98a] Mit dem Verhalten der Lösungen einer nichtlinearen elliptischen Differentialgleichung zweiter Ordnung von der Form (4) in Räumen von $m \geq 2$ Dimensionen bei einer kleinen Änderung des Parameters hat sich in einer Reihe von Arbeiten Herr Giraud beschäftigt. Vgl. namentlich G. Giraud, Sur différentes questions relatives aux équations de type elliptique, Annales de l'École Normale (3) **47** (1930), S. 197—266. (Dort findet sich auch ein Verzeichnis früherer Arbeiten.) Den Untersuchungen von Herrn Giraud liegen Voraussetzungen zugrunde, die nicht unerheblich über diejenigen des Textes hinausgehen. Es ist anzunehmen, daß diese sich auch für $m > 2$ als ausreichend erweisen werden.

und der Bedingung

$$(59) \qquad f_{pp} f_{qq} - f_{pq}^2 > 0$$

genügt. Die Funktion $z(x, y)$ erfüllt damit die erste und die zweite notwendige Bedingung für das Eintreten eines Extremums bei fester Begrenzung. Ist etwa $f_{pp} > 0$, so handelt es sich dabei um ein Minimum [99].

Es sei

$$(60) \qquad \frac{\partial}{\partial x}(f_{pp}\,\zeta_x + f_{pq}\,\zeta_y) + \frac{\partial}{\partial y}(f_{pq}\,\zeta_x + f_{qq}\,\zeta_y)$$
$$+ \lambda\zeta\left(\frac{\partial}{\partial x}f_{zp} + \frac{\partial}{\partial y}f_{zq} - f_{zz}\right) = 0,$$

$$(61) \qquad \zeta_x = \frac{\partial\zeta}{\partial x}, \qquad \zeta_y = \frac{\partial\zeta}{\partial y},$$

kürzer

$$(62) \qquad \frac{\partial}{\partial x}\left(a\,\frac{\partial\zeta}{\partial x} + b\,\frac{\partial\zeta}{\partial y}\right) + \frac{\partial}{\partial y}\left(b\,\frac{\partial\zeta}{\partial x} + c\,\frac{\partial\zeta}{\partial y}\right) + \lambda k\zeta = 0$$

die durch die Einführung des Parameters λ erweiterte Jacobische Differentialgleichung des Variationsproblems. Nimmt ak in T sowohl positive als auch negative Werte an, so hat (62) sowohl für unendlich viele positive als auch für unendlich viele negative Werte des Parameters $\lambda_1 \leqq \lambda_2 \leqq \ldots, \lambda_{-1} \geqq \lambda_{-2} \geqq \ldots$ (Eigenwerte) in T reguläre, auf S verschwindende Lösungen (Eigenfunktionen) [100].

Es sei T_1 irgendein von geschlossenen analytischen und regulären Kurven begrenztes Gebiet in T, das auch mit T selbst zusammenfallen kann. Bekanntlich lautet die dritte für das Eintreten eines Extremums notwendige Bedingung so:

Es gibt, wenn von der trivialen Lösung $\zeta(x, y) \equiv 0$ abgesehen wird, keine in T_1 reguläre, auf der Berandung S_1 von T_1 verschwindende Lösung der Jacobischen Differentialgleichung

$$(62') \qquad \frac{\partial}{\partial x}\left(a\,\frac{\partial\zeta}{\partial x} + b\,\frac{\partial\zeta}{\partial y}\right) + \frac{\partial}{\partial y}\left(b\,\frac{\partial\zeta}{\partial x} + c\,\frac{\partial\zeta}{\partial y}\right) + k\zeta = 0. \quad [101]$$

Dieses Kriterium ist, wie ich vor längerer Zeit gezeigt habe, der folgenden einfachen Aussage äquivalent:

Der kleinste positive Eigenwert der Differentialgleichung (62) *bezüglich* T *muß mindestens gleich 1 sein,*

$$\lambda_1 \geqq 1. \quad [102]$$

<hr>

[99] Vgl. z. B. O. Bolza, Vorlesungen über Variationsrechnung, Leipzig 1909, S. 656 und S. 673—675.

[100] Die umfangreiche Literatur findet sich in meinem Encyklopädieartikel II C 12, S. 1310—1315 angegeben.

[101] Vgl. O. Bolza, loc. cit. [99], S. 678.

[102] Vgl. L. Lichtenstein, a) Untersuchungen über zweidimensionale reguläre Variationsprobleme. I. Das einfachste Problem bei fester Begrenzung. Jacobische Bedingung und die Existenz des Feldes. Verzweigung der Extremal-

Ist $\lambda_1 > 1$, so läßt sich, wie wir jetzt an Hand der Entwicklungen des § 1 leicht zeigen können, *die Fläche* $z = z(x, y)$ *in ein Feld von Extremalflächen einbetten* [103]. Ist etwa (59) für alle p und q erfüllt, so liegt also, wie man weiß, ein starkes Minimum vor.

Es sei $\chi(s) > 0$ irgendeine auf S erklärte wesentlich positive, nebst ihren Ableitungen erster und zweiter Ordnung stetige Funktion, und es möge $\chi''(s)$ einer H-Bedingung genügen. Wir versuchen diejenige in $T + S$ stetige, in T reguläre Lösung $\bar{z}(x, y)$ der Differentialgleichung

$$\bar{f}_{pp}\frac{\partial^2 \bar{z}}{\partial x^2} + 2\bar{f}_{pq}\frac{\partial^2 \bar{z}}{\partial x\,\partial y} + \bar{f}_{qq}\frac{\partial^2 \bar{z}}{\partial y^2} + \bar{f}_{pz}\frac{\partial \bar{z}}{\partial x} + \bar{f}_{qz}\frac{\partial \bar{z}}{\partial y}$$

$$(63)\qquad\qquad\qquad\qquad\qquad\qquad + \bar{f}_{px} + \bar{f}_{qy} - \bar{f}_z = 0,$$

$$\bar{f}_{pp} = \frac{\partial^2}{\partial p^2} f\left(x, y, \bar{z}, \frac{\partial \bar{z}}{\partial x}, \frac{\partial \bar{z}}{\partial y}\right), \dots,$$

zu bestimmen, die auf S die Werte $z + \varepsilon\chi$ annimmt, unter ε einen absolut hinreichend kleinen Wert, etwa $|\varepsilon| \leqq \varepsilon^*$, verstanden. Da $\lambda = 1$ diesmal kein Eigenwert ist, so hat die Differentialgleichung

$$(64)\qquad \frac{\partial}{\partial x}\left(a\frac{\partial \zeta}{\partial x} + b\frac{\partial \zeta}{\partial y}\right) + \frac{\partial}{\partial y}\left(b\frac{\partial \zeta}{\partial x} + c\frac{\partial \zeta}{\partial y}\right) + k\zeta = 0$$

gewiß eine und nur eine in T reguläre Lösung, die auf S den Wert $\chi(s)$ hat, sie heiße $\chi(x, y)$. Übrigens hat $\chi(x, y)$ in $T + S$ stetige Ableitungen erster und stetige, der H-Bedingung genügende Ableitungen zweiter Ordnung. Ist, wie wir vorausgesetzt haben, $\lambda_1 > 1$, so ist überdies in $T + S$ durchweg $\chi(x, y) > 0$. [104] Für hinreichend kleine $|\varepsilon|$ ist die Fläche $x, y, z(x, y) + \varepsilon\chi(x, y)$ gewiß ganz im Innern von $\Re$ gelegen. Wir setzen

$$(65)\qquad\qquad \bar{z}(x, y) = z(x, y) + \varepsilon\chi(x, y) + \varepsilon\tau(x, y).$$

---

flächen. Monatshefte für Math. u. Physik **28** (1917), S. 3—51, sowie namentlich b) Zweite Abhandlung, Math. Zeitschr. **5** (1919), S. 26—51.

In dem besonderen Falle der Minimalflächen ist das im Text angegebene Kriterium von H. A. Schwarz in einer berühmten Arbeit aufgestellt und bewiesen worden. Dort ist $ak > 0$. Vgl. H. A. Schwarz, Gesammelte Abhandlungen Bd. I, Berlin **1890**, S. 223—269.

[103] Vgl. L. Lichtenstein, loc. cit. [102] a) S. 18—35, b) S. 34—41.

[104] Vgl. L. Lichtenstein, loc. cit. [102] a) S. 33—34. Die behauptete Eigenschaft der Funktion $\chi(x, y)$ folgt einfach aus der Bemerkung, daß andernfalls ein ganz im Innern von T gelegener Bereich $T_1 + S_1$ existieren müßte, in dessen Innern $\chi(x, y)$ von Null verschieden wäre und auf dessen Rande es verschwinden würde. Dann wäre aber die Jacobische notwendige Bedingung für das Eintreten eines Extremums des Integrals (57) entgegen unseren Annahmen ($\lambda > 1$) nicht erfüllt.

Die Funktion $\tau(x,y)$ verschwindet auf S und genügt, wie man aus (58) und (63) erschließt, einer nichtlinearen Differentialgleichung von der Form

$$(66) \quad \frac{\partial}{\partial x}\left(a\,\frac{\partial \tau}{\partial x} + b\,\frac{\partial \tau}{\partial y}\right) + \frac{\partial}{\partial y}\left(b\,\frac{\partial \tau}{\partial x} + c\,\frac{\partial \tau}{\partial y}\right) + k\tau$$

$$= \varepsilon\,\Theta\left(x, y, \tau, \tau_x, \tau_y, \tau_{xx}, \tau_{xy}, \tau_{yy}; \varepsilon\right),$$

unter Θ eine für alle (x,y) in $T+S$, alle dem absoluten Betrage nach hinreichend kleinen reellen Werte von ε und alle reellen τ, τ_x, τ_y, $\tau_{xx}, \tau_{xy}, \tau_{yy}$ analytische und reguläre Funktion verstanden [105].

Die Differentialgleichung (66) ist augenscheinlich von demselben Charakter wie die Differentialgleichung (8) und läßt sich genau so wie jene behandeln.

Da die Differentialgleichung (62) nach Voraussetzung für $\lambda = 1$ keine Eigenfunktionen hat, so liegt der reguläre Fall vor. Zu jedem ε mit $|\varepsilon| \leqq \varepsilon^*$ gehört eine und nur eine Lösung $\tau(x,y)$. Den Ergebnissen des § 1 zufolge hat $\tau(x,y)$ in $T+S$ stetige Ableitungen erster sowie stetige, der H-Bedingung genügende Ableitungen zweiter Ordnung. Aus (65), (66) folgt für alle (x,y) in $T+S$ gleichmäßig

$$\lim_{\varepsilon \to 0} \frac{\bar{z}(x,y) - z(x,y)}{\varepsilon} = \chi(x,y).$$

Im vorliegenden Falle ist, da $\chi(x,y) > 0$ gilt, für alle hinreichend kleinen $|\varepsilon|$, etwa $|\varepsilon| \leqq \varepsilon_* \leqq \varepsilon^*$, und alle (x,y) in $T+S$

$$(67) \quad \frac{\partial}{\partial \varepsilon}\,\bar{z}(x,y) > 0.$$

Die Schar $\bar{z}(x,y)$, $|\varepsilon| \leqq \varepsilon_*$ bildet eine Schar von Extremalflächen.

Es sei jetzt im Gegensatz zu unseren vorstehenden Annahmen $\lambda_1 = 1$, und es möge vorübergehend $\varphi(x,y)$ die irgendwie normierte Eigenfunktion der Differentialgleichung (62') bezeichnen [106].

Die zweite Variation des Integrals (57) verschwindet, wenn man $z(x,y)$ die Variation $\varphi(x,y)$ erteilt. Trotzdem kann noch, wenn geeignete weitere Bedingungen erfüllt sind, ein schwaches Minimum zustande kommen [107].

---

[105] Vgl. loc. cit. [102] a) S. 18—19.

[106] Es läßt sich zeigen, daß λ_1 gewiß einen einfachen Eigenwert darstellt und $\varphi(x,y)$ in T durchweg positiv angenommen werden kann. Vgl. L. Lichtenstein, loc. cit. [102] a) S. 13—14, sowie namentlich L. Lichtenstein, Zur Analysis der unendlich vielen Variablen. Zweite Abhandlung. Reihenentwicklungen nach Eigenfunktionen linearer partieller Differentialgleichungen zweiter Ordnung vom elliptischen Typus, Math. Zeitschr. 3 (1919), S. 127—160, insbesondere S. 148—149.

[107] Vgl. meine loc. cit. [102] an zweiter Stelle genannte Abhandlung, wo sich S. 42—47 eine eingehende Diskussion des Problems findet.

Was die Differentialgleichung (66) betrifft, so liegt diesmal ein Verzweigungsfall vor, und es ist, allgemein zu reden, zu erwarten, daß sich die Scharen der Extremalenflächen verzweigen. Eine Diskussion der Verzweigungsgleichung hat nach dem in § 7 I angegebenen Schema zu erfolgen und bietet keinerlei grundsätzliche Schwierigkeiten dar[107a].

§ 3. Ein Umkehrproblem in der Theorie der Funktionale. Wir wenden uns jetzt einem Umkehrproblem in der Theorie der Funktionale zu, das als einen speziellen Fall eine fundamentale Fragestellung der Theorie der Gleichgewichtsfiguren rotierender Flüssigkeiten enthält. Sind gewisse hierbei in Betracht kommende Funktionen analytisch und regulär, so gelangen wir, wie sich alsbald zeigen wird, zu Integro-Differentialgleichungen von der im ersten Kapitel behandelten Gestalt. Treten wie in dem besonderen Falle der Gleichgewichtsfiguren Singularitäten auf, so lassen sich die Integro-Differentialgleichungen nicht ohne weiteres auf die a. a. O. behandelten reduzieren. Ein Kernpunkt der Theorie ist, wie wir bereits in § 1 bemerkt haben, die Herleitung der zu (8) I und (11) I analogen Ungleichheiten.

Es sei S eine geschlossene, doppelpunktlose, stetig gekrümmte Fläche im Raume der Variablen x, y, z, und es möge T das von S begrenzte Gebiet bezeichnen. Bekanntlich läßt sich S in eine endliche Anzahl von Stücken zerfällen, so daß in jedem einzelnen dieser Stücke Gleichungen von der Form

$$(68) \qquad x = X(\xi, \eta), \quad y = Y(\xi, \eta), \quad z = Z(\xi, \eta)$$

gelten, unter X, Y, Z Funktionen verstanden, die folgende Eigenschaften haben. Sie sind in einem gewissen Bereich der Ebene ξ-η definiert und nebst ihren Ableitungen erster und zweiter Ordnung stetig. Ferner ist

$$(69) \qquad \left[\frac{\partial(X, Y)}{\partial(\xi, \eta)}\right]^2 + \left[\frac{\partial(Y, Z)}{\partial(\xi, \eta)}\right]^2 + \left[\frac{\partial(Z, X)}{\partial(\xi, \eta)}\right]^2 > 0 .^{[108]}$$

Es sei $K(\tau, \tau') = K(x, y, z; x', y', z')$ eine für alle (x, y, z) und (x', y', z') in einem Bereiche Θ, der $T + S$ ganz in seinem Innern enthält, erklärte analytische und reguläre Funktion. Es sei σ ein

---

[107a] Das Auftreten von Verzweigungen bei Differentialgleichungen von der Form (66) ist in der loc. cit. [102] unter a) genannten Arbeit S. 35—51 zum erstenmal bewiesen worden. Dort findet sich auch eine eingehende Diskussion des nächstliegenden Falles der Verzweigung, bei dem zwei lineare Reihen von Lösungen erscheinen. Vgl. die Bemerkungen der Fußnote [81].

[108] Man vergleiche die grundsätzlichen Ausführungen über die Flächen mit stetiger Normale in meinem Aufsatze, Bemerkungen über die Flächen mit stetiger Normale, Bulletin international de l'Académie Polonaise des Sciences et des Lettres 1928, S. 7—13. Siehe auch L. Lichtenstein, Grundlagen der Hydromechanik, Berlin 1929, S. 13—14.

Punkt $P = (X, Y, Z)$ auf S, — die nach außen gerichtete Normale zu S in σ heiße (ν), ihre Richtungskosinus bezeichnen wir mit a, b und c. Die Koordinaten desjenigen Punktes P_1 auf (ν), dessen Abstand von σ den Wert ζ hat[109], sind augenscheinlich

$$(70) \qquad X_1 = X + a\zeta, \qquad Y_1 = Y + b\zeta, \qquad Z_1 = Z + c\zeta.$$

Betrachten wir vorübergehend die Schar der Parallelflächen S_p zu S, und es möge $\varepsilon_p \gtrless 0$ den Abstand der Fläche S_p von S bezeichnen. Für hinreichend kleine $|\varepsilon_p|$, etwa $|\varepsilon_p| \leqq \varepsilon_0$, sind, wie man weiß, alle S_p doppelpunktlose, stetig gekrümmte Flächen. Ist jetzt P_1 irgendein Punkt in dem schalenartigen Raume $\mathfrak{T}$, der von den beiden zu S im Abstande ε_0 gelegenen Parallelflächen begrenzt wird, so läßt sich von P_1 eine und nur eine Normale auf S fällen, so daß der Abstand ζ ihres Fußpunktes P von P_1 den Wert ε_0 nicht übersteigt. Sind ξ, η die Gaußschen Parameter von P, so kann man ξ, η, ζ als krummlinige Koordinaten von P_1 auffassen.

Es sei S_1 irgendeine Fläche mit stetiger Normale in $\mathfrak{T}$. Wir nehmen an, daß sich ihre Gleichung unter Zugrundelegung des Koordinatensystems ξ, η ζ in der Form $\zeta = \zeta(\xi, \eta)$ darstellen läßt, unter $\zeta(\xi, \eta)$ eine nebst ihren partiellen Ableitungen erster Ordnung stetige Funktion verstanden; S_1 wird von den Normalen (ν) zu S allemal in einem und nur einem Punkte getroffen.

Das Volumintegral $\int\limits_{T_1} K(X_1, Y_1, Z_1; \tau')\, d\tau'$ ist eine Ortsfunktion auf S_1 oder, was auf dasselbe hinauskommt, auf S,

$$(71) \qquad \int\limits_{T_1} K(X_1, Y_1, Z_1; \tau')\, d\tau' = \mathfrak{B}_1(X_1, Y_1, Z_1) = \mathfrak{U}_1(\xi, \eta).$$

Augenscheinlich hängt $\mathfrak{B}_1$ von der besonderen Wahl von S_1 ab, stellt somit, in der Bezeichnungsweise von Herrn Volterra, eine „Funktion" dieser Fläche dar[110]. Läßt man T_1 mit T zusammenfallen, so erhält man das Volumintegral $\int\limits_{T} K(X, Y, Z; \tau')\, d\tau'$, eine Ortsfunktion auf S, die als bekannt anzusehen ist,

$$(72) \qquad \int\limits_{T} K(X, Y, Z; \tau')\, d\tau' = \mathfrak{B}(X, Y, Z) = \mathfrak{U}(\xi, \eta) = \mathfrak{u}(\sigma).$$

Es sei jetzt $v(\sigma)$ eine stetige Ortsfunktion auf S, deren absoluter Betrag unterhalb einer festen, später noch festzusetzenden Schranke liegt, und es möge $s\{\zeta, v\}$ einen Ausdruck bezeichnen, der wie die im Kapitel I betrachteten Ausdrücke $\sum\limits_{m+n \geqq 1} U_{mn}\{\zeta, v\}$ (vgl. (12) I) beschaffen ist.

---

[109] Offenbar gilt hierbei ζ als positiv, wenn der Vektor $P P_1$ in (ν) hineinfällt, als negativ, wenn er die entgegengesetzte Richtung hat.

[110] Freilich hängt der Wert unseres Volumintegrals auch noch von der speziellen Wahl des Punktes (X_1, Y_1, Z_1) auf S_1 ab.

Wir versuchen S_1 in $\mathfrak{T}$ so zu bestimmen, daß

$$(73) \qquad \int_{T_1} K(X_1, Y_1, Z_1; \tau')\, d\tau' = \mathfrak{B}_1(X_1, Y_1, Z_1)$$
$$= \mathfrak{U}_1(\xi, \eta) = \mathfrak{u}(\sigma) + s\{\zeta, v\}$$

wird. Aus (72) und (73) folgt

$$(74) \qquad \int_{T_1} K(X_1, Y_1, Z_1; \tau')\, d\tau' - \int_T K(X, Y, Z; \tau')\, d\tau' = s\{\zeta, v\},$$

und diese Beziehung läßt sich in eine Integro-Differentialgleichung umformen; dies wollen wir vor allem zeigen.

Neben den Flächen S und S_1 betrachten wir eine einparametrige Flächenschar S_t $(0 \leq t \leq 1)$, die sich symbolisch in der Form $S + t(S_1 - S)$ darstellen läßt. Dem Punkte (ξ, η) auf S entspricht auf S_t ein Punkt σ_t mit den (krummlinigen) Koordinaten $\xi, \eta, t\zeta$. Seine kartesischen Koordinaten sind

$$(75) \qquad X_t = X + at\zeta, \qquad Y_t = Y + bt\zeta, \qquad Z_t = Z + ct\zeta.$$

Der von S_t begrenzte Körper heißt T_t. Wir schreiben, unter ζ^* einen beliebigen Wert mit $|\zeta^*| \leq \varepsilon_0$ verstanden,

$$\int_{T_t} K(X + a\zeta^*, Y + b\zeta^*, Z + c\zeta^*; \tau')\, d\tau' = \mathfrak{U}_t(\xi, \eta, \zeta^*),$$
$$(76) \qquad \int_{T_t} K(X_t, Y_t, Z_t; \tau')\, d\tau' = \mathfrak{U}_t(\xi, \eta, t\zeta) = \mathfrak{U}_t(\xi, \eta)$$

und bemerken, daß

$$[\mathfrak{U}_t(\xi, \eta)]_{t=1} = \mathfrak{U}_1(\xi, \eta), \qquad [\mathfrak{U}_t(\xi, \eta)]_{t=0} = \mathfrak{U}(\xi, \eta)$$

gilt, darum (74) der Beziehung

$$(77) \qquad \mathfrak{U}_1(\xi, \eta) - \mathfrak{U}(\xi, \eta) = \int_0^1 \frac{\partial}{\partial t} \mathfrak{U}_t(\xi, \eta)\, dt = s\{\zeta, v\}$$

äquivalent ist. Wir bezeichnen mit φ_t' den von der Normale (v') zu S in σ' mit der Normale zu S_t in σ_t' eingeschlossenen Winkel, mit $d\sigma_t'$ das Flächenelement von S_t in σ_t'. Wie sich ohne Schwierigkeiten zeigen läßt, ist

$$\frac{\partial}{\partial t} \mathfrak{U}_t(\xi, \eta) = \int_{T_t} \frac{\partial}{\partial t} K(X + at\zeta, Y + bt\zeta, Z + ct\zeta; \tau')\, d\tau'$$
$$+ \int_{S_t} K(\sigma_t, \sigma_t')\, \zeta' \cos \varphi_t'\, d\sigma_t'$$
$$(78) \quad = \zeta \int_T \frac{\partial}{\partial v} K(X + at\zeta, Y + bt\zeta, Z + ct\zeta; \tau')\, d\tau'$$
$$+ \zeta \int_0^t du \int_{S_u} \frac{\partial}{\partial v} K(X + at\zeta, Y + bt\zeta, Z + ct\zeta; \sigma_u')\, \zeta' \cos \varphi_u'\, d\sigma_u'$$
$$+ \int_{S_t} K(\sigma_t, \sigma_t')\, \zeta' \cos \varphi_t'\, d\sigma_t'.\ [111]$$

---

[111] Es handelt sich hier um die Differentiation eines vielfachen Integrals in bezug auf einen Parameter, wenn sowohl die zu integrierende Funktion als

Ferner ist

$$(79) \qquad d\sigma_t' = d\xi' d\eta' \sqrt{A_t'^2 + B_t'^2 + C_t'^2}$$

mit

$$(80) \qquad A_t' = \frac{\partial(Y' + b't\zeta', Z' + c't\zeta')}{\partial(\xi', \eta')}, \qquad B_t' = \frac{\partial(Z' + c't\zeta', X' + a't\zeta')}{\partial(\xi', \eta')},$$
$$C_t' = \frac{\partial(X' + a't\zeta', Y' + b't\zeta')}{\partial(\xi', \eta')},$$

$$(81) \qquad \cos\varphi_t' = \frac{a'A_t' + b'B_t' + c'C_t'}{\sqrt{A_t'^2 + B_t'^2 + C_t'^2}},$$
$$\cos\varphi_t' d\sigma_t' = (a'A_t' + b'B_t' + c'C_t')\, d\xi'\, d\eta'. \text{[112]}$$

Es ist jetzt leicht zu sehen, daß, wenn man $|\zeta|$, $\left|\dfrac{\partial\zeta}{\partial\xi}\right|$, $\left|\dfrac{\partial\zeta}{\partial\eta}\right|$ hinreichend klein wählt, etwa

$$(82) \qquad |\zeta|, \ \left|\frac{\partial\zeta}{\partial\xi}\right|, \ \left|\frac{\partial\zeta}{\partial\eta}\right| \leqq \Omega \leqq \varepsilon_0$$

annimmt, $\dfrac{\partial}{\partial t}\mathfrak{U}_t(\xi,\eta)$, *mithin auch* $\mathfrak{U}_t(\xi,\eta) - \mathfrak{U}(\xi,\eta)$ *für alle reellen oder komplexen t mit $|t| \leqq t^*$ $(t^* > 1)$ eine analytische und reguläre Funktion von t darstellt.* Wir können darum setzen

$$\mathfrak{U}_t(\xi,\eta) - \mathfrak{U}(\xi,\eta) = t\,\mathfrak{U}^{(1)} + t^2\,\mathfrak{U}^{(2)} + \cdots$$

und für $t = 1$

$$(83) \qquad \mathfrak{U}_1(\xi,\eta) - \mathfrak{U}(\xi,\eta) = \mathfrak{U}^{(1)} + \mathfrak{U}^{(2)} + \cdots = \mathfrak{U}^{(1)} + \Psi\{\zeta\}.$$

Die Beziehung (77) erscheint somit in der Form

$$(84) \qquad \mathfrak{U}^{(1)} = s\{\zeta, v\} - \mathfrak{U}^{(2)} - \mathfrak{U}^{(3)} - \cdots.$$

Die einzelnen Summanden rechter Hand sind, wie man sich ohne Mühe überzeugt, Integralausdrücke, die teils über T, teils über S erstreckt sind. Insbesondere ist

$$(85) \qquad \mathfrak{U}^{(1)} = \left[\frac{\partial}{\partial t}\mathfrak{U}_t\right]_{t=0} = \zeta\int_T \frac{\partial}{\partial v} K(X, Y, Z; \tau')\,d\tau' + \int_S K(\sigma, \sigma')\,\zeta'\,d\sigma'.$$

Wir nehmen jetzt zunächst an, daß $s\{\zeta, v\} = s\{v\}$ von ζ unabhängig ist und der Koeffizient von ζ rechter Hand auf S nirgends verschwindet,

$$(86) \qquad \int_T \frac{\partial}{\partial v} K(X, Y, Z; \tau')\,d\tau' \neq 0.$$

---

auch das Integrationsgebiet selbst von dem Parameter abhängt. Man vergleiche die näheren Ausführungen in meiner in der Fußnote [94] genannten Abhandlung S. 239—242.

[112] Wir denken uns die Gaußschen Parameter ξ, η so orientiert, daß in (81), wie natürlich auch in (79), die Quadratwurzel mit dem positiven Vorzeichen zu versehen ist.

Die Gleichung (84), *die wir in der Form*

$$(87) \quad \zeta \int_T \frac{\partial}{\partial v} K(X, Y, Z; \tau')\, d\tau' + \int_S K(\sigma, \sigma')\, \zeta'\, d\sigma' = s\{v\} - \mathfrak{U}^{(2)} - \mathfrak{U}^{(3)} - \dots$$

schreiben können, stellt alsdann eine Integro-Differentialgleichung dar, die der im Kapitel I entwickelten Theorie zugänglich ist.

Dies ist, wie wir wissen, bewiesen, sobald gezeigt ist, daß Ungleichheiten gelten, die zu den in § 1 I abgeleiteten Ungleichheiten (8) I und (11) I analog sind[113]. Wir gelangen hierzu auf folgendem Wege. Differentiiert man den Ausdruck (78) in bezug auf t, so erhält man

$$(88) \quad \frac{\partial^2}{\partial t^2} \mathfrak{U}_t(\xi, \eta) = \zeta^2 \int_T \frac{\partial^2}{\partial v^2} K(X + at\zeta, Y + bt\zeta, Z + ct\zeta; \tau')\, d\tau'$$

$$+ \zeta^2 \int_0^t du \int_{S_u} \frac{\partial^2}{\partial v^2} K(X + at\zeta, Y + bt\zeta, Z + ct\zeta; \sigma_u')\, \zeta' \cos \varphi_u'\, d\sigma_u'$$

$$+ \zeta \int_{S_t} \frac{\partial}{\partial v} K(X + at\zeta, Y + bt\zeta, Z + ct\zeta; \sigma_t')\, \zeta' \cos \varphi_t'\, d\sigma_t'$$

$$+ \frac{\partial}{\partial t} \int_{S_t} K(\sigma_t, \sigma_t')\, \zeta' \cos \varphi_t'\, d\sigma_t',$$

ferner

$$(89) \qquad \frac{\partial}{\partial t} \int_{S_t} K(\sigma_t, \sigma_t')\, \zeta' \cos \varphi_t'\, d\sigma_t'$$

$$= \frac{\partial}{\partial t} \int_S K(X + at\zeta, Y + bt\zeta, Z + ct\zeta; X' + a't\zeta', Y' + b't\zeta', Z' + c't\zeta')$$

$$\times \zeta'(a' A_t' + b' B_t' + c' C_t')\, d\xi'\, d\eta'$$

$$= \int_{S_t} \left(\zeta \frac{\partial}{\partial v} + \zeta' \frac{\partial}{\partial v'} \right) K(\sigma_t, \sigma_t')\, \zeta' \cos \varphi_t'\, d\sigma_t'$$

$$+ \int_S K(\sigma_t, \sigma_t')\, \zeta' \left(a' \frac{\partial A_t'}{\partial t} + b' \frac{\partial B_t'}{\partial t} + c' \frac{\partial C_t'}{\partial t} \right) d\xi'\, d\eta'.$$

und weiter z. B.

$$(90) \quad \frac{\partial A_t'}{\partial t} = \frac{\partial (b'\zeta')}{\partial \xi'} \frac{\partial (Z' + c't\zeta')}{\partial \eta'} + \frac{\partial (Y' + bt\zeta')}{\partial \xi'} \frac{\partial (c'\zeta')}{\partial \eta'}$$

$$- \frac{\partial (b'\zeta')}{\partial \eta'} \frac{\partial (Z' + c't\zeta')}{\partial \xi'} - \frac{\partial (Y' + b't\zeta')}{\partial \eta'} \frac{\partial (c'\zeta)}{\partial \xi'}.$$

---

[113] Man vergleiche die Ausführungen des § 3 I sowie die Bemerkungen auf S. 14 und 88.

Beiläufig bemerkt, heben sich hier rechter Hand Glieder zweiten Grades in bezug auf $\dfrac{\partial \zeta'}{\partial \xi'}$ und $\dfrac{\partial \zeta'}{\partial \eta'}$ fort.

Aus (88), (89) und (90) folgt leicht, daß für $|t| \leqq t^*$ $(t^* > 1)$ und alle (82) erfüllenden reellen oder *komplexen* ζ

$$(91) \qquad \left| \frac{\partial^2}{\partial t^2} \mathfrak{U}_t(\xi, \eta) \right| \leqq \alpha_1 \Omega^2$$

ist. Es ist ferner nicht schwer, nach einer Differentiation zu zeigen, daß

$$(92) \qquad \left| \frac{\partial^3}{\partial t^2 \partial \xi} \mathfrak{U}_t(\xi, \eta) \right|, \qquad \left| \frac{\partial^3}{\partial t^2 \partial \eta} \mathfrak{U}_t(\xi, \eta) \right| \leqq \alpha_2 \Omega^2$$

gilt. Nach (83) ist weiter

$$(93) \qquad \Psi\{\zeta\} = \mathfrak{U}_1 - \mathfrak{U} - \left[\frac{\partial \mathfrak{U}_t}{\partial t} \right]_{t=0} = \int_0^1 dt \int_0^t \frac{\partial^2}{\partial u^2} \mathfrak{U}_u \, du,$$

sowie

$$(94) \quad \frac{\partial}{\partial \xi} \Psi\{\zeta\} = \int_0^1 dt \int_0^t \frac{\partial^3}{\partial u^2 \partial \xi} \mathfrak{U}_u \, du, \quad \frac{\partial}{\partial \eta} \Psi\{\zeta\} = \int_0^1 dt \int_0^t \frac{\partial^3}{\partial u^2 \partial \eta} \mathfrak{U}_u \, du,$$

somit wegen (91) und (92)

$$(95) \quad |\Psi\{\zeta\}|, \left| \frac{\partial}{\partial \xi} \Psi\{\zeta\} \right|, \left| \frac{\partial}{\partial \eta} \Psi\{\zeta\} \right| \leqq A \Omega^2, \quad A = \mathrm{Max}\left(\frac{\alpha_1}{2}, \frac{\alpha_2}{2} \right),$$

Es sei $\dot\zeta$ eine andere reelle oder komplexe wie ζ beschaffene Ortsfunktion auf S, und es sei

$$(96) \qquad |\dot\zeta|, \left| \frac{\partial \dot\zeta}{\partial \xi} \right|, \left| \frac{\partial \dot\zeta}{\partial \eta} \right| \leqq \Omega \leqq \varepsilon_0,$$

$$(97) \qquad |\zeta - \dot\zeta|, \left| \frac{\partial}{\partial \xi}(\zeta - \dot\zeta) \right|, \left| \frac{\partial}{\partial \eta}(\zeta - \dot\zeta) \right| \leqq \mho \leqq 2\Omega.$$

Wegen (95) ist gewiß

$$(98) \qquad |\Psi\{\dot\zeta\}|, \left| \frac{\partial}{\partial \xi} \Psi\{\dot\zeta\} \right|, \left| \frac{\partial}{\partial \eta} \Psi\{\dot\zeta\} \right| \leqq A \Omega^2.$$

Ferner ist

$$(99) \qquad \Psi - \dot\Psi = \int_0^1 dt \int_0^t \frac{\partial^2}{\partial u^2}(\mathfrak{U}_u - \dot{\mathfrak{U}}_u) \, du$$

und, wie sogleich gezeigt werden wird,

$$(100) \qquad \left| \frac{\partial^2}{\partial u^2}(\mathfrak{U}_u - \dot{\mathfrak{U}}_u) \right| \leqq \alpha_3 \Omega \mho.$$

In der Tat ist beispielsweise (man vergleiche die Formel (88))

$$(101)\quad \zeta^2 \int\limits_{T} \frac{\partial^2}{\partial v^2} K(X + at\zeta, Y + bt\zeta, Z + ct\zeta; \tau')\, d\tau'$$

$$- \dot\zeta^2 \int\limits_{T} \frac{\partial^2}{\partial v^2} K(X + at\dot\zeta, Y + bt\dot\zeta, Z + ct\dot\zeta; \tau')\, d\tau'$$

$$= (\zeta^2 - \dot\zeta^2) \int\limits_{T} \frac{\partial^2}{\partial v^2} K(X + at\zeta, Y + bt\zeta, Z + ct\zeta; \tau')\, d\tau'$$

$$+ \dot\zeta^2 \int\limits_{T} \left\{ \frac{\partial^2}{\partial v^2} K(X + at\zeta, Y + bt\zeta, Z + ct\zeta; \tau') \right.$$

$$\left. - \frac{\partial^2}{\partial v^2} K(X + at\dot\zeta, Y + bt\dot\zeta, Z + ct\dot\zeta; \tau') \right\} d\tau'$$

sowie

$$\frac{\partial^2}{\partial v^2} K(X + at\zeta, \ldots; \tau') - \frac{\partial^2}{\partial v^2} K(X + at\dot\zeta, \ldots; \tau')$$

$$= t(\zeta - \dot\zeta) \frac{\partial^3}{\partial v^3} K\{X + at[\dot\zeta + \vartheta(\zeta - \dot\zeta)], Y + bt[\dot\zeta + \vartheta(\zeta - \dot\zeta)], \ldots; \tau'\},$$
$$0 < \vartheta < 1.$$

Wie man sich leicht überzeugt, ist der absolute Betrag des Ausdruckes (101) rechts $\leq \alpha_4 \Omega \mho$. Analoge Abschätzungen ergeben sich für die übrigen Summanden (88) rechter Hand[114]. Es gilt also, wie behauptet, die Beziehung (100). Ganz ähnliche Abschätzungen gelten für $\frac{\partial^3}{\partial u^2 \partial \xi}(\mathfrak{U}_u - \dot{\mathfrak{U}}_u)$ und $\frac{\partial^3}{\partial u^2 \partial \eta}(\mathfrak{U}_u - \dot{\mathfrak{U}}_u)$. Berücksichtigt man (99), so findet man endgültig

$$(102)\quad |\Psi\{\zeta\} - \Psi\{\dot\zeta\}|,\ \left| \frac{\partial}{\partial \xi} \Psi\{\zeta\} - \frac{\partial}{\partial \xi} \Psi\{\dot\zeta\} \right|,$$

$$\left| \frac{\partial}{\partial \eta} \Psi\{\zeta\} - \frac{\partial}{\partial \eta} \Psi\{\dot\zeta\} \right| \leq B\Omega\mho.$$

Die Beziehungen (95) und (102) sind die maßgebenden Ungleichheiten, die wir aufstellen wollten.

Damit ist gezeigt, daß das Verfahren der sukzessiven Näherungen wie in § 2 I bis § 7 I zur Lösung führen wird.

Wir haben vorhin $s\{\zeta, v\}$ von ζ unabhängig vorausgesetzt. Ist dies nicht der Fall, so wird man die in bezug auf ζ linearen, von v freien Glieder der Entwicklung von $s\{\zeta(\sigma), v(\sigma)\}$ auf die linke Seite bringen und im übrigen ganz wie vorhin verfahren. Noch allgemeiner könnte man annehmen, daß der Ausdruck auf der rechten

---

[114] Die über S_t bzw. S_u erstreckten Integrale sind hierbei in Integrale, die über S erstreckt sind, zu verwandeln.

Seite der Gleichung (74) von mehreren vorgegebenen Funktionen, insbesondere von einem oder mehreren Parametern abhängt[115].

§ 4. Gleichgewichtsfiguren rotierender Flüssigkeiten. Der spezielle Fall

$$(103) \qquad K(x,y,z; x',y',z') = K(\tau,\tau') = K(\varrho),$$
$$\varrho^2 = (x-x')^2 + (y-y')^2 + (z-z')^2$$

ist von besonderem Interesse. Jetzt ist, wie man leicht verifiziert[116],

$$(104) \int\limits_{T_t} \frac{\partial}{\partial \nu} K(X + at\zeta, Y + bt\zeta, Z + ct\zeta; \tau')\,d\tau' = -\int\limits_{S_t} K(\varrho_t)\cos\theta_t'\,d\sigma_t',$$

unter ϱ_t den Abstand der Punkte σ_t, σ_t' auf S_t, unter θ_t' den zwischen (ν) und der Normalen (ν_t') zu S_t in σ_t' eingeschlossenen Winkel verstanden,

$$\cos\theta_t' = \frac{a A_t' + b B_t' + c C_t'}{\sqrt{A_t'^2 + B_t'^2 + C_t'^2}}.$$

Die Formeln vereinfachen sich. Wir finden der Gleichung (78) zufolge

$$(105) \qquad \frac{\partial}{\partial t}\,\mathfrak{U}_t(\xi,\eta) = \int\limits_{S_t} K(\varrho_t)(\zeta'\cos\varphi_t' - \zeta\cos\theta_t')\,d\sigma_t'$$
$$= \int\limits_{S} K(\varrho_t)\{(a'\zeta' - a\zeta)A_t' + (b'\zeta' - b\zeta)B_t' + (c'\zeta' - c\zeta)C_t'\}\,d\xi'\,d\eta',$$

darum in naheliegender abgekürzter Schreibweise

$$(106)\ \mathfrak{U}^{(m)} = \frac{1}{m!}\left[\frac{\partial^m\mathfrak{U}_t}{\partial t^m}\right]_{t=0}$$
$$= \frac{1}{m!}\int\limits_{S}\sum (a'\zeta' - a\zeta)\left[\frac{\partial^{m-1}}{\partial t^{m-1}}\{K(\varrho_t)A_t'\}\right]_{t=0} d\xi'\,d\eta'.$$

Integro-Differentialgleichungen von der zuletzt betrachteten Gestalt spielen in der Theorie der Gleichgewichtsfiguren rotierender Flüssigkeiten eine entscheidende Rolle[117]. Dort handelt es sich um die Bestimmung der Gleichgewichtsfiguren einer homogenen inkompressiblen

---

[115] Was den analytischen Charakter der Abhängigkeit der Lösung von den Parametern und die Behandlung etwaiger Verzweigungsgleichungen betrifft, vergleiche die Ausführungen auf S. 18 und 25 ff.

[116] Vgl. loc. cit. [117] b) S. 142 ff. Dort ist speziell $K(\varrho) = \dfrac{1}{\varrho}$.

[117] Vgl. L. Lichtenstein, a) Untersuchungen über die Gleichgewichtsfiguren rotierender Flüssigkeiten, deren Teilchen einander nach dem Newtonschen Gesetze anziehen. Erste Abhandlung. Homogene Flüssigkeiten. Allgemeine Existenzsätze, Math. Zeitschr. **1** (1918), S. 229—284; **3** (1919), S. 172—174. b) Zweite Abhandlung, ebenda **7** (1920), S. 126—231. In der zuerst genannten Abhandlung findet sich S. 232 eine Zusammenstellung der grundlegenden Arbeiten von Liapounoff.

gravitierenden Flüssigkeit in der Nachbarschaft einer als bekannt anzusehenden Gleichgewichtsfigur. Diese heiße T und möge im Anschluß an die vorstehenden Betrachtungen der Einfachheit halber von einer einzigen stetig gekrümmten Fläche S begrenzt sein. Es sei ω die Winkelgeschwindigkeit der Ausgangsfigur, f ihre Dichte, $\varkappa$ die Gaußsche Gravitationskonstante, ω_1 die Winkelgeschwindigkeit der neuen, gesuchten Gleichgewichtsfigur T_1. Ist

$$V(x, y, z) = \int\limits_T \frac{1}{\varrho}\, d\tau'$$

das Newtonsche Potential von T, so hat der Ausdruck

$$V(X, Y, Z) + \frac{\omega^2}{2\varkappa f}(X^2 + Y^2)$$

als Gesamtpotential der Gravitations- und Zentrifugalkraft auf S einen konstanten Wert.

Bezeichnet $V_1(x, y, z)$ das Newtonsche Potential von T_1, so ist weiter für alle (X_1, Y_1, Z_1) auf S_1

$$V_1(X_1, Y_1, Z_1) + \frac{\omega_1^2}{2\varkappa f}(X_1^2 + Y_1^2)$$

konstant. Ist s die Differenz der beiden Gesamtpotentiale, so ist also

$$(107) \quad V_1(X_1, Y_1, Z_1) - V(X, Y, Z) = s + \frac{\omega^2}{2\varkappa f}(X^2 + Y^2) - \frac{\omega_1^2}{2\varkappa f}(X_1^2 + Y_1^2).$$

Vergleicht man diese Formel mit der allgemeinen Formel (74)[118], so sieht man nach einer leichten Umrechnung mit Rücksicht auf (70)[119], daß nunmehr

$$K(X, Y, Z; \tau') = \frac{1}{\varrho},$$

$$(108) \quad s\{\zeta(\sigma), v(\sigma)\} = s - \lambda R^2 - \frac{\omega^2}{\varkappa f} R\,\tau\,\zeta - \frac{\omega^2}{2\varkappa f}(a^2 + b^2)\zeta^2$$
$$- 2\lambda R\,\tau\,\zeta - (a^2 + b^2)\lambda\zeta^2$$

mit

$$R^2 = X^2 + Y^2, \qquad \lambda = \frac{\omega_1^2 - \omega^2}{2\varkappa f}$$

gilt; τ bezeichnet den Kosinus des von (v) mit dem Lote von σ auf die Umdrehungsachse, von dieser nach (σ) hin gerichtet, eingeschlossenen Winkels. Die kleinen Parameter sind s und λ. Im Gegensatz zu den eingangs gemachten Annahmen ist jetzt $K(\tau; \tau')$

---

[118] In der diesmal zur Abkürzung v rechter Hand als Symbol für *zwei* bekannte, absolut hinreichend kleine Parameter eintritt. Ausführlicher hätte man also für $s\{\zeta, v\}$ etwa $s\{\zeta, \overset{1}{v}, \overset{2}{v}\}$ schreiben können.

[119] Vgl. loc. cit. [117] a) S. 248.

nicht mehr für alle τ und τ' stetig. Die einzelnen Schlüsse unserer Überlegung bedürfen darum einer Nachprüfung oder einer Modifikation. Um den Vergleich mit der Darstellung in den früheren Arbeiten zu erleichtern, ändern wir im folgenden ein wenig die Bezeichnungsweise und setzen für $\mathfrak{U}, \mathfrak{U}_t, \mathfrak{U}^{(1)}, \mathfrak{U}^{(2)}, \ldots$ nunmehr $U, U_t, U^{(1)}, U^{(2)}, \ldots$. Die Gleichung (105) wird

$$(109) \quad \frac{\partial}{\partial t} U_t = \int\limits_{S_t} \frac{1}{\varrho_t} (\zeta' \cos \varphi_t' - \zeta \cos \theta_t') \, d\sigma_t' = \int\limits_{S} \frac{1}{\varrho_t} \sum A_t' (a'\zeta' - a\zeta) \, d\xi' \, d\eta',$$

und wegen (75) gilt

$$(110) \quad \varrho_t^2 = (X_t - X_t')^2 + (Y_t - Y_t')^2 + (Z_t - Z_t')^2$$
$$= \varrho^2 + 2t \sum (X' - X)(a'\zeta' - a\zeta) + t^2 \sum (a'\zeta' - a\zeta)^2 = \varrho^2 (1 + k(t)).$$

Es sei k^* ein echter Bruch. Wie man sich leicht überzeugt, ist, wenn man ε_0 hinreichend klein wählt, für alle reellen oder *komplexen* die Ungleichheiten (82) erfüllenden ζ und alle $|t| \leq t^*$ ($t^* > 1$)

$$|k(t)| \leq k^*.$$

Der Quotient $\left| \dfrac{\varrho_t}{\varrho} \right|$ ist demnach von Null verschieden.

Das Integral

$$J = \int\limits_{S} \frac{1}{\varrho_t} \sum A_t'(a'\zeta' - a\zeta) \, d\xi' \, d\eta' = \int\limits_{S} \frac{1}{\varrho} \frac{1}{\sqrt{1 + k(t)}} \sum A_t'(a'\zeta' - a\zeta) \, d\xi' \, d\eta'$$

ist eine in dem Gebiete $|t| < t^*$ analytische und reguläre Funktion von t.
Dies erkennt man wohl am einfachsten wie folgt. Man setze

$$\int\limits_{S} = \int\limits_{S - \bar{S}} + \int\limits_{\bar{S}},$$

unter $\bar{S}$ den im Bereiche $(\xi' - \xi)^2 + (\eta' - \eta)^2 \leq \bar{D}^2$ in der Nachbarschaft von (ξ, η) enthaltenen Teil von S verstanden. Das Integral $\int\limits_{S - \bar{S}}$ ist eine für alle t mit $|t| \leq t^*$ analytische und reguläre Funktion von t. Berücksichtigt man, daß $\left| \int\limits_{\bar{S}} \right|$ für alle t mit $|t| \leq t^*$ (und übrigens auch alle (ξ, η) auf S) für $\bar{D} \to 0$ gleichmäßig verschwindet, so erhält man in der Tat unsere Behauptung. In der gleichen Weise läßt sich zeigen, daß auch $\dfrac{\partial J}{\partial \xi}, \dfrac{\partial J}{\partial \eta}$, als Funktionen von t aufgefaßt, in der Kreisfläche $|t| < t^*$ analytisch und regulär sind [120].
Wir setzen, unter (x, y, z) den Punkt (ξ, η, ζ^*) auf der Normalen zu S in (ξ, η) im Abstande ζ^* von S verstanden,

$$V(x, y, z) = W(\xi, \eta, \zeta^*).$$

---

[120] Vgl. loc. cit. [117] a) S. 243—244.

Nunmehr finden wir, ausgehend von (109) wie auf S. 108

$$(111) \qquad U_1 - U = U^{(1)} + U^{(2)} + \cdots,$$

$$(112) \qquad U^{(1)} = \left[\frac{\partial U_t}{\partial t} \right]_{t=0},$$

$$U^{(2)} = \frac{1}{2!} \left[\frac{\partial^2 U_t}{\partial t^2} \right]_{t=0} = \frac{1}{2!} \int_S \sum (a'\zeta' - a\zeta) \left[\frac{\partial}{\partial t} \left(\frac{A_t'}{\varrho_t} \right) \right]_{t=0} d\xi' d\eta',$$

$$(113) \quad U^{(n)} = \frac{1}{n!} \left[\frac{\partial^n U_t}{\partial t^n} \right]_{t=0} = \frac{1}{n!} \int_S \sum (a'\zeta' - a\zeta) \left[\frac{\partial^{n-1}}{\partial t^{n-1}} \left(\frac{A_t'}{\varrho_t} \right) \right]_{t=0} d\xi' d\eta'$$

$$= \frac{1}{n!} \int_S \sum (a'\zeta' - a\zeta) \left\{ A_t' \frac{\partial^{n-1}}{\partial t^{n-1}} \left(\frac{1}{\varrho_t} \right) + \binom{n-1}{1} \frac{\partial A_t'}{\partial t} \frac{\partial^{n-2}}{\partial t^{n-2}} \left(\frac{1}{\varrho_t} \right) \right.$$

$$\left. + \binom{n-1}{2} \frac{\partial^2 A_t'}{\partial t^2} \frac{\partial^{n-3}}{\partial t^{n-3}} \left(\frac{1}{\varrho_t} \right) \right\}_{t=0} d\xi' d\eta' \qquad\qquad (n \geqq 3).$$

Aus (109) und (112) folgt

$$(114) \quad U^{(1)} = \int_S \frac{1}{\varrho} (\zeta' - \zeta \cos\theta') \, d\sigma' = \int_S \frac{1}{\varrho} \zeta' \, d\sigma' + \zeta \frac{\partial}{\partial \nu} W(\xi, \eta, 0).$$

Wie wir vorhin bemerkt haben, sind bei der Bildung der fundamentalen Integro-Differentialgleichung des Problems diejenigen Glieder der Entwicklung von $s\{\zeta(\sigma), v(\sigma)\}$ [121], die vom ersten Grade sind und ζ enthalten, im vorliegenden Falle also der Ausdruck $-\dfrac{\omega^2}{\varkappa f} R \tau \zeta$ nach links zu schaffen.

Wir finden also linker Hand

$$(115) \qquad \zeta \frac{\partial}{\partial \nu} W(\xi, \eta, 0) + \frac{\omega^2}{\varkappa f} R \tau \zeta + \int_S \frac{1}{\varrho} \zeta' \, d\sigma'.$$

Nun stellt aber

$$(116) \qquad f\varkappa \frac{\partial}{\partial \nu} W(\xi, \eta, 0) + \omega^2 R \tau = f\varkappa \psi$$

die Normalkomponente der auf eine Masseneinheit in (ξ, η) ausgeübten Gesamtkraft (Newtonschen Anziehung und Zentrifugalkraft) dar. Da T nach Voraussetzung eine Gleichgewichtsfigur [122] ist, so steht die resultierende Einheitskraft normal zu S; $f\varkappa \psi$ ist somit der Betrag der Schwerkraft in (ξ, η). Wie sich zeigen läßt, hat S stets eine auf der Rotationsachse senkrechte Symmetrieebene [123]. Wir wählen

---

[121] Vgl. die Fußnote [118].

[122] Es handelt sich im vorliegenden Falle natürlich um einen (relativen) Gleichgewichtszustand in bezug auf ein mit der Winkelgeschwindigkeit ω rotierendes Achsenkreuz.

[123] Vgl. L. Lichtenstein, Über einige Eigenschaften der Gleichgewichtsfiguren rotierender homogener Flüssigkeiten, deren Teilchen einander nach dem Newtonschen Gesetz anziehen, Sitzungsberichte der Preußischen Akad. der Wissenschaften **48** (1918), S. 1120—1135, insbesondere S. 1120—1124.

diese zur x-y-Ebene. Dann ist der Schwerpunkt von T Koordinatenursprung [124], und es ist ψ gewiß in allen Punkten mit $z \neq 0$ von Null verschieden, und zwar < 0. [125] Wir nehmen darüber hinaus an, daß auf S überall $\psi < 0$ gilt, d. h. die Schwerkraft auf S durchweg nach innen gerichtet ist.

Berücksichtigt man (116), so findet man wegen (107), (108), (111), (114) als *die fundamentale Integro-Differentialgleichung des Problems*

$$(117) \qquad \psi \zeta + \int_S \frac{1}{\varrho} \zeta' d\sigma' = s - R^2 \lambda - \frac{\omega^2}{2\varkappa f}(a^2 + b^2) \zeta^2 - 2 R \tau \lambda \zeta$$
$$- (a^2 + b^2) \lambda \zeta^2 - U^{(2)} - U^{(3)} - \ldots,$$

kürzer

$$(118) \qquad \psi \zeta + \int_S \frac{1}{\varrho} \zeta' d\sigma' = s - R^2 \lambda + \Pi\{\lambda, s, \zeta\}. \text{[126]}$$

In (118) faßt $\Pi\{\lambda, s, \zeta\}$ die Gesamtheit der Glieder zweiten und höheren Grades zusammen.

Wir beweisen jetzt, daß obwohl, wie gesagt, K diesmal für $(x', y', z') \rightarrow (x, y, z)$ unendlich wird, immer noch Ungleichheiten gelten, die zu $(8)\,\mathrm{I}$ und $(11)\,\mathrm{I}$ analog sind.

Wir gehen von der Formel

$$(119) \qquad \frac{\partial^2 U_t}{\partial t^2} = K = \int_S \sum (a' \zeta' - a \zeta) \frac{\partial}{\partial t}\left(\frac{A'_t}{\varrho_t}\right) d\xi' d\eta'$$

aus. Wie sich ohne Schwierigkeiten zeigen läßt, ist ferner

$$(120) \qquad \frac{\partial^3 U_t}{\partial \xi \, \partial t^2} = \frac{\partial K}{\partial \xi} = \int_S \sum (a' \zeta' - a \zeta) \frac{\partial^2}{\partial \xi \, \partial t}\left(\frac{A'_t}{\varrho_t}\right) d\xi' d\eta'$$
$$- \int_S \sum \frac{\partial}{\partial \xi}(a \zeta) \frac{\partial}{\partial t}\left(\frac{A'_t}{\varrho_t}\right) d\xi' d\eta';$$

denn betrachten wir zum Beweis den Ausdruck

$$(121) \qquad L = \int_S \sum (a' \zeta' - a \zeta) \frac{\partial}{\partial t}\left(\frac{A'_t}{\varrho_t + h}\right) d\xi' d\eta' \qquad (h > 0),$$

so ist, da in (121) die zu integrierende Funktion und ihre partiellen Ableitungen in bezug auf ξ und η durchweg stetig sind,

$$\frac{\partial L}{\partial \xi} = \int_S \sum (a' \zeta' - a \zeta) \frac{\partial^2}{\partial \xi \, \partial t}\left(\frac{A'_t}{\varrho_t + h}\right) d\xi' d\eta' - \int_S \sum \frac{\partial}{\partial \xi}(a \zeta) \frac{\partial}{\partial t}\left(\frac{A'_t}{\varrho_t + h}\right) d\xi' d\eta'.$$

[124] Vgl. loc. cit. [123] S. 1121.
[125] Vgl. loc. cit. [123] S. 1130.
[126] Vgl. L. Lichtenstein, loc. cit. [117] a) S. 248, b) S. 147.

Der Ausdruck rechter Hand konvergiert, wie man leicht verifiziert, für alle in Betracht kommenden t und alle (ξ, η) auf S gleichmäßig gegen die rechte Seite von (120) für $h \to 0$. Gleichzeitig konvergiert L gegen K. Nach bekannten Sätzen gilt also, wie behauptet, die Formel (120).

Aus (119), (120) und der analogen Formel für $\dfrac{\partial^3 U_t}{\partial \eta\, \partial t^2}$ folgt wegen (82) leicht

$$(122) \qquad \left|\frac{\partial^2 U_t}{\partial t^2}\right|, \ \left|\frac{\partial^3 U_t}{\partial \xi\, \partial t^2}\right|, \ \left|\frac{\partial^3 U_t}{\partial \eta\, \partial t^2}\right| \leqq \alpha_5\, \Omega^2.$$

Wie auf S. 110 folgt hieraus

$$(123) \qquad |\Psi\{\zeta\}|, \ \left|\frac{\partial}{\partial \xi}\, \Psi\{\zeta\}\right|, \ \left|\frac{\partial}{\partial \eta}\, \Psi\{\zeta\}\right| \leqq A_0\, \Omega^2,$$

$$(124) \qquad \Psi\{\zeta\} = U^{(2)} + U^{(3)} + \dots .$$

Es sei $\dot{\zeta}$ eine wie ζ beschaffene Funktion, so daß insbesondere

$$(125) \qquad |\dot{\zeta}|, \ \left|\frac{\partial \dot{\zeta}}{\partial \xi}\right|, \ \left|\frac{\partial \dot{\zeta}}{\partial \eta}\right| \leqq \Omega \leqq \varepsilon_0,$$

darum auch

$$(126) \qquad |\dot{\Psi}|, \ \left|\frac{\partial \dot{\Psi}}{\partial \xi}\right|, \ \left|\frac{\partial \dot{\Psi}}{\partial \eta}\right| \leqq A_0\, \Omega^2$$

ist. Wir setzen des weiteren

$$(127) \quad |\zeta - \dot{\zeta}|, \ \left|\frac{\partial}{\partial \xi}(\zeta - \dot{\zeta})\right|, \ \left|\frac{\partial}{\partial \eta}(\zeta - \dot{\zeta})\right| \leqq \mho \leqq 2\Omega$$

voraus und nehmen ε_0 so klein an, daß $t^* = 4$ zugelassen werden kann, und darum Beziehungen von der Form (123) auch noch für alle reellen oder komplexen ζ mit

$$(128) \qquad |\zeta|, \ \left|\frac{\partial \zeta}{\partial \xi}\right|, \ \left|\frac{\partial \zeta}{\partial \eta}\right| \leqq 4\Omega$$

gelten,

$$(129) \qquad |\Psi\{\zeta\}|, \ \left|\frac{\partial}{\partial \xi}\, \Psi\{\zeta\}\right|, \ \left|\frac{\partial}{\partial \eta}\, \Psi\{\zeta\}\right| \leqq \alpha_6\, \Omega^2.$$

Wir schalten jetzt zwischen S_1 und $\dot{S}_1$ eine stetige Schar von Flächen, die sich symbolisch in der Form $S_t = S_1 + \dfrac{t}{\mho}(\dot{S}_1 - S_1)$ darstellen läßt, ein. Dem Punkte (ξ, η, ζ) auf S_1 entspricht der Punkt $(\xi, \eta, \zeta) = \left(\xi, \eta, \zeta + \dfrac{t}{\mho}(\dot{\zeta} - \zeta)\right)$ auf S_t. Für $t = 0$ fällt S_t mit S_1, für $t = \mho$ mit $\dot{S}_1$ zusammen. Der zu S_t gehörige Wert des zu (124) analogen Ausdruckes wird mit Ψ_t bezeichnet.

Es sei jetzt Γ der Kreis vom Radius $3\,\Omega$ um den Ursprung in der Ebene der komplexen Veränderlichen t. Der Cauchyschen Integralformel zufolge ist für alle $|t| < 3\,\Omega$

$$(130) \qquad \Psi_t = \frac{1}{2\,\pi\,i} \int_{\Gamma} \frac{\Psi_\delta}{\delta - t}\,d\delta, \qquad \delta = 3\,\Omega\,e^{i\varkappa}$$

und

$$(131) \qquad \frac{\partial \Psi_t}{\partial t} = \frac{1}{2\,\pi\,i} \int_{\Gamma} \frac{\Psi_\delta}{(\delta - t)^2}\,d\delta.$$

Insbesondere ist für $|t| \leqq \mho \leqq 2\,\Omega$ wegen $|\Psi_\delta| \leqq \alpha_6 \Omega^2$, $|\delta - t| \geqq \Omega$ und $\dfrac{1}{|\delta - t|} \leqq \dfrac{1}{\Omega}$

$$(132) \qquad \left| \frac{\partial \Psi_t}{\partial t} \right| \leqq \frac{1}{2\,\pi}\,\alpha_6\,\Omega^2\,\frac{2\,\pi\cdot 3\,\Omega}{\Omega^2} = \alpha_6\,\Omega.$$

In ähnlicher Weise erhält man

$$(133) \qquad \left| \frac{\partial^2 \Psi_t}{\partial \xi\,\partial t} \right|, \ \left| \frac{\partial^2 \Psi_t}{\partial \eta\,\partial t} \right| \leqq \alpha_6\,\Omega.$$

Nunmehr finden wir aus

$$(134) \qquad \dot{\Psi} - \Psi = \int_0^{\mho} \frac{\partial \Psi_t}{\partial t}\,dt$$

wegen (132)

$$(135) \qquad |\dot{\Psi} - \Psi| \leqq \alpha_6\,\Omega\,\mho$$

sowie analoge Beziehungen für die partiellen Ableitungen erster Ordnung von $\dot{\Psi} - \Psi$. Wir fassen unsere Ergebnisse in den Ungleichheiten

$$(136) \qquad |\dot{\Psi} - \Psi|, \ \left| \frac{\partial}{\partial \xi}(\dot{\Psi} - \Psi) \right|, \ \left| \frac{\partial}{\partial \eta}(\dot{\Psi} - \Psi) \right| \leqq B_0\,\Omega\,\mho$$

zusammen[127].

Es sei jetzt

$$(137) \qquad |s|, \ |\lambda| \leqq \Omega_1.$$

Wie man fast unmittelbar sieht, ist wegen (117) und (118)

$$(138) \quad |\Pi|, \ \left| \frac{\partial \Pi}{\partial \xi} \right|, \ \left| \frac{\partial \Pi}{\partial \eta} \right|, \ |\dot{\Pi}|, \ \left| \frac{\partial \dot{\Pi}}{\partial \zeta} \right|, \ \left| \frac{\partial \dot{\Pi}}{\partial \eta} \right| \leqq A(\Omega^2 + \Omega\,\Omega_1 + \Omega_1^2),$$

sowie

$$(139) \qquad |\Pi - \dot{\Pi}|, \ \left| \frac{\partial}{\partial \xi}(\Pi - \dot{\Pi}) \right|, \ \left| \frac{\partial}{\partial \eta}(\Pi - \dot{\Pi}) \right| \leqq B(\Omega + \Omega_1)\,\mho.$$

---

[127] Die vorstehenden Überlegungen (Benutzung des Cauchyschen Integrals) habe ich zuerst in meiner Arbeit, Über einige Hilfssätze der Potentialtheorie. I., Math. Zeitschr. **23** (1925), S. 72—88, angewandt. Vgl. die Entwicklungen auf S. 125 ff.

Wie sich leicht zeigen läßt, an dieser Stelle jedoch mit Rücksicht auf den zur Verfügung stehenden Raum nicht näher ausgeführt werden kann, hat die homogene Integralgleichung

$$(140) \qquad \psi \zeta + \int_S \frac{1}{\varrho} \zeta' d\sigma' = 0,$$

wenn S Rotationssymmetrie um die z-Achse hat, mindestens eine, sonst mindestens zwei Nullösungen[128]. Es möge etwa der zuletzt genannte Fall vorliegen, und es mögen $u_1, u_2, \ldots, u_m$ die den Beziehungen

$$(141) \qquad \int_S \psi u_k u_l d\sigma = \begin{cases} 0 \text{ für } k \neq l, \\ -1 \text{ ,, } k = l \end{cases}$$

gemäß normierten Nullösungen bedeuten[129].

Durch die Substitution $\sqrt{-\psi}\,\zeta = \mathfrak{z}$ gelangen wir von (140) zu der Integralgleichung mit symmetrischem Kern

$$\mathfrak{z} - \int_S \frac{1}{\varrho \sqrt{-\psi}\sqrt{-\psi'}} \mathfrak{z}' d\sigma' = 0 \qquad (\psi' = \psi(\sigma')).$$

Die Funktionen $\mathfrak{u}_j = \sqrt{-\psi}\,u_j$ $(j = 1, \ldots, m)$ sind ihre den Beziehungen

$$\int_S \mathfrak{u}_k \mathfrak{u}_l d\sigma = \begin{cases} 0 \text{ für } k \neq l, \\ 1 \text{ ,, } k = l \end{cases}$$

gemäß normierten Nullösungen (Eigenfunktionen). Nach den Entwicklungen des § 5 I (vgl. S. 23) setzen wir

$$\frac{1}{\varrho \sqrt{-\psi}\sqrt{-\psi'}} = \frac{N_1}{\sqrt{-\psi}\sqrt{-\psi'}} + \sum_{l=1}^{m} \mathfrak{u}_l \mathfrak{u}_l' \qquad (\mathfrak{u}_l' = \mathfrak{u}_l(\sigma')),$$

---

[128] Vgl. loc. cit. [117] a) S. 249—251.

[129] Wir schließen uns den loc. cit. [117] a) und b) gebrauchten Bezeichnungen an. Die Ortsfunktion ψ auf S hat nach (116) gewiß stetige Ableitungen erster Ordnung, da das Newtonsche Potential W in $T + S$ gewiß stetige Ableitungen erster und zweiter Ordnung hat. Nach einem bekannten Satze erfüllt das Newtonsche Potential mit stetiger Dichte $\int_S \frac{1}{\varrho} u_j' d\sigma'$ eine H-Bedingung mit einem beliebigen Exponenten < 1 (vgl. beispielsweise loc. cit. [2] S. 290). Aus $\psi u_j = -\int_S \frac{1}{\varrho} u_j' d\sigma$ folgt, daß u_j die gleiche Eigenschaft hat. Da nunmehr die Dichte des Potentials $\int_S \frac{1}{\varrho} u_j' d\sigma'$ einer H-Bedingung genügt, so hat dieses gewiß stetige der H-Bedingung genügende Ableitungen erster Ordnung (vgl. beispielsweise loc. cit. [2] S. 281). Also sind, immer wieder wegen $\psi u_j = -\int_S \frac{1}{\varrho} u_j' d\sigma'$, gewiß $\frac{\partial u_j}{\partial \xi}$, $\frac{\partial u_j}{\partial \eta}$ vorhanden und stetig.

demnach

$$\frac{1}{\varrho} = N_1(\sigma,\sigma') + \sum_{l=1}^{m} \psi\,\psi'\,u_l\,u_l' \qquad (\psi' = \psi(\sigma'),\ u_l' = u_l(\sigma')),$$

somit

$$(142)\qquad \psi\zeta + \int_S N_1(\sigma,\sigma')\,\zeta'\,d\sigma' = s - R^2\lambda + \Pi\{\lambda,s,\zeta\} + \sum_{l=1}^{m} \psi\,r_l\,u_l,$$

$$r_l = -\int_S \psi'\,u_l'\,\zeta'\,d\sigma'$$

und wir stellen fest, daß die Integralgleichung

$$(143)\qquad \psi\zeta + \int_S N_1(\sigma,\sigma')\,\zeta'\,d\sigma' = 0$$

keine Nullösungen mehr hat. Ist $H_1(\sigma,\sigma')$ der lösende Kern von $\dfrac{1}{\psi}\,N_1$, so gilt jetzt

$$(144)\qquad \zeta = \frac{1}{\psi}(s - R^2\lambda) + \sum_{l=1}^{m} r_l\,u_l + \frac{1}{\psi}\,\Pi\{\lambda,s,\zeta\}$$

$$- \int H_1(\sigma,\sigma')\left[\frac{1}{\psi'}(s - R'^2\lambda) + \sum_{l=1}^{m} r_l\,u_l' + \frac{1}{\psi'}\,\Pi'\{\lambda,s,\zeta'\}\right]d\sigma'.$$

Wird mit $\Theta\{\lambda,s,\zeta\}$ die Gesamtheit der Glieder zweiter und höherer Ordnung rechter Hand bezeichnet, so gilt, wenn man auch

$$(145)\qquad |r_1|,\ \ldots,\ |r_m| \leqq \Omega_1$$

voraussetzt, vor allem

$$(146)\qquad |\Theta| \leqq A_1(\Omega^2 + \Omega\,\Omega_1 + \Omega_1^2),$$

$$(147)\qquad |\Theta - \dot\Theta| \leqq B_1(\Omega + \Omega_1)\,\mathfrak{V}.$$

Dabei ist natürlich

$$(148)\qquad \psi\Theta + \int_S N_1\Theta'\,d\sigma' = \Pi\{\lambda,s,\zeta\}$$

oder auch

$$(149)\qquad \psi\Theta = \Pi\{\lambda,s,\zeta\} - \int_S \frac{1}{\varrho}\,\Theta'\,d\sigma' + \sum_{l=1}^{m} \psi\,u_l\int_S \psi'\,u_l'\,\Theta'\,d\sigma'.$$

Der erste Integralausdruck rechts erfüllt, als das Potential einer einfachen Belegung stetiger Dichte, eine H-Bedingung mit beliebigem Exponenten $\mu < 1$. [130] Da sowohl Π als auch $\psi\,u_l$ $(l=1,\ldots,m)$ (vgl. die Fußnote [129]) stetige Ableitungen erster Ordnung haben, so genügt die rechte Seite von (149) gewiß einer H-Bedingung. Da ψ stetige Ableitungen hat, so erfüllt auch Θ eine H-Bedingung, und es gilt wegen (138) und (146)

$$(150)\qquad |\Theta|_\mu \leqq A_2(\Omega^2 + \Omega\,\Omega_1 + \Omega_1^2).$$

---

[130] Vgl. die Bemerkungen der Fußnote [129], wo analoge Betrachtungen durchgeführt werden.

Das Potential $\int\limits_S \dfrac{1}{\varrho}\,\Theta'\,d\sigma'$ hat nunmehr aber stetige Ableitungen erster Ordnung. Eine sinngemäße Wiederholung der zuletzt durchgeführten Überlegungen lehrt, daß $\dfrac{\partial\Theta}{\partial\xi}$, $\dfrac{\partial\Theta}{\partial\eta}$ existieren, sich auf S stetig verhalten und Ungleichheiten von der Form

$$(151) \qquad \left|\frac{\partial\Theta}{\partial\xi}\right|,\ \left|\frac{\partial\Theta}{\partial\eta}\right| \leqq A_3\,(\Omega^2 + \Omega\,\Omega_1 + \Omega_1^2)$$

erfüllen[130]. Wir finden weiter

$$(152) \qquad \psi(\Theta - \dot\Theta) = \Pi\{\lambda, s, \zeta\} - \Pi\{\lambda, s, \dot\zeta\} - \int\limits_S \frac{1}{\varrho}\,(\Theta' - \dot\Theta')\,d\sigma'$$
$$+ \sum_{l=1}^m \psi\,u_l \int\limits_S \psi'u_l'(\Theta' - \dot\Theta')\,d\sigma',$$

und darum wie vorhin

$$(153) \qquad |\Theta - \dot\Theta|,\ \left|\frac{\partial}{\partial\xi}(\Theta - \dot\Theta)\right|,\ \left|\frac{\partial}{\partial\eta}(\Theta - \dot\Theta)\right| \leqq B_2\,(\Omega + \Omega_1)\,\mho.$$

Damit ist die Konvergenz der sukzessiven Approximationen gesichert.

Es ist nunmehr nicht schwer zu zeigen, daß alle einzelnen Näherungen, darum aber auch die Lösung selbst, analytische und reguläre Funktionen von λ, s, $r_1, \ldots, r_m$ darstellen. Hierüber sowie bezüglich der Bildung und der Diskussion der Verzweigungsgleichungen muß auf die Originalarbeiten verwiesen werden. Dort findet sich auch Näheres über die hydrodynamische Bedeutung des Problems[131].

Wir müssen uns an dieser Stelle mit der Bemerkung begnügen, daß man aus Gründen der Symmetrie stets $r_1 = 0$ setzen kann, und in dem besonders wichtigen Falle, daß $T + S$ auch noch eine durch die Rotationsachse hindurchgehende Symmetrieebene hat, überdies $r_2 = 0$ annehmen darf, so daß sich die Integro-Differentialgleichung (142) entsprechend vereinfachen läßt. Aber auch wenn $T + S$ nur eine (auf der Rotationsachse senkrechte) Symmetrieebene hat, läßt sich, wie E. Hölder zeigte, die Zahl der Verzweigungsgleichungen auf $m - 2$ reduzieren[132].

---

[131] Vgl. loc. cit. [117] b) S. 161—162. Man vergleiche in diesem Zusammenhang die eingehenden Untersuchungen von E. Hölder, loc. cit. [28] S. 203—225; α) Über einige Integralgleichungen aus der Theorie der Gleichgewichtsfiguren rotierender Flüssigkeiten mit Anwendung auf Stabilitätsbetrachtungen, Sächsische Berichte **78** (1926), S. 3—20; β) Beiträge zur mathematischen Theorie der Gestalt des Erdmondes, ebenda S. 21—36. Wir haben auf S. 113 der Einfachheit halber vorausgesetzt, daß die Flüssigkeit *eine* von einer stetig gekrümmten Fläche begrenzte Masse bildet. Wir bemerken zum Schluß, daß unsere Entwicklungen und Ergebnisse sich nur unwesentlich ändern, wenn die Flüssigkeit eine Anzahl getrennte Gebiete erfüllt. (Vgl. loc. cit. [117] a) und b) passim.)

[132] Vgl. loc. cit. [28] S. 206—209.

§ 5. Ein potentialtheoretischer Hilfssatz. Als Vorbereitung für die Entwicklungen der §§ 6 und 7 wird im folgenden ein potentialtheoretischer Hilfssatz betrachtet, den ich vor einigen Jahren angegeben und seitdem vielfach bei Behandlung verschiedener höherer Randwertaufgaben verwendet habe. Mit Rücksicht auf den zur Verfügung stehenden Raum werden wir uns damit begnügen, die Grundlinien des Beweises darzustellen. In allen Einzelheiten durchgeführte Entwicklungen finden sich in meiner in der Fußnote ^{2} genannten Arbeit [133].

Es sei T ein (beschränktes) Gebiet der Klasse $A\,h$ [134], und es mögen $\dot\xi, \dot\eta, \dot\zeta$ in $T+S$ erklärte stetige Funktionen bezeichnen, die stetige, der H-Bedingung genügende partielle Ableitungen erster Ordnung $\dfrac{\partial\dot\xi}{\partial x},\ldots,\dfrac{\partial\dot\zeta}{\partial z}$ haben. Der zugehörige Höldersche Exponent soll hierbei denselben Wert $\lambda<1$ wie der H-Exponent von S haben. Es sei

$$(154) \qquad \left|\frac{\partial\dot\xi}{\partial x}\right|,\ldots,\left|\frac{\partial\dot\zeta}{\partial z}\right|\;;\;\left|\frac{\partial\dot\xi}{\partial x}\right|_\lambda,\ldots,\left|\frac{\partial\dot\zeta}{\partial z}\right|_\lambda \leqq \Pi.$$

Durch Vermittelung der Funktionen

$$(155) \qquad \dot x = x + \dot\xi,\; \dot y = y + \dot\eta,\; \dot z = z + \dot\zeta$$

wird, wie man weiß, $T+S$ auf einen Bereich $\dot T+\dot S$ (der Klasse $A\,h$) umkehrbar eindeutig und stetig (topologisch) abgebildet [135], wenn der Höchstwert von $\left|\dfrac{\partial\dot\xi}{\partial x}\right|,\ldots,\left|\dfrac{\partial\dot\zeta}{\partial z}\right|$ hinreichend klein, sagen wir, $\leqq \Pi_0$ (Π_0 konstant), ist. Aus Gründen, die alsbald klar werden, nehmen wir indessen sogar $2\,\Pi \leqq \Pi_0$ an.

Es sei ϑ eine in $T+S$ erklärte stetige, der H-Bedingung genügende Funktion, und es sei

$$(156) \qquad |\vartheta| \leqq M_1,\; |\vartheta|_\lambda \leqq M_2, \qquad \vartheta(x,y,z) = \dot\vartheta(\dot x,\dot y,\dot z).$$

Augenscheinlich erfüllt $\dot\vartheta$ in $\dot T+\dot S$ ebenfalls eine H-Bedingung (mit dem Exponenten λ).

---

[133] Vgl. a. a. O. S. 318—323; s. auch loc. cit. [127] S. 81—82. Die im folgenden gebrauchten Bezeichnungen weichen an einigen wenigen Stellen von den in den vorgenannten Arbeiten benutzten ab.

[134] Das von einer oder von mehreren doppelpunktlosen, einander nicht treffenden Flächen, deren Gesamtheit S heißen soll, begrenzt ist.

[135] Vgl. L. Lichtenstein, Über einige Hilfssätze der Potentialtheorie. II., Sächs. Ber. **78** (1926), S. 147—212, insbesondere S. 148—151. Für das Zustandekommen einer topologischen Abbildung genügt es, wenn $\dot\xi, \dot\eta, \dot\xi$ stetige, dem absoluten Betrage nach hinreichend kleine partielle Ableitungen erster Ordnung haben.

Betrachten wir das Newtonsche Potential einer Volumladung

$$(157)\quad \dot{V}(\dot{x},\dot{y},\dot{z}) = \int_{\dot{T}} \frac{1}{\dot{r}}\,\dot{\vartheta}'\,d\dot{\tau}',\quad (\dot{r}^2 = (\dot{x}-\dot{x}')^2 + (\dot{y}-\dot{y}')^2 + (\dot{z}-\dot{z}')^2).$$

Nach bekannten Sätzen der Potentialtheorie hat $\dot{V}$ in $\dot{T}+\dot{S}$ stetige partielle Ableitungen erster und stetige, der H-Bedingung genügende Ableitungen zweiter Ordnung. Es gilt ferner

$$(158)\quad \begin{aligned} & |\dot{V}|,\ \left|\frac{\partial \dot{V}}{\partial \dot{x}}\right|,\ \left|\frac{\partial \dot{V}}{\partial \dot{y}}\right|,\ \left|\frac{\partial \dot{V}}{\partial \dot{z}}\right| \leqq c_1 M_1, \\[2mm] & \left|\frac{\partial^2 \dot{V}}{\partial \dot{x}^2}\right|,\ldots,\ \left|\frac{\partial^2 \dot{V}}{\partial \dot{z}^2}\right| \leqq c_2 M_1 + c_3 M_2, \end{aligned}$$

$$(159)\quad \left|\frac{\partial^2 \dot{V}}{\partial \dot{x}^2}\right|_\lambda,\ldots,\ \left|\frac{\partial^2 \dot{V}}{\partial \dot{z}^2}\right|_\lambda \leqq c_4 M_1 + c_5 M_2 \quad (c_1,\ldots,c_5 \text{ konstant}).\ [136]$$

Es sei jetzt $\hat{\xi},\hat{\eta},\hat{\zeta}$ ein weiteres System wie $\dot{\xi},\dot{\eta},\dot{\zeta}$ beschaffener Funktionen, und es sei

$$(160)\quad \left|\frac{\partial \hat{\xi}}{\partial x}\right|,\ldots,\ \left|\frac{\partial \hat{\zeta}}{\partial z}\right| \leqq \Pi;\qquad \left|\frac{\partial \hat{\xi}}{\partial x}\right|_\lambda,\ldots,\ \left|\frac{\partial \hat{\zeta}}{\partial z}\right|_\lambda \leqq \Pi.$$

Offenbar ist auch

$$\text{Obere Grenze}\left\{\left|\frac{\partial \hat{\xi}}{\partial x}\right|,\ldots,\ \left|\frac{\partial \hat{\zeta}}{\partial z}\right|;\ \left|\frac{\partial \hat{\xi}}{\partial x}\right|_\lambda,\ldots,\ \left|\frac{\partial \hat{\zeta}}{\partial z}\right|_\lambda\right\} \leqq \Pi.$$

Es sei ferner

$$(161)\quad \begin{aligned} & \left|\frac{\partial \hat{\xi}}{\partial x} - \frac{\partial \dot{\xi}}{\partial x}\right|,\ldots,\ \left|\frac{\partial \hat{\zeta}}{\partial z} - \frac{\partial \dot{\zeta}}{\partial z}\right| \leqq \sqcup; \\[2mm] & \left|\frac{\partial \hat{\xi}}{\partial x} - \frac{\partial \dot{\xi}}{\partial x}\right|_\lambda,\ldots,\ \left|\frac{\partial \hat{\zeta}}{\partial z} - \frac{\partial \dot{\zeta}}{\partial z}\right|_\lambda \leqq \sqcup, \end{aligned}$$

und es möge zunächst $\sqcup \leqq \frac{1}{2}\Pi \leqq \frac{1}{4}\Pi_0$ sein.

Durch Vermittelung der Funktionen

$$(162)\quad \hat{x} = x + \hat{\xi},\qquad \hat{y} = y + \hat{\eta},\qquad \hat{z} = z + \hat{\zeta}$$

wird $T+S$ auf einen Bereich der Klasse $A\,h$, er heiße $\hat{T}+\hat{S}$, topologisch abgebildet. Das Newtonsche Potential

$$(163)\quad \hat{V}(\hat{x},\hat{y},\hat{z}) = \int_{\hat{T}} \frac{1}{\hat{r}}\,\hat{\vartheta}'\,d\hat{\tau}'$$

$$(\hat{r}^2 = (\hat{x}-\hat{x}')^2 + (\hat{y}-\hat{y}')^2 + (\hat{z}-\hat{z}')^2,\ \hat{\vartheta}(\hat{x},\hat{y},\hat{z}) = \vartheta(x,y,z))$$

erfüllt natürlich Beziehungen, die zu (158) und (159) ganz analog

---

[136] Man vergleiche beispielsweise loc. cit. [2] S. 310—318. Es sei besonders hervorgehoben, daß die Werte $c_1,\ldots,c_5$ für alle durch die Transformationen (155) aus $T+S$ zu gewinnenden Bereiche $\dot{T}+\dot{S}$, d. h. für alle den Ungleichheiten (154) genügenden $\dot{\xi},\dot{\eta},\dot{\xi}$ gelten.

sind. *Darüber hinaus bestehen, wenn wir wie vorhin* $2\Pi \leqq \Pi_0$ *und* $\sqcup \leqq \tfrac{1}{2}\Pi$ *wählen,* wie wir sogleich zeigen werden, *Ungleichheiten von der Form*

$$\left|\hat{V}-\dot{V}\right|,\ \left|\frac{\partial \hat{V}}{\partial \hat{x}} - \frac{\partial \dot{V}}{\partial \dot{x}}\right|,\ \left|\frac{\partial \hat{V}}{\partial \hat{y}} - \frac{\partial \dot{V}}{\partial \dot{y}}\right|,\ \left|\frac{\partial \hat{V}}{\partial \hat{z}} - \frac{\partial \dot{V}}{\partial \dot{z}}\right| \leqq c_6\, M_1\, \sqcup,$$

$$(164)\qquad \left|\frac{\partial^2 \hat{V}}{\partial \hat{x}^2} - \frac{\partial^2 \dot{V}}{\partial \dot{x}^2}\right|,\ \ldots,\ \left|\frac{\partial^2 \hat{V}}{\partial \hat{z}^2} - \frac{\partial^2 \dot{V}}{\partial \dot{z}^2}\right| \leqq (c_7\, M_1 + c_8\, M_2)\, \sqcup,$$

$$\left|\frac{\partial^2 \hat{V}}{\partial \hat{x}^2} - \frac{\partial^2 \dot{V}}{\partial \dot{x}^2}\right|_\lambda,\ \ldots,\ \left|\frac{\partial^2 \hat{V}}{\partial \hat{z}^2} - \frac{\partial^2 \dot{V}}{\partial z^2}\right|_\lambda \leqq (c_9\, M_1 + c_{10}\, M_2)\, \sqcup.\ \text{[137]}$$

Beweis. Es sei

$$(166)\qquad x_t = x + \dot{\xi} + \frac{t}{\sqcup}(\hat{\xi} - \dot{\xi}),\qquad y_t = y + \dot{\eta} + \frac{t}{\sqcup}(\hat{\eta} - \dot{\eta}),$$

$$z_t = z + \dot{\zeta} + \frac{t}{\sqcup}(\hat{\zeta} - \dot{\zeta})$$

gesetzt. Für $t = 0$ ist $x_t = \dot{x}$, $y_t = \dot{y}$, $z_t = \dot{z}$, für $t = \sqcup$ aber $x_t = \hat{x}$, $y_t = \hat{y}$, $z_t = \hat{z}$. Wegen (154) und (161) ist für alle t in dem Intervalle $\langle 0,\ \tfrac{1}{2}\Pi_0 \rangle$

$$(167)\qquad \left|\frac{\partial}{\partial x}(x_t - x)\right|,\ \ldots,\ \left|\frac{\partial}{\partial z}(z_t - z)\right| \leqq \Pi + \tfrac{1}{2}\Pi_0 \leqq \Pi_0,$$

$$\left|\frac{\partial}{\partial x}(x_t - x)\right|_\lambda,\ \ldots,\ \left|\frac{\partial}{\partial z}(z_t - z)\right|_\lambda \leqq \Pi_0.$$

Augenscheinlich wird der Bereich $T + S$ durch Vermittelung von (166) auf einen Bereich $T_t + S_t$ topologisch abgebildet. Für $t = 0$ geht S_t

---

[137] Wir fassen hierbei $\dfrac{\partial^2 \hat{V}}{\partial \hat{x}^2} - \dfrac{\partial^2 \dot{V}}{\partial \dot{x}^2},\ \ldots$ als Funktionen von x, y und z auf. Die Beziehung $\left|\dfrac{\partial^2 \hat{V}}{\partial \hat{x}^2} - \dfrac{\partial^2 \dot{V}}{\partial \dot{x}^2}\right|_\lambda \leq (c_9\, M_1 + c_{10}\, M_2)\, \sqcup$ besagt dann, ausführlich geschrieben,

$$(165)\qquad \left|\left(\frac{\partial^2 \hat{V}}{\partial \hat{x}^2} - \frac{\partial^2 \dot{V}}{\partial \dot{x}^2}\right)_2 - \left(\frac{\partial^2 \hat{V}}{\partial \hat{x}^2} - \frac{\partial^2 \dot{V}}{\partial \dot{x}^2}\right)_1\right| \leqq (c_9\, M_1 + c_{10}\, M_2)\, \sqcup\, d_{12}^\lambda$$

$$(d_{12}^2 = (_2x - {}_1x)^2 + (_2y - {}_1y)^2 + (_2z - {}_1z)^2),$$

wo durch $(\ )_2$ bzw. $(\ )_1$ angedeutet wird, daß die Klammergrößen für die Werte $_2x$, $_2y$, $_2z$ bzw. $_1x$, $_1y$, $_1z$ der Argumente zu nehmen sind.

Es leuchtet übrigens ein, daß man rechter Hand d_{12}^λ durch $\dot{d}_{12}^\lambda$ oder $\hat{d}_{12}^\lambda$ $(\dot{d}_{12}^2 = (_2\dot{x} - {}_1\dot{x})^2 + (_2\dot{y} - {}_1\dot{y})^2 + (_2\dot{z} - {}_1\dot{z})^2,\ \ldots)$ ersetzen kann, wenn man c_9 und c_{10} passend ändert, da $\dfrac{d_{12}}{\dot{d}_{12}}$ und $\dfrac{d_{12}}{\hat{d}_{12}}$ zwischen zwei festen (positiven) Schranken enthalten sind. (Vgl. L. Lichtenstein, Bemerkung über einen Verzerrungssatz bei topologischen Abbildungen in der Hydromechanik, Math. Zeitschrift **30** (1929), S. 321—324.) Es ist also letzten Endes gleichgültig, welches System von unabhängigen Veränderlichen man den Formeln (164) zugrunde legt.

in $\dot{S}$, für $t = \text{Ⅱ}$ in $\hat{S}$ über. Wir setzen

$$(168) \qquad \vartheta(x, y, z) = \vartheta_t(x_t, y_t, z_t), \qquad V_t = \int\limits_{T_t} \vartheta_t' \frac{1}{r_t} \, d\tau_t'$$

$$(r_t^2 = (x_t - x_t')^2 + (y_t - y_t')^2 + (z_t - z_t')^2, \; d\tau_t' = dx_t' \, dy_t' \, dz_t').$$

Nach bekannten Sätzen ist

$$(169) \quad \frac{\partial \hat{V}}{\partial \hat{x}} = \int\limits_{\hat{T}} \hat{\vartheta}' \frac{\partial}{\partial \hat{x}} \left(\frac{1}{\hat{r}} \right) d\hat{\tau}', \quad \frac{\partial \dot{V}}{\partial \dot{x}} = \int\limits_{\dot{T}} \dot{\vartheta}' \frac{\partial}{\partial \dot{x}} \left(\frac{1}{\dot{r}} \right) d\dot{\tau}', \quad \frac{\partial V_t}{\partial x_t} = \int\limits_{T_t} \vartheta_t' \frac{\partial}{\partial x_t} \left(\frac{1}{r_t} \right) d\tau_t'.$$

Der Ausdruck

$$(170) \qquad P_t = \int\limits_{T_t} \vartheta_t' \frac{\partial}{\partial x_t} \left(\frac{1}{r_t} \right) d\tau_t' = \int\limits_{T} \vartheta' \frac{\partial}{\partial x_t} \left(\frac{1}{r_t} \right) \frac{\partial(x_t', y_t', z_t')}{\partial(x', y', z')} \, d\tau'$$

hat auch für *komplexe* t mit $|t| \leqq \frac{1}{2} \Pi_0$, falls, wie wir es annehmen wollen, Π_0 hinreichend klein ist, eine bestimmte Bedeutung und stellt eine analytische und reguläre Funktion von t dar[138].

Ferner gelten, wie man sofort sieht, auch jetzt noch die Beziehungen (167) und, worauf wir an dieser Stelle nicht näher eingehen können, (für $|t| \leqq \frac{1}{2} \Pi_0$) die Ungleichheit

$$(171) \qquad\qquad |P_t| \leqq c_1' M_1,$$

die zu der in (158) enthaltenen Ungleichheit

$$\left| \frac{\partial \dot{V}}{\partial \dot{x}} \right| \leqq c_1 M_1$$

analog ist und ganz wie jene bewiesen werden kann[139]. Es sei Γ der Kreis vom Radius $\frac{1}{2} \Pi_0$ in der Ebene der komplexen Variablen t, und es sei $\delta = \frac{1}{2} \Pi_0 e^{i\psi}$,

$$(172) \qquad\qquad P_\delta = \int\limits_{T} \vartheta' \frac{\partial}{\partial x_\delta} \left(\frac{1}{r_\delta} \right) \frac{\partial(x_\delta', y_\delta', z_\delta')}{\partial(x', y', z')} \, d\tau'.$$

Der Cauchyschen Integralformel gemäß ist für alle t mit $|t| \leqq \text{Ⅱ} \leqq \frac{1}{2} \Pi \leqq \frac{1}{4} \Pi_0$ gewiß

$$(173) \qquad P_t = \frac{1}{2\pi i} \int\limits_{\Gamma} \frac{P_\delta}{\delta - t} \, d\delta, \qquad \frac{\partial P_t}{\partial t} = \frac{1}{2\pi i} \int\limits_{\Gamma} \frac{P_\delta}{(\delta - t)^2} \, d\delta.$$

Weiter ist

$$(174) \qquad\qquad \frac{\partial \hat{V}}{\partial \hat{x}} - \frac{\partial \dot{V}}{\partial \dot{x}} = \int\limits_{0}^{\text{Ⅱ}} \frac{\partial P_t}{\partial t} \, dt.$$

---

[138] Man vergleiche die Ausführungen auf S. 114.

[139] Vgl. loc. cit. [2] S. **331—337**. Dort finden sich analoge Betrachtungen für das Newtonsche Potential einer einfachen Belegung ins einzelne durchgeführt.

Aus (171), (173), (174) folgen nacheinander, da $|\delta| = \frac{1}{2}\Pi_0$, $|\delta - t| \geqq \frac{1}{4}\Pi_0$ ist, wegen $|P_\delta| \leqq c_1' M_1$

$$\left|\frac{\partial P_t}{\partial t}\right| \leqq \frac{1}{2\pi}\,\pi\,\Pi_0\,c_1'\,M_1\,\frac{16}{\Pi_0^2} = \frac{8\,c_1'\,M_1}{\Pi_0},$$

$$\left|\frac{\partial \hat{V}}{\partial \hat{x}} - \frac{\partial \dot{V}}{\partial \dot{x}}\right| \leqq \frac{8\,c_1'\,M_1}{\Pi_0}\,\sqcup = c_6\,M_1\,\sqcup.$$

Damit ist die zweite der Ungleichheiten (164) bewiesen. In ganz analoger Weise werden die Ungleichheiten abgeleitet, die man erhält, wenn man x durch y oder z ersetzt. Um unter Verwendung desselben Gedankenganges die Abschätzung (164) für $\left|\dfrac{\partial^2 \hat{V}}{\partial \hat{x}^2} - \dfrac{\partial^2 \dot{V}}{\partial \dot{x}^2}\right|$ zu gewinnen, wird man von dem Ausdruck $\dfrac{\partial P_t}{\partial x_t}$ ausgehen. Dieser stellt, wie sich zeigen läßt, eine für alle t mit $|t| \leqq \frac{1}{2}\Pi_0$ analytische und reguläre Funktion von t dar. Ferner ist

$$(175) \qquad\qquad \left|\frac{\partial P_t}{\partial x_t}\right| \leqq c_2'\,M_1 + c_3'\,M_2.$$

Der Beweis dieser Ungleichheit wird durch eine sinngemäße Übertragung der im Reellen üblichen Überlegungen erbracht.

Eine Weiterverfolgung des angedeuteten Gedankenganges führt zu den in der letzten Zeile von (164) zusammengestellten Ungleichheitsbeziehungen.

Wir haben vorhin $\sqcup \leqq \frac{1}{2}\Pi$ angenommen. Diese Einschränkung kann man jetzt fallen lassen[140]. Wir führen zu diesem Ende die durch die Gleichungen

$$\tilde{x}_{\frac{1}{4}} = \dot{x} + \frac{1}{4}(\hat{\xi} - \dot{\xi}), \quad \tilde{y}_{\frac{1}{4}} = \dot{y} + \frac{1}{4}(\hat{\eta} - \dot{\eta}), \qquad \tilde{z}_{\frac{1}{4}} = \dot{z} + \frac{1}{4}(\hat{\zeta} - \dot{\zeta});$$

$$\tilde{x}_{\frac{1}{2}} = \dot{x} + \frac{1}{2}(\hat{\xi} - \dot{\xi}), \quad \tilde{y}_{\frac{1}{2}} = \dot{y} + \frac{1}{2}(\hat{\eta} - \dot{\eta}), \dots; \quad \tilde{x}_{\frac{3}{4}} = \dot{x} + \frac{3}{4}(\hat{\xi} - \dot{\xi}), \dots$$

erklärten topologischen Abbildungen ein und bezeichnen die zugehörigen Volumpotentiale mit $\tilde{V}_{\frac{1}{4}}$, $\tilde{V}_{\frac{1}{2}}$, $\tilde{V}_{\frac{3}{4}}$. Wegen (154) und (160) ist $\sqcup \leqq 2\Pi$. Für $\tilde{V}_{\frac{1}{4}}$ und $\dot{V}$; $\tilde{V}_{\frac{1}{2}}$ und $\tilde{V}_{\frac{1}{4}}$; $\tilde{V}_{\frac{3}{4}}$ und $\tilde{V}_{\frac{1}{2}}$, endlich für $\hat{V}$ und $\tilde{V}_{\frac{3}{4}}$ gelten, da hier allemal die Schranke $\frac{1}{4}\sqcup$ in Frage kommt, gewiß die zu (164) analogen Ungleichheiten. Wir finden darum beispielsweise

$$\left|\frac{\partial^2 \hat{V}}{\partial \hat{x}^2} - \frac{\partial^2 \dot{V}}{\partial \dot{x}^2}\right|_\lambda \leqq \left|\frac{\partial^2 \hat{V}}{\partial \hat{x}^2} - \frac{\partial^2 \tilde{V}_{\frac{3}{4}}}{\partial \tilde{x}_{\frac{3}{4}}^2}\right|_\lambda + \dots + \left|\frac{\partial^2 \tilde{V}_{\frac{1}{4}}}{\partial \tilde{x}_{\frac{1}{4}}^2} - \frac{\partial^2 \dot{V}}{\partial \dot{x}^2}\right|_\lambda$$

$$\leqq 4\,(c_9\,M_1 + c_{10}\,M_2)\,\frac{\sqcup}{4} = (c_9\,M_1 + c_{10}\,M_2)\,\sqcup.$$

---

[140] Vgl. die analogen Betrachtungen auf S. 13.

Es sei zum Schluß bemerkt, daß wir uns des Durchganges durch das Komplexe und der Cauchyschen Integralformel in ähnlicher Weise schon früher wiederholt (S. 117 ff.) zur Ableitung von wichtigen reelle Größen betreffenden Ungleichheiten bedient haben [141].

Wir haben bisher angenommen, daß in den korrespondierenden Punkten der Gebiete $\dot{T}$ und $\hat{T}$ die Dichte allemal denselben Wert hat. Es möge jetzt ϑ_* eine weitere in T erklärte, der H-Bedingung genügende Funktion bezeichnen, und es sei

$$(174') \qquad |\vartheta_* - \vartheta| \leqq N_1, \qquad |\vartheta_* - \vartheta|_\lambda \leqq N_2.$$

Wir setzen

$$\hat{\vartheta}_*(\hat{x}, \hat{y}, \hat{z}) = \vartheta_*(x, y, z), \qquad \hat{V}_*(\hat{x}, \hat{y}, \hat{z}) = \int_{\hat{T}} \frac{1}{\hat{r}}\, \hat{\vartheta}'_*\, d\hat{\tau}'.$$

Den eingangs erwähnten fundamentalen Hilfssätzen (vgl. S. 123) zufolge ist

$$\left| \frac{\partial^2}{\partial \hat{x}^2}(\hat{V}_* - \hat{V}) \right|, \ldots, \left| \frac{\partial^2}{\partial \hat{z}^2}(\hat{V}_* - \hat{V}) \right| \leqq c_{11} N_1 + c_{12} N_2,$$

$$\left| \frac{\partial^2}{\partial \hat{x}^2}(\hat{V}_* - \hat{V}) \right|_\lambda, \ldots, \left| \frac{\partial^2}{\partial \hat{z}^2}(\hat{V}_* - \hat{V}) \right|_\lambda \leqq c_{13} N_1 + c_{14} N_2. \quad [142]$$

Hieraus und aus den Ungleichheiten (164) folgen die weiteren Beziehungen

$$(174'') \quad
\begin{aligned}
&\left| \frac{\partial^2 \hat{V}_*}{\partial \hat{x}^2} - \frac{\partial^2 \dot{V}}{\partial \dot{x}^2} \right|, \ldots, \left| \frac{\partial^2 \hat{V}_*}{\partial \hat{z}^2} - \frac{\partial^2 \dot{V}}{\partial \dot{z}^2} \right| \leqq (c_7 M_1 + c_8 M_2)\, \sqcup + c_{11} N_1 + c_{12} N_2, \\
&\left| \frac{\partial^2 \hat{V}_*}{\partial \hat{x}^2} - \frac{\partial^2 \dot{V}}{\partial \dot{x}^2} \right|_\lambda, \ldots, \left| \frac{\partial^2 \hat{V}_*}{\partial \hat{z}^2} - \frac{\partial^2 \dot{V}}{\partial \dot{z}^2} \right|_\lambda \leqq (c_9 M_1 + c_{10} M_2)\, \sqcup + c_{13} N_1 + c_{14} N_2.
\end{aligned}$$

§ 6. Ein System nichtlinearer Integro-Differentialgleichungen in der Dynamik vollkommen inkohärenter gravitierender Medien. Es sei $T_0 + S_0$ ein von einem „vollkommen inkohärenten" Medium der Dichte $\mu_0 = \mu_0(a, b, c)$ erfüllter beschränkter Bereich der Klasse $A\,h$ im Raume der Variablen a, b, c. Die einzelnen Teilchen des Mediums sind durch Gravitationskräfte aneinander geknüpft, können sich aber, unbehindert durch die Nachbarteilchen, nach allen Richtungen frei bewegen und üben keinerlei Spannkräfte aufeinander aus. Es sei weiter

$$(175') \quad x = x(a, b, c, t), \qquad y = y(a, b, c, t), \qquad z = z(a, b, c, t)$$

ein System für alle (a, b, c) in $T_0 + S_0$ und alle t in einem Intervall

---

[141] Ich habe dieses Verfahren zuerst in der in der Fußnote [127] genannten Abhandlung zur Ableitung der Ungleichheiten (164), sowie der analogen Beziehungen in der Theorie des Potentials einer einfachen und einer doppelten Flächenbelegung verwendet.

[142] Vgl. die Bemerkungen der Fußnote [136].

$\langle 0, t \rangle$, kürzer in dem vierdimensionalen Zylinderkörper $\{T_0 + S_0; (0, t)\}$, erklärter Funktionen, die folgende Eigenschaften haben.

1. Sie sind stetig und haben in ihrem ganzen Definitionsbereich $\{T_0 + S_0; \langle 0, t \rangle\}$ stetige, der H-Bedingung genügende partielle Ableitungen in bezug auf die Ortsveränderlichen,

$$(176) \qquad \frac{\partial x}{\partial a}, \frac{\partial x}{\partial b}, \frac{\partial x}{\partial c}; \frac{\partial y}{\partial a}, \ldots, \frac{\partial z}{\partial c}. \quad {}^{143}$$

2. Sie haben in $\{T_0 + S_0; \langle 0, t \rangle\}$ stetige Ableitungen

$$(177) \quad u = \frac{dx}{dt}, v = \frac{dy}{dt}, w = \frac{dz}{dt}; \frac{du}{dt} = \frac{d^2 x}{dt^2}, \frac{dv}{dt}, \frac{dw}{dt}; \frac{\partial u}{\partial a}, \ldots, \frac{\partial w}{\partial c}; \frac{\partial}{\partial a}\frac{du}{dt}, \frac{\partial}{\partial b}\frac{du}{dt}, \ldots, \frac{\partial}{\partial c}\frac{dw}{dt}.$$

Die Ableitungen von dem Typus $\frac{\partial u}{\partial a}$ und $\frac{\partial}{\partial a}\frac{du}{dt}$ erfüllen eine H-Bedingung mit dem Exponenten λ.

3. Es gilt

$$(178) \qquad \frac{\partial (x, y, z)}{\partial (a, b, c)} \geqq q_0 > 0.$$

4. Durch Vermittelung der Funktionen (175) wird der Bereich $T_0 + S_0$ auf einen Bereich $T + S$, notwendigerweise der Klasse Ah, topologisch abgebildet [144].

5. Es gilt

$$(179) \qquad x(a, b, c, 0) = a, \qquad y(a, b, c, 0) = b, \qquad z(a, b, c, 0) = c.$$

Die Funktionen (175') definieren nunmehr eine „Bewegung" unseres Mediums. Dem Punkte (x, y, z) in $T + S$ wird hierbei der Wert

$$(180) \qquad \mu = \mu_0 : \frac{\partial (x, y, z)}{\partial (a, b, c)}$$

der Dichte zugeordnet. Die zusammengehörigen Teilbereiche (etwa der Klasse Ah) in $T_0 + S_0$ und $T + S$ fassen alsdann, wie man weiß, allemal gleiche Massen. Die Gleichung (180) ist die Kontinuitätsgleichung. Genügt, wie wir annehmen wollen, μ_0 einer H-Bedingung mit dem Exponenten λ, so gilt für μ augenscheinlich das gleiche.

Da die einzelnen Kräfte, die auf das Teilchen (x, y, z) wirken, Gravitationskräfte sind, so gelten die Bewegungsgleichungen

$$(181) \quad \frac{d^2 x}{dt^2} = \varkappa \int_T \mu' \frac{\partial}{\partial x}\left(\frac{1}{r}\right) d\tau', \quad \frac{d^2 y}{dt^2} = \varkappa \int_T \mu' \frac{\partial}{\partial y}\left(\frac{1}{r}\right) d\tau', \quad \frac{d^2 z}{dt^2} = \varkappa \int_T \mu' \frac{\partial}{\partial z}\left(\frac{1}{r}\right) d\tau'$$

$$(d\tau' = dx'\, dy'\, dz', \quad r^2 = (x - x')^2 + (y - y')^2 + (z - z')^2,$$

$$\varkappa = \text{Gaußsche Gravitationskonstante}).$$

---

[143] Der Höldersche Exponent λ hat denselben Wert wie der H-Exponent von S_0.

[144] Der zugehörige Höldersche Exponent hat den Wert λ.

Wir beweisen, *daß es für hinreichend kleine t gewiß ein, aber auch nur ein System die Bedingungen 1. bis 5. erfüllender Funktionen x(a, b, c, t), y(a, b, c, t), z(a, b, c, t) gibt, die überdies folgende Eigenschaften haben. Sie genügen den Gleichungen* (181) *und erfüllen die Anfangsbedingungen*

$$(182) \qquad \frac{dx}{dt} = u_0, \quad \frac{dy}{dt} = v_0, \quad \frac{dz}{dt} = w_0 \quad \text{für} \quad t = 0,$$

unter $u_0 = u_0(a, b, c)$, $v_0 = v_0(a, b, c)$, $w_0 = w_0(a, b, c)$ *in* $T_0 + S_0$ *erklärte stetige Funktionen, die daselbst stetige, der H-Bedingung (mit dem Exponenten* λ) *genügende Ableitungen erster Ordnung haben, verstanden*[145]. Dies besagt augenscheinlich, daß sich die Bewegung unseres Mediums innerhalb eines hinreichend kurzen Zeitintervalls $\langle 0, t \rangle$ mathematisch verfolgen läßt.

Aus (181), (179) und (182) folgt unmittelbar

$$x - a = u_0 t + \varkappa \int\limits_0^t dt_2 \int\limits_0^{t_2} dt_1 \int\limits_T \mu' \frac{\partial}{\partial x}\left(\frac{1}{r}\right) d\tau',$$

$$(183) \qquad y - b = v_0 t + \varkappa \int\limits_0^t dt_2 \int\limits_0^{t_2} dt_1 \int\limits_T \mu' \frac{\partial}{\partial y}\left(\frac{1}{r}\right) d\tau',$$

$$z - c = w_0 t + \varkappa \int\limits_0^t dt_2 \int\limits_0^{t_2} dt_1 \int\limits_T \mu' \frac{\partial}{\partial z}\left(\frac{1}{r}\right) d\tau'.$$

Diese Beziehungen stellen ein System von Integro-Differentialgleichungen dar. Sie sind den Integro-Differentialgleichungen (181) nebst Anfangsbedingungen (179) und (182) vollkommen äquivalent. Wegen (180) kann man übrigens für (183) auch setzen

$$x - a = u_0 t + \varkappa \int\limits_0^t dt_2 \int\limits_0^{t_2} dt_1 \int\limits_{T_0} \mu_0' \frac{\partial}{\partial x}\left(\frac{1}{r}\right) d\tau_0',$$

$$(184) \hspace{5cm} d\tau_0' = da'\, db'\, dc',$$

$$y - b = v_0 t + \varkappa \int\limits_0^t dt_2 \int\limits_0^{t_2} dt_1 \int\limits_{T_0} \mu_0' \frac{\partial}{\partial y}\left(\frac{1}{r}\right) d\tau_0', \dots,$$

und diese Gleichungen gestatten eine Umformung nach Art der in § 3 dieses Kapitels durchgeführten. Wir setzen

$$x_h = a + h(x - a), \quad y_h = b + h(y - b), \quad z_h = c + h(z - c),$$
$$r_h^2 = (x_h' - x_h)^2 + (y_h' - y_h)^2 + (z_h' - z_h)^2.$$

Für $h = 1$ ist augenscheinlich

$$x_h = x, \quad y_h = y, \quad z_h = z, \qquad \text{darum auch} \qquad r_h = r.$$

---

[145] Auch die Forderung 5. ist natürlich als eine Anfangsbedingung aufzufassen.

Wie man leicht sieht, ist, sofern

$$\left|\frac{\partial x}{\partial a}-1\right|,\ \left|\frac{\partial x}{\partial b}\right|,\ \left|\frac{\partial x}{\partial c}\right|;\ \left|\frac{\partial y}{\partial a}\right|,\ \ldots,\ \left|\frac{\partial z}{\partial c}-1\right|$$

hinreichend klein sind[146], der Ausdruck

$$\int_{T_0}\mu_0'\frac{\partial}{\partial x_h}\left(\frac{1}{r_h}\right)d\tau_0'$$

eine in dem Gebiete $|h|<h^*$ $(h^*>1)$ reguläre, für alle h mit $|h|\leq h^*$ stetige Funktion von h. Es gilt

$$\int_{T_0}\mu_0'\frac{\partial}{\partial x_h}\left(\frac{1}{r_h}\right)d\tau_0'=W^{(0)}+W^{(1)}h+\ldots+W^{(n)}h^n+\ldots$$

mit

$$W^{(n)}=\frac{1}{n!}\int_{T_0}\mu_0'\left[\frac{\partial^n}{\partial h^n}\left(\frac{\partial}{\partial x_h}\frac{1}{r_h}\right)\right]_{h=0}d\tau_0',$$

darum für $h=1$

$$(185)\qquad \int_{T_0}\mu_0'\frac{\partial}{\partial x}\left(\frac{1}{r}\right)d\tau_0'=W^{(0)}+W^{(1)}+\ldots+W^{(n)}+\ldots.$$

Insbesondere ist

$$(186)\quad W^{(0)}=\int_{T_0}\mu_0'\frac{\partial}{\partial a}\left(\frac{1}{r_0}\right)d\tau_0',\qquad r_0^2=(a'-a)^2+(b'-b)^2+(c'-c)^2$$

und, wie man ohne Mühe findet, in naheliegender Schreibweise

$$(187)\qquad W^{(1)}=\int_{T_0}\mu_0'd\tau_0'\left[\frac{1}{r_0^3}\left((x'-a')-(x-a)\right)\right.$$
$$\left.-3\frac{(a'-a)}{r_0^5}\sum(a'-a)\left((x'-a')-(x-a)\right)\right].$$

Wir kehren zu den Beziehungen (183) zurück. Wie sich alsbald zeigen wird, bestehen auch diesmal Ungleichheiten, die zu den Ungleichheiten (8) und (11) des ersten Kapitels analog sind. Die Gleichungen (183) lassen sich darum durch sukzessive Approximationen auflösen.

Wir beginnen mit einigen vorbereitenden Betrachtungen. Es sei

$$(188)\qquad \left|\frac{\partial x}{\partial a}-1\right|,\ \left|\frac{\partial x}{\partial b}\right|,\ \ldots,\ \left|\frac{\partial z}{\partial c}-1\right|;\ \left|\frac{\partial x}{\partial a}\right|_\lambda,\ \ldots,\ \left|\frac{\partial z}{\partial c}\right|_\lambda\leq d,$$
$$0\leq t\leq \mathfrak{t},\quad \mathfrak{t}\leq\Omega_1,\quad (d\text{ konstant, } d\leq\mathfrak{d})$$

gesetzt. Aus (180) folgt leicht wegen 3. und (188)

$$(189)\qquad |\mu|\leq\alpha_1,\qquad |\mu|_\lambda\leq\alpha_2,$$

unter α_1 und α_2 Konstante verstanden, wie später unter $\alpha_3,\alpha_4,\ldots.$

---

[146] Etwa $\leq\mathfrak{d}$, unter $\mathfrak{d}$ eine nur von T_0+S_0 abhängige Größe verstanden. Vgl. die Ausführungen auf S. 114. Wir denken uns übrigens $\mathfrak{d}$ so klein gewählt, daß $\dfrac{\partial(x,y,z)}{\partial(a,b,c)}\geq q_0$ gilt, womit die Forderung 3. erfüllt ist.

Es sei $\dot{x}, \dot{y}, \dot{z}$ ein ganz wie x, y, z beschaffenes System in $T_0 + S_0$ erklärter Funktionen, und es möge

$$(190) \qquad \left|\frac{\partial \dot{x}}{\partial a} - 1\right|, \left|\frac{\partial \dot{x}}{\partial b}\right|, \ldots, \left|\frac{\partial \dot{z}}{\partial c} - 1\right|; \left|\frac{\partial \dot{x}}{\partial a}\right|_\lambda, \ldots, \left|\frac{\partial \dot{z}}{\partial c}\right|_\lambda \leqq d,$$

$$\text{obere Grenze} \left\{ \left|\frac{\partial}{\partial a}(x - \dot{x})\right|, \left|\frac{\partial}{\partial b}(x - \dot{x})\right|, \left|\frac{\partial}{\partial c}(z - \dot{z})\right|; \right.$$

$$\left. \left|\frac{\partial}{\partial a}(x - \dot{x})\right|_\lambda, \ldots, \left|\frac{\partial}{\partial c}(z - \dot{z})\right|_\lambda \right\} = \mho$$

sein. Wir setzen

$$(191) \qquad \dot{\mu} = \mu_0 : \frac{\partial(\dot{x}, \dot{y}, \dot{z})}{\partial(a, b, c)}.$$

Wie sich leicht zeigen läßt, ist

$$(192) \qquad |\dot{\mu} - \mu|, |\dot{\mu} - \mu|_\lambda \leqq \alpha_3 \mho.$$

Den in § 5 entwickelten potentialtheoretischen Hilfssätzen [147] zufolge ist, wenn wir zur Abkürzung

$$(193) \qquad \Psi_1 = \varkappa \int_T \mu' \frac{\partial}{\partial x}\left(\frac{1}{r}\right) d\tau', \quad \Psi_2 = \varkappa \int_T \mu' \frac{\partial}{\partial y}\left(\frac{1}{r}\right) d\tau', \quad \Psi_3 = \varkappa \int_T \mu' \frac{\partial}{\partial z}\left(\frac{1}{r}\right) d\tau',$$

$$(194) \qquad \dot{\Psi}_1 = \varkappa \int_{\dot{T}} \dot{\mu}' \frac{\partial}{\partial \dot{x}}\left(\frac{1}{\dot{r}}\right) d\dot{\tau}', \quad \dot{\Psi}_2 = \varkappa \int_{\dot{T}} \dot{\mu}' \frac{\partial}{\partial \dot{y}}\left(\frac{1}{\dot{r}}\right) d\dot{\tau}', \quad \dot{\Psi}_3 = \varkappa \int_{\dot{T}} \dot{\mu}' \frac{\partial}{\partial \dot{z}}\left(\frac{1}{\dot{r}}\right) d\dot{\tau}'$$

setzen, sofern, wie angenommen werden soll, d hinreichend klein ist,

$$|\Psi_1 - \dot{\Psi}_1|, |\Psi_2 - \dot{\Psi}_2|, |\Psi_3 - \dot{\Psi}_3|;$$

$$(195) \qquad \left|\frac{\partial \Psi_1}{\partial x} - \frac{\partial \dot{\Psi}_1}{\partial \dot{x}}\right|, \ldots, \left|\frac{\partial \Psi_3}{\partial z} - \frac{\partial \dot{\Psi}_3}{\partial \dot{z}}\right|; \left|\frac{\partial \Psi_1}{\partial x} - \frac{\partial \dot{\Psi}_1}{\partial \dot{x}}\right|_\lambda, \ldots, \left|\frac{\partial \Psi_3}{\partial z} - \frac{\partial \dot{\Psi}_3}{\partial \dot{z}}\right|_\lambda \leqq \alpha_4 \mho$$

und wegen (188) und (190), wie man sich ohne Mühe überzeugt,

$$(196) \qquad \left|\frac{\partial \Psi_1}{\partial a} - \frac{\partial \dot{\Psi}_1}{\partial a}\right|, \ldots, \left|\frac{\partial \Psi_3}{\partial c} - \frac{\partial \dot{\Psi}_3}{\partial c}\right|; \left|\frac{\partial \Psi_1}{\partial a} - \frac{\partial \dot{\Psi}_1}{\partial a}\right|_\lambda, \ldots, \left|\frac{\partial \Psi_3}{\partial c} - \frac{\partial \dot{\Psi}_3}{\partial c}\right|_\lambda \leqq \alpha_5 \mho.$$

Nun aber zurück zu den Gleichungen (183). Wir schreiben diese in der Form

$$x - a = u_0 t + \int_0^t dt_2 \int_0^{t_2} \Psi_1(x, y, z)\, dt_1,$$

$$(197) \qquad y - b = v_0 t + \int_0^t dt_2 \int_0^{t_2} \Psi_2(x, y, z)\, dt_1,$$

$$z - c = w_0 t + \int_0^t dt_2 \int_0^{t_2} \Psi_3(x, y, z)\, dt_1$$

---

[147] Es handelt sich um den Schlußsatz des § 5.

und leiten durch Differentiation die weiteren Beziehungen

$$\frac{\partial}{\partial a}(x-a) = \frac{\partial u_0}{\partial a}t + \int_0^t dt_2 \int_0^{t_2} \frac{\partial}{\partial a}\Psi_1(x,y,z)\,dt_1,\dots$$

$$(198)\quad \cdot\ \cdot\ \cdot\ \cdot\ \cdot\ \cdot\ \cdot\ \cdot\ \cdot\ \cdot\ \cdot\ \cdot\ \cdot\ \cdot\ \cdot\ \cdot$$

$$\frac{\partial}{\partial c}(z-c) = \frac{\partial w_0}{\partial c}t + \int_0^t dt_2 \int_0^{t_2} \frac{\partial}{\partial c}\Psi_3(x,y,z)\,dt_1$$

ab. Des weiteren finden wir

$$(199)\quad \left|\frac{\partial}{\partial a}(x-a)\right|_\lambda = \left|\frac{\partial u_0}{\partial a}t + \int_0^t dt_2 \int_0^{t_2} \frac{\partial}{\partial a}\Psi_1(x,y,z)\,dt_1\right|_\lambda,\ \dots,$$

$$\cdot\ \cdot\ \cdot\ \cdot\ \cdot\ \cdot\ \cdot\ \cdot\ \cdot\ \cdot\ \cdot\ \cdot\ \cdot\ \cdot\ \cdot\ \cdot$$

darum gewiß

$$(200)\quad \left|\frac{\partial}{\partial a}(x-a)\right|_\lambda \leqq \left|\frac{\partial u_0}{\partial a}\right|_\lambda t + \left|\int_0^t dt_2 \int_0^{t_2} \frac{\partial}{\partial a}\Psi_1(x,y,z)\,dt_1\right|_\lambda,\ \dots.$$

Wir fassen (197), (198), (199) als 21 Gleichungen zur Bestimmung von ebensoviel Unbekannten $x-a$, $y-b$, $z-c$; $\dfrac{\partial}{\partial a}(x-a),\dots,\dfrac{\partial}{\partial c}(z-c)$; $\left|\dfrac{\partial}{\partial a}(x-a)\right|_\lambda,\dots,\left|\dfrac{\partial}{\partial c}(z-c)\right|_\lambda$ auf [148] und schreiben zur Abkürzung

$$x-a = u_0 t + \Xi_1\{x,y,z,t\},\quad y-b = v_0 t + \Xi_2\{x,y,z,t\},\dots,$$

$$\frac{\partial}{\partial a}(x-a) = \frac{\partial u_0}{\partial a}t + \frac{\partial}{\partial a}\Xi_1\{x,y,z,t\},\dots,$$

$$(201)\quad \left|\frac{\partial}{\partial a}(x-a)\right|_\lambda = \left|\frac{\partial u_0}{\partial a}t + \frac{\partial}{\partial a}\Xi_1\{x,y,z,t\}\right|_\lambda,\dots,$$

ferner

$$\left|\frac{\partial}{\partial a}(x-a)\right|_\lambda \leqq \left|\frac{\partial u_0}{\partial a}\right|_\lambda t + \left|\frac{\partial}{\partial a}\Xi_1\{x,y,z,t\}\right|_\lambda,\dots. \qquad [149]$$

Dem zu Beginn des § 5 angegebenen, in den Formeln (158), (159) zum Ausdruck gebrachten Hilfssatz zufolge, ist für alle (188) erfüllenden $x-a$, $y-b$, $z-c$ gewiß

$$(202)\quad |\Psi_1|;\ \left|\frac{\partial\Psi_1}{\partial a}\right|,\ \left|\frac{\partial\Psi_1}{\partial b}\right|,\ \left|\frac{\partial\Psi_1}{\partial c}\right|;\ \left|\frac{\partial\Psi_1}{\partial a}\right|_\lambda,\ \left|\frac{\partial\Psi_1}{\partial b}\right|_\lambda,\ \left|\frac{\partial\Psi_1}{\partial c}\right|_\lambda \leqq \alpha_6, \qquad [150]$$

darum

$$(203)\ |\Xi_1|;\ \left|\frac{\partial}{\partial a}\Xi_1\right|,\ \left|\frac{\partial}{\partial b}\Xi_1\right|,\ \left|\frac{\partial}{\partial c}\Xi_1\right|;\ \left|\frac{\partial}{\partial a}\Xi_1\right|_\lambda,\ \left|\frac{\partial}{\partial b}\Xi_1\right|_\lambda,\ \left|\frac{\partial}{\partial c}\Xi_1\right|_\lambda \leqq \alpha_6 \Omega_1^2.$$

---

[148] Man vergleiche S. 97, wo sich ähnliche Betrachtungen finden.

[149] Augenscheinlich sind mit Ξ_1, Ξ_2, Ξ_3 die Glieder zweiter Ordnung in (197) bezeichnet.

[150] Man beachte die Beziehungen (189).

Analoge Ungleichheiten gelten für die Glieder zweiter Ordnung auf der rechten Seite der übrigen Gleichungen (197) bis (199) sowie der Beziehungen (200). Sie entsprechen den Ungleichheiten (8) des ersten Kapitels.

Aus (195), (196) und (188) folgt weiter, wenn wir $\Omega_1 \leq 1$ annehmen,

$$(204) \quad \left| \Xi_1\{x,y,z,t\} - \Xi_1\{\dot{x},\dot{y},\dot{z},t\} \right|;\ \left| \frac{\partial}{\partial a}\Xi_1\{x,y,z,t\} - \frac{\partial}{\partial a}\Xi_1\{\dot{x},\dot{y},\dot{z},t\} \right|,\ \ldots,$$

$$\left| \frac{\partial}{\partial c}\Xi_1\{x,y,z,t\} - \frac{\partial}{\partial c}\Xi_1\{\dot{x},\dot{y},\dot{z},t\} \right|;\ \left| \frac{\partial}{\partial a}\Xi_1\{x,y,z,t\} - \frac{\partial}{\partial a}\Xi_1\{\dot{x},\dot{y},\dot{z},t\} \right|_\lambda,\ \ldots$$

$$\leq \alpha_7\, \Omega_1^2\, \eth \leq \alpha_7\, \Omega_1\, \eth.$$

Analoge Ungleichheiten erhält man, wenn man Ξ_1 durch Ξ_2 oder Ξ_3 ersetzt. Sie entsprechen den Ungleichheiten (11) des ersten Kapitels. Damit ist die Konvergenz der sukzessiven Approximationen für hinreichend kleine Werte von Ω_1, d. h. von t gesichert. Zugleich auch die Unität der Lösung[151].

§ 7. Ein System nichtlinearer Integro-Differentialgleichungen in der Hydrodynamik homogener, inkompressibler, reibungsloser Flüssigkeiten. Es sei T_0 ein von einer (geschlossenen) Fläche der Klasse Ah begrenztes Gebiet im Raume der Variablen a, b, c, und es mögen ξ_0, η_0, ζ_0 drei in $T_0 + S_0$ erklärte stetige, der H-Bedingung genügende Funktionen bezeichnen. Wir versuchen im folgenden drei für alle a, b, c in $T_0 + S_0$ und alle t in einem hinreichend kleinen Intervall $\langle 0, t \rangle$, kürzer in $\{T_0 + S_0;\ \langle 0, t \rangle\}$, erklärte stetige Funktionen

$$(205) \quad x = x(a,b,c,t), \qquad y = y(a,b,c,t), \qquad z = z(a,b,c,t)$$

zu bestimmen, die folgende Eigenschaften haben.

1. Sie haben in ihrem Definitionsbereich stetige, der H-Bedingung genügende partielle Ableitungen

$$\frac{\partial x}{\partial a},\ \frac{\partial x}{\partial b},\ \frac{\partial x}{\partial c};\ \frac{\partial y}{\partial a},\ \ldots,\ \frac{\partial z}{\partial c}.\ {}^{152}$$

2. Durch Vermittelung der Funktionen (205) wird der Bereich $T_0 + S_0$ auf einen Bereich $T + S$ im Raume x-y-z topologisch abgebildet. Dies ist, wie wir wissen, gewiß der Fall, wenn, wie wir annehmen wollen,

$$(206) \quad \Omega = \text{obere Grenze} \left\{ \left| \frac{\partial x}{\partial a} - 1 \right|,\ \left| \frac{\partial x}{\partial b} \right|,\ \ldots,\ \left| \frac{\partial z}{\partial c} - 1 \right|;\ \left| \frac{\partial x}{\partial a} \right|_\lambda,\ \ldots,\ \left| \frac{\partial z}{\partial c} \right|_\lambda \right\}$$

---

[151] Man vergleiche zu den vorstehenden Ausführungen die Entwicklungen meiner Arbeit, Über einen Einwand gegen das Newtonsche Attraktionsgesetz. Ein Problem der Dynamik vollkommen inkohärenter gravitierender Medien, Math. Zeitschr. **27** (1928), S. 607—622. Dort handelt es sich um die Bewegung eines den Gesamtraum erfüllenden vollkommen inkohärenten gravitierenden Mediums. Der Konvergenzbeweis ist dementsprechend etwas einfacher.

[152] Der Höldersche Exponent hat denselben Wert wie der H-Exponent von S_0.

hinreichend klein, etwa $\Omega \leq \Omega_*$, ist. Die Jacobische Determinante $\dfrac{\partial(x,y,z)}{\partial(a,b,c)}$ ist hierbei gewiß $\geq q_0 > 0$ [153], was zur Folge hat, daß der Bereich $T + S$ ebenfalls der Klasse Ah angehört [154].

3. Die Funktionen $x(a,b,c,t)$, $y(a,b,c,t)$, $z(a,b,c,t)$ erfüllen die Integro-Differentialgleichungen

$$x = a + \int_0^t dt \left\{ -\frac{1}{2\pi} \frac{\partial}{\partial z} \int_T \frac{1}{r} \eta' \, d\tau' + \frac{1}{2\pi} \frac{\partial}{\partial y} \int_T \frac{1}{r} \zeta' \, d\tau' \right\},$$

$$(207) \quad y = b + \int_0^t dt \left\{ -\frac{1}{2\pi} \frac{\partial}{\partial x} \int_T \frac{1}{r} \zeta' \, d\tau' + \frac{1}{2\pi} \frac{\partial}{\partial z} \int_T \frac{1}{r} \xi' \, d\tau' \right\},$$

$$z = c + \int_0^t dt \left\{ -\frac{1}{2\pi} \frac{\partial}{\partial y} \int_T \frac{1}{r} \xi' \, d\tau' + \frac{1}{2\pi} \frac{\partial}{\partial x} \int_T \frac{1}{r} \eta' \, d\tau' \right\},$$

$$(r^2 = (x - x')^2 + (y - y')^2 + (z - z')^2, \quad d\tau' = dx' \, dy' \, dz');$$

$$(208) \quad \begin{aligned} \xi &= \frac{\partial x}{\partial a} \xi_0 + \frac{\partial x}{\partial b} \eta_0 + \frac{\partial x}{\partial c} \zeta_0, \\ \eta &= \frac{\partial y}{\partial a} \xi_0 + \frac{\partial y}{\partial b} \eta_0 + \frac{\partial y}{\partial c} \zeta_0, \\ \zeta &= \frac{\partial z}{\partial a} \xi_0 + \frac{\partial z}{\partial b} \eta_0 + \frac{\partial z}{\partial c} \zeta_0. \end{aligned}$$

Aus (207) folgt nach bekannten Sätzen (vgl. die Ausführungen zu Beginn des § 5, insbesondere die Formeln (158) und (159)), daß

$$u = \frac{dx}{dt} = -\frac{1}{2\pi} \frac{\partial}{\partial z} \int_T \frac{1}{r} \eta' d\tau' + \frac{1}{2\pi} \frac{\partial}{\partial y} \int_T \frac{1}{r} \zeta' d\tau', \quad v = \frac{dy}{dt}, \quad w = \frac{dz}{dt}$$

überall stetig sind und sowohl in $T + S$ als auch in dem Außengebiete der H-Bedingung genügende partielle Ableitungen $\dfrac{\partial u}{\partial x}, \ldots, \dfrac{\partial w}{\partial z}$ haben.

Die Gleichungen (207), (208) entspringen einem bestimmten Problem der Dynamik ideeller, inkompressibler, homogener Flüssigkeiten, die den Gesamtraum lückenlos erfüllen und sich unter der Wirkung konservativer Kräfte bewegen. Man nimmt diesmal spezieller an, daß

---

[153] Sie erweist sich später bei der hydrodynamischen Interpretation des Problems als $= 1$.

[154] Die Hölderschen Exponenten von S und S_0 haben beiläufig den gleichen Wert.

S_0 dem topologischen Typus einer Torusfläche angehört. Wie üblich bezeichnen nunmehr a, b, c kartesische Koordinaten eines Flüssigkeitsteilchens zur Zeit $t_0 = 0$, x, y, z seine Koordinaten zur Zeit t; ξ_0, η_0, ζ_0 sind die Wirbelkomponenten zur Zeit $t_0 = 0$, ξ, η, ζ diejenigen zur Zeit t, so daß, unter u_0, v_0, w_0 bzw. u, v, w die Komponenten der Geschwindigkeit zur Zeit $t_0 = 0$ bzw. t verstanden, die Beziehungen

$$(209) \quad \begin{aligned} 2\,\xi_0 &= \frac{\partial w_0}{\partial b} - \frac{\partial v_0}{\partial c}, \quad 2\,\eta_0 = \frac{\partial u_0}{\partial c} - \frac{\partial w_0}{\partial a}, \quad 2\,\zeta_0 = \frac{\partial v_0}{\partial a} - \frac{\partial u_0}{\partial b}, \\[2ex] 2\,\xi &= \frac{\partial w}{\partial y} - \frac{\partial v}{\partial z}, \quad 2\,\eta = \frac{\partial u}{\partial z} - \frac{\partial w}{\partial x}, \quad 2\,\zeta = \frac{\partial v}{\partial x} - \frac{\partial u}{\partial y} \end{aligned}$$

bestehen. Wir nehmen an, daß zur Zeit t_0 das Geschwindigkeitsfeld außerhalb von T_0 wirbellos ist, $\xi_0 = \eta_0 = \zeta_0 = 0$, während in T_0 demgegenüber $\xi_0^2 + \eta_0^2 + \zeta_0^2 \neq 0$ gilt.

Die Geschwindigkeitskomponenten u_0, v_0, w_0 sind überall stetig, stellen in dem Außengebiet reguläre Potentialfunktionen dar und haben, wie weiter vorausgesetzt werden soll, in $T_0 + S_0$ stetige, der H-Bedingung [152] genügende partielle Ableitungen erster Ordnung $\frac{\partial u_0}{\partial a}, \ldots, \frac{\partial w_0}{\partial c}$.[155] Des weiteren wird angenommen, daß u, v, w, als Funktionen von a, b, c aufgefaßt, für alle in Betracht kommenden t sowohl in $T_0 + S_0$ als auch in dem Außengebiete stetige, der H-Bedingung genügende Ableitungen erster Ordnung $\frac{\partial u}{\partial a}, \ldots, \frac{\partial w}{\partial c}$ haben. Aus 1. folgt alsdann, daß u, v, w in $T + S$ stetige, der H-Bedingung[152] genügende Ableitungen $\frac{\partial u}{\partial x}, \ldots, \frac{\partial w}{\partial z}$ haben.

Durch jeden Punkt in $T_0 + S_0$ geht mindestens eine Wirbellinie[156]. Wir nehmen an, daß man mindestens ein zweiparametriges System sich schließender Wirbellinien angeben kann, das $T_0 + S_0$ einfach

---

[155] In dem Gesamtraume der Variablen a-b-c sind $\frac{\partial u_0}{\partial a}, \ldots, \frac{\partial w_0}{\partial c}$ abteilungsweise stetig. Sie sind in dem ganzen Außengebiete, mit Einschluß des Randes stetig (und erfüllen auch dort eine H-Bedingung), erleiden jedoch beim Durchgang durch S_0 im allgemeinen sprungweise Änderungen. Im Unendlichen verhalten sich v_0, v_0, w_0 wie R_0^{-2}; $\frac{\partial u_0}{\partial a}, \ldots, \frac{\partial w_0}{\partial c}$ wie R_0^{-3}.

[156] Wird wie vorhin bezüglich der Funktionen ξ_0, η_0, ζ_0 lediglich vorausgesetzt, daß sie der H-Bedingung genügen, so geht nicht notwendig durch jeden Punkt in T_0 nur eine Wirbellinie, d. h. eine Lösung des Differentialsystems

$$d a : d b : d c = \xi_0 : \eta_0 : \zeta_0$$

hindurch. Eindeutigkeit der Lösung ist demgegenüber gewährleistet, wenn beispielsweise ξ_0, η_0, ζ_0 stetige Ableitungen erster Ordnung haben.

und lückenlos ausfüllt. Insbesondere soll S_0 aus lauter Wirbellinien bestehen.

Nach bekannten Sätzen ist das Geschwindigkeitsfeld zur Zeit t außerhalb von T wirbelfrei. Ferner ist

$$
\begin{aligned}
u &= -\frac{1}{2\pi}\frac{\partial}{\partial z}\int_T \frac{1}{r}\,\eta'\,d\tau' + \frac{1}{2\pi}\frac{\partial}{\partial y}\int_T \frac{1}{r}\,\zeta'\,d\tau', \\[2ex]
(210) \qquad v &= -\frac{1}{2\pi}\frac{\partial}{\partial x}\int_T \frac{1}{r}\,\zeta'\,d\tau' + \frac{1}{2\pi}\frac{\partial}{\partial z}\int_T \frac{1}{r}\,\xi'\,d\tau', \\[2ex]
w &= -\frac{1}{2\pi}\frac{\partial}{\partial y}\int_T \frac{1}{r}\,\xi'\,d\tau' + \frac{1}{2\pi}\frac{\partial}{\partial x}\int_T \frac{1}{r}\,\eta'\,d\tau'.
\end{aligned}
$$
[157]

Die Formeln (207) sind eine unmittelbare Folge dieser Beziehungen. Die Gleichungen (208) sind die fundamentalen Cauchyschen Relationen, welche die Wirbelkomponenten ξ, η, ζ zur Zeit t mit denjenigen zur Zeit $t_0 = 0$ verbinden. Bekanntlich ist das Bild jeder Wirbellinie im Raume x-y-z wieder eine Wirbellinie. Insbesondere besteht S aus lauter (geschlossenen) Wirbellinien [158].

Wir bezeichnen zur Abkürzung die Klammerausdrücke in (207) rechter Hand mit $\Psi_1(x, y, z, t)$, $\Psi_2(x, y, z, t)$, $\Psi_3(x, y, z, t)$ und schreiben

---

[157] Bei der Ableitung der Formeln (210) wird in der Regel vorausgesetzt, daß ξ, η, ζ stetige, der Bedingung $\dfrac{\partial \xi}{\partial x} + \dfrac{\partial \eta}{\partial y} + \dfrac{\partial \zeta}{\partial z} = 0$ genügende Ableitungen erster Ordnung haben. Im vorliegenden Falle brauchen die fraglichen Ableitungen nicht notwendig zu existieren. Doch bietet ein Beweis der Formeln (210) keinerlei ernstliche Schwierigkeiten. Man vergleiche die Bemerkungen der Fußnote [12] meiner Arbeit, Über einige Existenzprobleme der Hydrodynamik, Vierte Abhandlung. Stetigkeitssätze. Eine Begründung der Helmholtz-Kirchhoffschen Theorie geradliniger Wirbelfäden, Math. Zeitschr. **32** (1930), S. 608—640.

Es ist zu beachten, daß die Gültigkeit der Formeln (210) gewisse Voraussetzungen über das Verhalten von u, v, w in dem Außengebiete von T, insbesondere im Unendlichen zur Bedingung hat. Es genügt beispielsweise anzunehmen, daß u, v, w in dem Gesamtraume der Variablen x, y, z stetig sind, sowohl in $T + S$ als auch in dem Außengebiete, der Rand eingeschlossen, stetige, der H-Bedingung genügende Ableitungen erster Ordnung haben und daß im Unendlichen u, v, w sich wie R^{-2}; $\dfrac{\partial u}{\partial x}, \ldots, \dfrac{\partial w}{\partial z}$ wie R^{-3} verhalten.

[158] Man vergleiche beispielsweise meine „Grundlagen der Hydromechanik", Berlin 1929, S. 382—414, insbesondere S. 394—398.

Die Entwicklungen dieses Paragraphen reproduzieren in vereinfachter Form die Ausführungen meiner Abhandlung, Über einige Existenzprobleme der Hydrodynamik homogener, unzusammendrückbarer, reibungsloser Flüssigkeiten und die Helmholtzschen Wirbelsätze, Math. Zeitschr. **23** (1925), S. 89—154, insbesondere S. 93—116.

die Integro-Differentialgleichungen (207) in der Form

$$(211) \qquad x - a = \int_0^t \Psi_1(x, y, z, t)\, dt, \qquad y - b = \int_0^t \Psi_2(x, y, z, t)\, dt,$$

$$z - c = \int_0^t \Psi_3(x, y, z, t)\, dt.\ ^{159}$$

Durch Differentiation findet man die weiteren Beziehungen

$$(212) \qquad \frac{\partial}{\partial a}(x - a) = \int_0^t \frac{\partial}{\partial a}\Psi_1(x, y, z, t)\, dt, \ldots,$$

$$\frac{\partial}{\partial c}(z - c) = \int_0^t \frac{\partial}{\partial c}\Psi_3(x, y, z, t)\, dt.$$

Ferner ist augenscheinlich

$$(213) \qquad \left|\frac{\partial}{\partial a}(x - a)\right|_\lambda = \left|\int_0^t \frac{\partial}{\partial a}\Psi_1(x, y, z, t)\, dt\right|_\lambda, \ldots,$$

$$\left|\frac{\partial}{\partial c}(z - c)\right|_\lambda = \left|\int_0^t \frac{\partial}{\partial c}\Psi_3(x, y, z, t)\, dt\right|_\lambda.$$

Wir fassen diese 21 Relationen als ebensoviel Gleichungen zur Bestimmung von $(x - a)$, $(y - b)$, $(z - c)$, $\frac{\partial}{\partial a}(x - a)$, $\ldots$, $\left|\frac{\partial}{\partial c}(z - c)\right|_\lambda$ auf. Sie lassen sich, wie wir sogleich sehen werden, für hinreichend kleine Werte von t durch sukzessive Approximationen auflösen.

Wie sich ohne Schwierigkeiten zeigen läßt, verhalten sich Ψ_1, Ψ_2, Ψ_3 ähnlich wie die in § 6 ebenso bezeichneten Funktionen und erfüllen insbesondere Ungleichheiten, die zu (195) und (196) ganz analog sind.

In der Tat, seien $\dot{x}(a, b, c, t)$, $\dot{y}(a, b, c, t)$, $\dot{z}(a, b, c, t)$ Funktionen die in $\{T_0 + S_0;\ \langle 0, t\rangle\}$ erklärt sind und sich ganz wie die Funktionen $x(a, b, c, t)$, $y(a, b, c, t)$, $z(a, b, c, t)$ verhalten. Insbesondere ist

$$(214) \qquad \left|\frac{\partial \dot{x}}{\partial a} - 1\right|, \left|\frac{\partial \dot{x}}{\partial b}\right|, \ldots, \left|\frac{\partial \dot{z}}{\partial c} - 1\right|; \quad \left|\frac{\partial \dot{x}}{\partial a}\right|_\lambda, \ldots, \left|\frac{\partial \dot{z}}{\partial c}\right|_\lambda \leqq \Omega.$$

Es sei weiter

$$(215) \qquad \left|\frac{\partial}{\partial a}(x - \dot{x})\right|, \left|\frac{\partial}{\partial b}(x - \dot{x})\right|, \ldots, \left|\frac{\partial}{\partial c}(z - \dot{z})\right|;$$

$$\left|\frac{\partial}{\partial a}(x - \dot{x})\right|_\lambda, \ldots, \left|\frac{\partial}{\partial c}(z - \dot{z})\right|_\lambda \leqq \mho,\ \mho \leqq 2\Omega.$$

---

159 Den weiteren Entwicklungen liegen die allgemeinen eingangs gemachten Annahmen und nicht etwa nur die speziellen Voraussetzungen des hydrodynamischen Problems zugrunde.

Aus (208) und den hierzu analogen Gleichungen für $\dot{\xi}, \dot{\eta}, \dot{\zeta}$,

$$\dot{\xi} = \frac{\partial \dot{x}}{\partial a}\,\xi_0 + \frac{\partial \dot{x}}{\partial b}\,\eta_0 + \frac{\partial \dot{x}}{\partial c}\,\zeta_0,$$

$$(216) \qquad \dot{\eta} = \frac{\partial \dot{y}}{\partial a}\,\xi_0 + \frac{\partial \dot{y}}{\partial b}\,\eta_0 + \frac{\partial \dot{y}}{\partial c}\,\zeta_0,$$

$$\dot{\zeta} = \frac{\partial \dot{z}}{\partial a}\,\xi_0 + \frac{\partial \dot{z}}{\partial b}\,\eta_0 + \frac{\partial \dot{z}}{\partial c}\,\zeta_0,\ ^{160}$$

folgt vor allem wegen (215), wie sich leicht zeigen läßt,

$$(217) \qquad |\xi - \dot{\xi}|, \ldots, |\zeta - \dot{\zeta}|;\ |\xi - \dot{\xi}|_\lambda, \ldots, |\zeta - \dot{\zeta}|_\lambda \leqq \beta_0\,\mho$$
$$(\beta_0 \ \text{konstant}).$$

Wie in § 6 finden wir auf Grund der in § 5 entwickelten Hilfssätze (vgl. insbesondere die Formeln (174″)), sofern, wie wir an-
nehmen wollen, Ω hinreichend klein ist, etwa $\Omega \leqq \Omega^* \leqq \Omega_*$, die
Ungleichheitsbeziehungen

$$|\Psi_1 - \dot{\Psi}_1|, |\Psi_2 - \dot{\Psi}_2|, |\Psi_3 - \dot{\Psi}_3| \leqq \beta_1\,\mho,$$

$$(218) \qquad \left|\frac{\partial \Psi_1}{\partial x} - \frac{\partial \dot{\Psi}_1}{\partial \dot{x}}\right|, \ldots, \left|\frac{\partial \Psi_3}{\partial z} - \frac{\partial \dot{\Psi}_3}{\partial \dot{z}}\right| \leqq \beta_2\,\mho,$$

$$\left|\frac{\partial \Psi_1}{\partial x} - \frac{\partial \dot{\Psi}_1}{\partial \dot{x}}\right|_\lambda, \ldots, \left|\frac{\partial \Psi_3}{\partial z} - \frac{\partial \dot{\Psi}_3}{\partial \dot{z}}\right|_\lambda \leqq \beta_3\,\mho.$$

Hierin bezeichnen $\dot{\Psi}_1, \dot{\Psi}_2, \dot{\Psi}_3$ Ausdrücke, die sich aus Ψ_1, Ψ_2, Ψ_3
ergeben, wenn man x, y, z durch $\dot{x}, \dot{y}, \dot{z}$ ersetzt; $\beta_1, \beta_2, \beta_3$ sind Konstante, wie später $\beta_4, \beta_5, \ldots$. Aus (218) folgt ohne Mühe wegen 1.

$$(219) \ \left|\frac{\partial \Psi_1}{\partial a} - \frac{\partial \dot{\Psi}_1}{\partial a}\right|, \ldots, \left|\frac{\partial \Psi_3}{\partial c} - \frac{\partial \dot{\Psi}_3}{\partial c}\right|;$$

$$\left|\frac{\partial \Psi_1}{\partial a} - \frac{\partial \dot{\Psi}_1}{\partial a}\right|_\lambda, \ldots, \left|\frac{\partial \Psi_3}{\partial c} - \frac{\partial \dot{\Psi}_3}{\partial c}\right|_\lambda \leqq \beta_4\,\mho.$$

Es sei schließlich

$$\int_0^t \Psi_1(x, y, z, t)\,dt = \Xi_1\{x, y, x, t\},$$

$$(220) \qquad \int_0^t \Psi_2(x, y, z, t)\,dt = \Xi_2\{x, y, z, t\},$$

$$\int_0^t \Psi_3(x, y, z, t)\,dt = \Xi_3\{x, y, z, t\}$$

gesetzt. Dem zu Beginn des § 5 angegebenen, in den Formeln (158),
(159) zum Ausdruck gebrachten Hilfssatz zufolge ist für alle (206)

---

^{160} Die Wirbelkomponenten $\dot{\xi}, \dot{\eta}, \dot{\zeta}$ sind mit den in § 5 ebenso bezeichneten
Funktionen natürlich nicht zu verwechseln.

mit $\Omega \leqq \Omega^*$ erfüllenden $x - a$, $y - b$, $z - c$ gewiß

$$(221)\quad |\Psi_1|;\ \left|\frac{\partial \Psi_1}{\partial a}\right|,\ \left|\frac{\partial \Psi_1}{\partial b}\right|,\ \left|\frac{\partial \Psi_1}{\partial c}\right|;\ \left|\frac{\partial \Psi_1}{\partial a}\right|_\lambda,\ \left|\frac{\partial \Psi_1}{\partial b}\right|_\lambda,\ \left|\frac{\partial \Psi_1}{\partial c}\right|_\lambda;\ |\Psi_2|,\ \ldots \leqq \beta_5,$$

somit, wenn $0 \leqq t \leqq \mathfrak{t}$, $\mathfrak{t} \leqq \Omega_1$ angenommen wird,

$$(222)\qquad |\Xi_1|,\ |\Xi_2|,\ |\Xi_3|;\ \left|\frac{\partial}{\partial a}\Xi_1\right|,\ \ldots,\ \left|\frac{\partial}{\partial c}\Xi_3\right|_\lambda \leqq \beta_5 \Omega_1.$$

Diese Ungleichheit entspricht der maßgebenden Ungleichheit (8) des ersten Kapitels. An der bezeichneten Stelle wird aus (8) gefolgert, daß für hinreichend kleine Werte von $\mathrm{Max}\,|v(x)|$ die Annäherungen $_k\zeta(x)$ $(k=1,2,\ldots)$ gleichmäßig beschränkt sind. Aus (211), (220) und (222) folgt dementsprechend, wenn wir mit x_n, y_n, z_n die n-ten Approximationen bezeichnen, daß

$$(223)\quad |x_n - a|,\ |y_n - b|,\ |z_n - c|;$$

$$\left|\frac{\partial}{\partial a}(x_n - a)\right|,\ \ldots,\ \left|\frac{\partial}{\partial c}(z_n - c)\right|_\lambda \leqq \Omega^*,$$

gilt, sobald

$$(224)\qquad\qquad \Omega_1 \leqq \frac{\Omega^*}{\beta_5}$$

angenommen wird.

Wegen (218) und (219) ist weiter

$$(225)\quad |\Xi_1 - \dot{\Xi}_1|,\ \ldots;\ \left|\frac{\partial}{\partial a}(\Xi_1 - \dot{\Xi}_1)\right|,\ \ldots;\ \left|\frac{\partial}{\partial a}(\Xi_1 - \dot{\Xi}_1)\right|_\lambda\ldots \leqq \beta_6 \mho \Omega_1.$$

Diese Ungleichheiten entsprechen den Ungleichheiten (11) des ersten Kapitels. Damit ist für alle t in $\langle 0, \mathfrak{t}\rangle$, $\mathfrak{t} \leqq \Omega_1$, $\Omega_1 \leqq \overline{\Omega}^* \leqq \dfrac{\Omega^*}{\beta_5}$ die Konvergenz des Verfahrens der sukzessiven Annäherungen und die Unität der Lösung gesichert.

Es ist einleuchtend, daß, wenn man

$$(226)\quad x - a = \lim_{n\to\infty}(x_n - a),\quad y - b = \lim_{n\to\infty}(y_n - b),\quad z - c = \lim_{n\to\infty}(z_n - c)$$

setzt, die in $\{T_0 + S_0;\ \langle 0, \mathfrak{t}\rangle\}$ erklärten Funktionen $x - a$, $y - b$, $z - c$ daselbst stetige, der H-Bedingung genügende partielle Ableitungen erster Ordnung $\dfrac{\partial x}{\partial a}$, $\ldots$, $\dfrac{\partial z}{\partial c}$ haben und die Integro-Differentialgleichungen (207), (208) befriedigen. Aus (207) folgt augenscheinlich, daß in $\{T_0 + S_0;\ \langle 0, \mathfrak{t}\rangle\}$ auch noch stetige, die Beziehungen (210) erfüllende Ableitungen $\dfrac{dx}{dt} = u$, $\dfrac{dy}{dt} = v$, $\dfrac{dz}{dt} = w$ existieren. Den zu Beginn des § 5 vorgetragenen Sätzen der Potentialtheorie zufolge haben u, v, w, als Funktionen von x, y, z in $T + S$ aufgefaßt, stetige, der H-Bedingung genügende partielle Ableitungen $\dfrac{\partial u}{\partial x}$, $\ldots$, $\dfrac{\partial w}{\partial z}$.

Durch die Gleichungen (207), (208), (210) werden übrigens x, y, z; u, v, w für alle (a, b, c) definiert. In dem speziellen, vorhin betrachteten Problem der Hydrodynamik sind hierdurch die Bahnen aller Flüssigkeitsteilchen sowie das Geschwindigkeitsfeld in dem Gesamtraum der Variablen x, y, z bestimmt. Wie man leicht feststellt, verhalten sich u, v, w bzw. $\dfrac{\partial u}{\partial x}, \ldots, \dfrac{\partial w}{\partial z}$ im Unendlichen tatsächlich wie R^{-2} und R^{-3}.

Der Übergang von den Formeln (207), (208), (210) zu den Euler-Lagrangeschen Gleichungen der Hydrodynamik erfordert noch einige weitergehende Überlegungen[161].

In dem Vorstehenden (§§ 1 bis 6) sind einige Integro-Differentialgleichungen und Systeme von Integro-Differentialgleichungen behandelt worden, die sich nicht oder nicht in einfacher Weise auf Integralgleichungen von der im ersten Kapitel betrachteten Gestalt zurückführen lassen. Zahlreiche weitere Probleme der mathematischen Physik und der Himmelsmechanik führen auf Integro-Differentialgleichungen von einem ähnlichen oder verwandten Charakter. Mit Rücksicht auf den beschränkten zur Verfügung stehenden Raum müssen wir uns mit dieser Bemerknng begnügen und im übrigen auf die Originalabhandlungen verweisen[162].

---

[161] Vgl. L. Lichtenstein, Über einige Existenzprobleme der Hydrodynamik. Zweite Abhandlung. Nichthomogene, unzusammendrückbare, reibungslose Flüssigkeiten, Math. Zeitschr. **26** (1927), S. 196—323, insbesondere S. 262—269.

[162] Vgl., außer meiner in der Fußnote [53] genannten Arbeit, noch die folgenden Abhandlungen derselben Serie, Untersuchungen über die Gestalt der Himmelskörper. Erste Abhandlung. Die Laplacesche Theorie der Gestalt des Erdmondes, Math. Zeitschr. **10** (1921), S. 130—159; Zweite Abhandlung. Eine aus zwei getrennten Massen bestehende Gleichgewichtsfigur rotierender Flüssigkeit, ebenda **12** (1922), S. 201—218; Dritte Abhandlung. Ringförmige Gleichgewichtsfiguren ohne Zentralkörper, ebenda **13** (1922), S. 82—118; Fünfte Abhandlung. Neue Beiträge zur Maxwellschen Theorie der Saturnringe, Festschrift für Hugo v. Seeliger, Berlin 1924, S. 200—227. Man vergleiche weiter E. Hölder, loc. cit. [28], insbesondere S. 225—257. Hier handelt es sich um periodische Lösungen im n-Körperproblem. S. ferner V. Garten, Untersuchungen über die Gestalt der Himmelskörper. Rochesche Satelliten und ringförmige Gleichgewichtsfiguren rotierender Flüssigkeiten mit Zentralkörper. (Erscheint voraussichtlich in der Math. Zeitschrift Ende 1931 oder Anfang 1932.)

Viertes Kapitel.

Nichtlineare Integralgleichungen im großen.

§ 1. Existenz eines Eigenwertes. Es seien $K_n(s, s_1, \ldots, s_n)$
$(n = 1, 2, \ldots)$ reelle, stetige, für alle Werte ihrer Argumente in dem
Intervalle $\langle 0, \pi \rangle$ erklärte symmetrische Funktionen, die so beschaffen
sind, daß die unendliche Reihe

$$(1) \qquad \sum_n^{1 \ldots \infty} \left(\frac{\pi}{2}\right)^{\frac{n}{2}} \left(\operatorname{Max} \int_0^\pi \ldots \int_0^\pi K_n^2(s, s_1, \ldots, s_n)\, ds_1 \ldots ds_n\right)^{\frac{1}{2}}$$

konvergiert. Diese Bedingung ist gewiß erfüllt, wenn beispielsweise
die Reihe $\sum \left(\frac{\pi}{2}\right)^n \operatorname{Max} |K_n(s, s_1, \ldots, s_n)|$ konvergiert.

Augenscheinlich folgt aus (1), daß auch die Reihe

$$(2) \qquad \sum_n^{1 \ldots \infty} \left(\frac{\pi}{2}\right)^{\frac{n}{2}} \left(\int_0^\pi \ldots \int_0^\pi K_n^2(s_1, \ldots, s_{n+1})\, ds_1 \ldots ds_{n+1}\right)^{\frac{1}{2}}$$

konvergiert. Bezeichnet $\varphi(s)$ irgendeine in $\langle 0, \pi \rangle$ erklärte stetige
Funktion mit

$$(3) \qquad \int_0^\pi \varphi^2(s)\, ds = \frac{\pi}{2},$$

so konvergiert die Reihe

$$(4) \qquad \sum_n^{1 \ldots \infty} \int_0^\pi \ldots \int_0^\pi K_n(s, s_1, \ldots, s_n)\, \varphi(s_1) \ldots \varphi(s_n)\, ds_1 \ldots ds_n$$

unbedingt und gleichmäßig. In der Tat ist der Schwarzschen
Ungleichheit [163] zufolge, wenn wir zur Vereinfachung $\varphi(s_1) = \varphi_1$,

---

[163] Diese besagt, angewandt auf Integrale, bekanntlich folgendes. Sind
$f_1(s)$ und $f_2(s)$ zwei in $\langle 0, \pi \rangle$ erklärte reelle stetige (oder auch nur quadratisch
integrierbare) Funktionen, so ist

$$\left(\int_0^\pi f_1 f_2\, ds\right)^2 \leqq \int_0^\pi f_1^2\, ds \int_0^\pi f_2^2\, ds.$$

Das Gleichheitszeichen gilt nur für $f_1 = c f_2$ (c konstant).

$\varphi(s_2) = \varphi_2, \ldots$ setzen,

$$\left(\int K_n(s, s_1, \ldots, s_n)\,\varphi_1\,ds_1\right)^2 \leqq \frac{\pi}{2}\int K_n^2\,ds_1,$$

$$(5)\quad \left(\iint K_n\,\varphi_1\varphi_2\,ds_1\,ds_2\right)^2 \leqq \frac{\pi}{2}\int\left(\int K_n\,\varphi_1\,ds_1\right)^2 ds_2 \leqq \left(\frac{\pi}{2}\right)^2\iint K_n^2\,ds_1\,ds_2,$$

$$\cdots\cdots\cdots\cdots\cdots\cdots\cdots\cdots\cdots\cdots\cdots$$

$$\left(\int\cdots\int K_n\,\varphi_1\cdots\varphi_n\,ds_1\cdots ds_n\right)^2 \leqq \left(\frac{\pi}{2}\right)^n\int\cdots\int K_n^2\,ds_1\cdots ds_n.$$

Wir betrachten jetzt die nichtlineare Integralgleichung

$$(6)\quad \lambda\,\varphi(s) = \sum_n^{1\ldots\infty}\int_0^\pi\cdots\int_0^\pi K_n(s, s_1, \ldots, s_n)\,\varphi(s_1)\cdots\varphi(s_n)\,ds_1\cdots ds_n$$

und beweisen, daß sie für mindestens einen Wert des Parameters eine nicht identisch verschwindende Lösung hat. Der Eigenwert kann auch gleich Null sein[164].

In Verallgemeinerung eines vor längerer Zeit angegebenen Verfahrens führen wir unser Problem auf das folgende Existenzproblem der Variationsrechnung zurück.

Unter allen in $\langle 0, \pi\rangle$ stetigen Funktionen $\varphi(s)$, die so beschaffen sind, daß

$$(7)\qquad\qquad \int_0^\pi \varphi^2(s)\,ds = \frac{\pi}{2}$$

gilt, sind diejenigen zu bestimmen, die dem Funktional

$$(8)\quad U\{\varphi\} = \sum_n^{2\ldots\infty}\frac{1}{n}\int_0^\pi\cdots\int_0^\pi K_{n-1}(s_1, \ldots, s_n)\,\varphi(s_1)\cdots\varphi(s_n)\,ds_1\cdots ds_n$$

den Höchstwert erteilen[165]. Augenscheinlich ist die unendliche Reihe (8) unbedingt und gleichmäßig konvergent.

---

[164] Ist $\lambda \neq 0$, so ist die Lösung, die wir finden werden, stetig. Andernfalls, d. h. wenn $\lambda = 0$ ist, wird nur bewiesen, daß sie quadratisch integrierbar ist.

[165] Vgl. L. Lichtenstein, Über einige Existenzprobleme der Variationsrechnung, Journal für Mathematik **145** (1915), S. 24—85, insbesondere S. 79—84. A. a. O. handelt es sich um die nichtlineare Integralgleichung

$$\Theta(u) = \frac{\pi}{2d}\int_0^\pi\int_0^\pi K(s, t, u)\,\Theta(s)\,\Theta(t)\,ds\,dt.$$

Demgemäß wird das Maximum des Integralausdruckes

$$\int_0^\pi\int_0^\pi\int_0^\pi K(s, t, u)\,\varphi(s)\,\varphi(t)\,\varphi(u)\,ds\,dt\,du$$

für alle der Beziehung (7) genügenden $\varphi(s)$ gesucht.

Diese Aufgabe ist zuerst von Herrn Fubini auf einem anderen Wege gelöst worden. Vgl. G. Fubini, Alcuni nuovi problemi di calcolo delle variazioni con applicazioni alla teoria delle equazioni integro-differenziali, Annali di Matematica **20** (1913), S. 217—244, insbesondere S. 218—225. Siehe weiter unten S. 151.

Es bedeutet keine Einschränkung der Allgemeinheit, anzunehmen, daß $U\{\varphi\}$ nicht für alle $\varphi(s)$ mit $\int_0^\pi \varphi^2(s)\,ds = \frac{\pi}{2}$ verschwindet.

Wäre es anders und wäre $h < \frac{\pi}{2}$ eine Zahl, so daß $U\{\varphi\}$ gewiß nicht für alle φ mit $\int_0^\pi \varphi^2(s)\,ds = h$ verschwindet, so würden wir die Beziehung (7) durch $\int_0^\pi \varphi^2(s)\,ds = h$ ersetzen, ohne an der Aussage unseres Hauptsatzes oder den späteren Entwicklungen sonst irgend etwas Wesentliches zu ändern[166].

Wir dürfen gewiß voraussetzen, daß $U\{\varphi\}$ auch positive Werte annimmt. Wäre nämlich für alle der Beziehung (7) genügenden $\varphi(s)$ allemal $U\{\varphi\} \leqq 0$, so würden wir unseren weiteren Betrachtungen das Funktional $-U\{\varphi\}$ zugrunde legen.

Es mögen $\psi^{(1)}(s)$, $\psi^{(2)}(s)$, ..., $\psi^{(n)}(s)$ beliebige in $\langle 0, \pi \rangle$ erklärte stetige Funktionen bezeichnen. Wir setzen in der üblichen Schreibweise

$$(9) \qquad \psi^{(1)}(s) \sim \sum_{j}^{0\ldots\infty} y_j^{(1)} \cos j s, \quad \ldots, \qquad \psi^{(n)}(s) \sim \sum_{j}^{0\ldots\infty} y_j^{(n)} \cos j s \quad {}^{167}$$

und erhalten nach bekannten Sätzen

$$(10) \qquad \int \ldots \int K_{n-1}(s_1, \ldots, s_n)\, \psi^{(1)}(s_1) \ldots \psi^{(n)}(s_n)\, ds_1 \ldots ds_n$$
$$= \sum y_{j_1}^{(1)} y_{j_2}^{(2)} \ldots y_{j_n}^{(n)} \int \ldots \int K_{n-1}(s_1, \ldots, s_n) \cos j_1 s_1 \cos j_2 s_2 \ldots \cos j_n s_n\, ds_1 \ldots ds_n$$
$$= \sum a_{j_1 \ldots j_n} y_{j_1}^{(1)} \ldots y_{j_n}^{(n)} = \Pi_{n-1}\{y^{(1)}, \ldots, y^{(n)}\}.$$

Der Ausdruck Π_{n-1} *stellt eine vollstetige Funktion der n-fach unendlichvielen Veränderlichen*

$$(11) \qquad\qquad y_j^{(1)}, \; y_j^{(2)}, \; \ldots, \; y_j^{(n)} \qquad\qquad (j = 0, 1, 2, \ldots).$$

dar.

---

[166] Es ist natürlich klar, daß $U\{\varphi\}$ nicht für alle φ mit $\int_0^\pi \varphi^2(s)\,ds \leqq \frac{\pi}{2}$ verschwinden kann. Es sei etwa $K_{n-1}(s_1, s_2, \ldots, s_n)$ die erste Funktion der Folge K_j $(j = 1, 2, \ldots)$, die nicht identisch gleich Null ist. Es läßt sich leicht zeigen, daß $\int_0^\pi \ldots \int_0^\pi K_{n-1}(s_1, s_2, \ldots, s_n)\, \hat{\varphi}(s_1) \ldots \hat{\varphi}(s_n)\, ds_1 \ldots ds_n$ nicht für alle $\hat{\varphi}(s)$ verschwinden kann. Es sei $\hat{\varphi}(s)$ eine Funktion dieser Art. Für hinreichend kleine $\hat{c}$ ist gewiß $U\{\hat{c}\,\hat{\varphi}\} \neq 0$.

[167] Dies besagt einfach, daß beispielsweise

$$y_j^{(1)} = \frac{2}{\pi} \int_0^\pi \psi^{(1)}(s) \cos j s\, ds \quad (j = 1, 2, \ldots), \qquad y_0^{(1)} = \frac{1}{\pi} \int_0^\pi \psi^{(1)}(s)\, ds$$

gilt. Sind die unendlichen Reihen rechter Hand in (9) gleichmäßig konvergent oder auch nur schlechthin konvergent, so ist das Zeichen der Äquivalenz durch das Gleichheitszeichen zu ersetzen.

Dies hat folgendes zu bedeuten. Es mögen die Veränderlichen (11) entsprechend gegen $x_j^{(1)}, x_j^{(2)}, \ldots, x_j^{(n)}$ $(j = 0, 1, 2, \ldots)$ konvergieren, symbolisch

$$(12) \qquad y^{(1)} \to x^{(1)},\; y^{(2)} \to x^{(2)},\; \ldots,\; y^{(n)} \to x^{(n)},$$

dabei aber dauernd den Ungleichheiten

$$2\,(y_0^{(1)})^2 + \sum_{j}^{1\ldots\infty} (y_j^{(1)})^2 \leqq 1, \quad 2\,(y_0^{(2)})^2 + \sum_{j}^{1\ldots\infty} (y_j^{(2)})^2 \leqq 1, \ldots,$$

$$(13)$$

$$2\,(y_0^{(n)})^2 + \sum_{j}^{1\ldots\infty} (y_j^{(n)})^2 \leqq 1$$

genügen. Offenbar ist auch $2\,x_0^2 + \sum_{j}^{1\ldots\infty} x_j^2 \leqq 1$. Dann gilt

$$(14) \qquad \Pi_{n-1}\{y^{(1)}, \ldots, y^{(n)}\} \to \Pi_{n-1}\{x^{(1)}, \ldots, x^{(n)}\}.$$

In Formeln, jedem noch so kleinen $\varepsilon > 0$ lassen sich ein Wert $\delta = \delta(\varepsilon)$ und eine natürliche Zahl μ zuordnen, so daß

$$(14') \qquad |\,\Pi_{n-1}\{x^{(1)}, \ldots, x^{(n)}\} - \Pi_{n-1}\{y^{(1)}, \ldots, y^{(n)}\}\,| < \varepsilon$$

wird, sofern

$$(14'') \qquad |\,x_j^{(k)} - y_j^{(k)}\,| < \delta(\varepsilon) \qquad (k = 1, \ldots, n;\; j = 0, 1, \ldots, m,\; m \geqq \mu)$$

gilt.

Beweis. Der Schwarzschen Ungleichheit zufolge[168] ist

$$R^2 = \Big(\sum_{m < j_1 + \ldots + j_n < m + p} |\,a_{j_1 \ldots j_n}\,|\,|\,y_{j_1}^{(1)}\,| \ldots |\,y_{j_n}^{(n)}\,| \Big)^2$$
$$\leqq \sum a_{j_1 \ldots j_n}^2 \sum (y_{j_1}^{(1)})^2 \ldots (y_{j_n}^{(n)})^2,$$

darum wegen (13) gewiß auch

$$R^2 \leqq \sum_{j_1 + \ldots + j_n > m} a_{j_1 \ldots j_n}^2.$$

Bekanntlich ist die Reihe $\sum a_{j_1 \ldots j_n}^2$ konvergent, für hinreichend große m, etwa $m > m_0$, ist darum $R < \varepsilon$, unter ε eine beliebig kleine positive Zahl verstanden. Also ist die Reihe $\sum a_{j_1 \ldots j_n} y_{j_1}^{(1)} \ldots y_{j_n}^{(n)}$ für alle den Ungleichheiten (13) genügenden Werte der unendlichvielen Veränderlichen gleichmäßig konvergent. Dies hat aber die Vollstetigkeitsrelation (14) zur unmittelbaren Folge.

Es ist jetzt leicht zu sehen, daß *das Funktional* $U\{\varphi\}$, wenn wir

$$(15) \qquad \varphi(s) \sim \sum x_j \cos j\,s$$

---

[168] Angewandt auf Summenausdrücke, besagt diese folgendes. Sind $a_1, \ldots, a_n;$ $b_1, \ldots, b_n$ beliebige reelle Werte, so ist

$$\Big(\sum_{j}^{1\ldots n} a_j b_j \Big)^2 \leqq \sum_{j}^{1\ldots n} a_j^2 \sum_{j}^{1\ldots n} b_j^2.$$

Das Gleichheitszeichen gilt nur für $a_j = c\,b_j$ $(j = 1, \ldots, n)$ (c konstant).

setzen, und demgemäß symbolisch

$$(16) \qquad U\{\varphi\} = U\{x\}$$

schreiben, *eine vollstetige Funktion der unendlichvielen Veränderlichen* $x_0, x_1, x_2, \ldots$ *in dem „Ellipsoidkörper"*

$$(17) \qquad 2\,x_0^2 + \sum_{j}^{1\ldots\infty} x_j^2 \leqq 1$$

darstellt.

Wir bemerken vor allem, daß aus (17) die weitere Beziehung

$$(18) \qquad \int_0^\pi \varphi^2(s)\,ds \leqq \frac{\pi}{2}$$

folgt. Nunmehr wählen wir N so groß, daß (man vergleiche (5))

$$(19) \qquad \sum_{n>N} \frac{1}{n} \left| \int \ldots \int K_{n-1}(s_1, \ldots, s_n)\,\varphi(s_1) \ldots \varphi(s_n)\,ds_1 \ldots ds_n \right|$$

$$\leqq \sum_{n>N} \frac{1}{n} \left(\frac{\pi}{2}\right)^{\frac{n}{2}} \left(\int \ldots \int K_{n-1}^2(s_1, \ldots, s_n)\,ds_1 \ldots ds_n\right)^{\frac{1}{2}} < \varepsilon$$

gilt. Den soeben durchgeführten Überlegungen zufolge ist

$$U_N\{x\} = U_N\{\varphi(s)\} = \sum_{n \leqq N} \frac{1}{n} \int \ldots \int K_{n-1}(s_1, \ldots, s_n)\,\varphi(s_1) \ldots \varphi(s_n)\,ds_1 \ldots ds_n$$

gewiß eine vollstetige Funktion,

$$U_N\{y\} \to U_N\{x\},$$

falls

$$y_j \to x_j \quad (j = 0, 1, 2, \ldots), \qquad 2y_0^2 + \sum_{j}^{1\ldots\infty} y_j^2 \leqq 1.$$

Wegen (19) gilt dann gewiß auch

$$U\{y\} \to U\{x\},$$

d. h. $U\{x\}$ ist vollstetig.

Es sei d die obere Grenze von U für alle die Beziehung

$$(20) \qquad 2\,x_0^2 + \sum_{j}^{1\ldots\infty} x_j^2 = 1$$

erfüllenden $x_0, x_1, x_2, \ldots$. Daß d existiert, folgt aus der soeben bewiesenen Tatsache, daß $U\{x\}$ in (17) vollstetig, mithin auch beschränkt ist [168a]. Aus der Annahme, daß $U\{\varphi\} = U\{x\}$ nicht für alle in Betracht kommenden $x_0, x_1, x_2, \ldots$ verschwindet oder negative Werte annimmt, folgt, daß $d > 0$ ist. Im Anschluß an das bekannte von Ritz herrührende Verfahren [169] kann d wie folgt bestimmt werden.

[168a] Daß $U\{x\}$ beschränkt ist, folgt auch fast unmittelbar aus der Bemerkung (vgl. S. 142), daß die unendliche Reihe (8) gleichmäßig konvergiert.

[169] Vgl. W. Ritz, Über eine neue Methode zur Lösung gewisser Variationsprobleme der mathematischen Physik, Journal für Mathematik **135** (1908), S. 1—61. A. a. O. werden lineare Randwertaufgaben behandelt.

Betrachten wir die Gesamtheit der trigonometrischen Polynome von der Form (15) mit $x_j = 0$ für $j > l$ und $2x_0^2 + \overset{1 \ldots l}{\underset{j}{\sum}} x_j^2 = 1$, und es möge

$$(21) \qquad \Psi_l(s) = \overset{0 \ldots l}{\underset{j}{\sum}} b_j^{(l)} \cos j\,s$$

ein Polynom dieser Art sein, das $U\{x\}$ den höchsten Wert, er heiße d_l, erteilt. Augenscheinlich ist

$$d_1 \leqq d_2 \leqq d_3 \leqq \ldots \leqq d.$$

Es ist leicht zu sehen, daß

$$(22) \qquad \lim_{p \to \infty} d_p = d$$

ist. Sei nämlich im Gegensatz zu dieser Behauptung

$$\lim_{p \to \infty} d_p = d - h_* \qquad\qquad (h_* > 0),$$

mithin $d_p \leqq d - h_*$ für alle p. Dann gibt es gewiß ein Wertsystem $c_0, c_1, c_2, \ldots$ mit $2c_0^2 + \overset{1 \ldots \infty}{\underset{j}{\sum}} c_j^2 = 1$, so daß $U\{c\} > d - \dfrac{h_*}{2}$ gilt. Da $U\{x\}$ vollstetig ist, so kann man, wie wir sogleich zeigen werden, von $c_0, c_1, c_2, \ldots$ zu einem System von Variablen $c_0', c_1', c_2', \ldots$ übergehen, von denen nur die $p'+1$ ersten von Null verschieden sind, so daß sich $2c_0'^2 + \overset{1 \ldots p'}{\underset{j}{\sum}} c_j'^2 = 1$ und immer noch

$$U\{c'\} > d - \frac{3}{4} h_*$$

ergibt. In der Tat kann man (vgl. die auf S. 144 gegebene Definition der Vollstetigkeit) μ so groß und δ so klein wählen, daß, sofern $c_0, \ldots, c_m$ $(m \geqq \mu)$ eine Änderung erfahren, deren Absolutwert δ nicht übersteigt, der Betrag der Änderung von $U\{c\}$ den Wert $\dfrac{h_*}{4}$ nicht übertrifft. Es sei $p' \geqq \mu$ und überdies so groß, daß

$$1 - \left(2c_0^2 + \overset{1 \ldots p'}{\underset{j}{\sum}} c_j^2 \right) = \omega < 1 - \frac{1}{(1+\delta)^2}$$

gilt. Wir setzen $c_j' = c_j \dfrac{1}{\sqrt{1-\omega}}$. Augenscheinlich ist $2c_0'^2 + \overset{1 \ldots p'}{\underset{j}{\sum}} c_j'^2 = 1$. Ferner ist $|c_j' - c_j| = \left(\dfrac{1}{\sqrt{1-\omega}} - 1 \right) |c_j| \leqq \dfrac{1}{\sqrt{1-\omega}} - 1 < \delta$. Offenbar ist nach dem Vorstehenden $U\{c'\} > d - \frac{3}{4} h_*$.

Dies steht aber im Widerspruch mit der Tatsache, daß $U\{c'\} < d - h_*$ sein sollte.

Aus der für alle l gültigen Beziehung $2\,(b_0^{(l)})^2 + \overset{1\ldots l}{\underset{j}{\sum}}\,(b_j^{(l)})^2 = 1$ folgt $|\,b_j^{(l)}\,| \leqq 1$ ($l = 1, 2, \ldots; j = 0, 1, 2, \ldots$). In bekannter Weise läßt sich darum [170] aus der Gesamtheit der Folgen

$$b_0^{(l)}, b_1^{(l)}, b_2^{(l)}, \ldots \qquad\qquad (l = 1, 2, \ldots)$$

eine Teilmenge

$$(23) \qquad\qquad b_0^{(l_m)}, b_1^{(l_m)}, b_2^{(l_m)}, \ldots \qquad (m = 1, 2, \ldots, l_m \to \infty)$$

aussondern, so daß für alle j

$$\lim_{m \to \infty} b_j^{(l_m)} = b_j$$

existiert. Offenbar ist

$$U\{b\} = d.$$

Wie es sich zeigen wird, ist, sofern ein alsbald einzuführender Grenzwert sich als von Null verschieden erweist,

$$2\,b_0^2 + \overset{1\ldots\infty}{\underset{j}{\sum}}\,b_j^2 = 1.$$

Die Extremaleigenschaft des Wertsystems $b_0^{(l)}, b_1^{(l)}, \ldots, b_l^{(l)}$ hat das Bestehen der Gleichungen

$$(24) \quad \frac{\partial}{\partial b_k^{(l)}}\Big[U\{b^{(l)}\} - \frac{\pi}{4}\,\lambda_l\Big(2\,(b_0^{(l)})^2 + \overset{1\ldots l}{\underset{j}{\sum}}\,(b_j^{(l)})^2 - 1\Big)\Big] = 0 \qquad (k = 0, 1, \ldots, l)$$

zur Folge [171]. Wegen (21) und (8) lassen sich diese Gleichungen auch in der Form

$$(25) \quad \begin{aligned} &\overset{2\ldots\infty}{\underset{n}{\sum}}\int\!\cdots\!\int K_{n-1}(s_1, \ldots, s_n)\,\Psi_l(s_1)\ldots\Psi_l(s_{n-1})\cos k\,s_n\,ds_1\ldots ds_n - 2\,b_k^{(l)}\cdot\frac{\pi}{4}\,\lambda_l = 0 \\ &\hspace{7cm} (k = 1, 2, \ldots, l), \\ &\overset{2\ldots\infty}{\underset{n}{\sum}}\int\!\cdots\!\int K_{n-1}(s_1, \ldots, s_n)\,\Psi_l(s_1)\ldots\Psi_l(s_{n-1})\,ds_1\ldots ds_n - 4\,b_0^{(l)}\cdot\frac{\pi}{4}\,\lambda_l = 0 \end{aligned}$$

schreiben [172]. Wir wenden nunmehr diese Gleichungen auf die zu der Teilmenge (23) gehörigen Werte $l_1, l_2, l_3, \ldots$ von l an. Mindestens eine Folge $b_\varkappa^{(l_m)}$ ($m = 1, 2, \ldots$) hat eine von Null verschiedene Zahl zum Grenzwert. Andernfalls wären alle $b_j = 0$, somit wäre auch $U\{b\} = 0$, d. h. $d = 0$. Es sei demnach etwa $\lim\limits_{m \to \infty} b_\varkappa^{(l_m)} = b_\varkappa \neq 0$. Man

---

[170] Vgl. D. Hilbert, Über das Dirichletsche Prinzip, Math. Annalen **59** (1904), S. 161—186.

[171] Extremum mit Nebenbedingung. Der Lagrangesche Multiplikator ist in (24) mit $\frac{\pi}{4}\,\lambda_l$ bezeichnet.

[172] Hierbei ist von der Symmetrieeigenschaft von K_{n-1} Gebrauch gemacht worden.

denke sich jetzt alle zu $k = \varkappa$, $l = l_m \geqq \varkappa$ gehörigen Gleichungen (25) hingeschrieben und lasse m gegen ∞ gehen. Die unendliche Reihe konvergiert als eine vollstetige Funktion ihrer Argumente gegen einen bestimmten Grenzwert, also gilt auch für λ_{l_m} das gleiche. Es sei

$$(26) \qquad \lim_{m \to \infty} \lambda_{l_m} = \lambda \neq 0.$$

Dann sind gewiß für hinreichend große m alle $\lambda_{l_m} \neq 0$.

Nach (25) stellt $b_k^{(l)} \cdot \dfrac{\pi}{4} \lambda_l$ den zu $\cos k s$ $(k = 0, 1, 2, \ldots l)$ gehörigen Fourierschen Koeffizienten der Funktion

$$\frac{\pi}{4} \sum_n^{2 \ldots \infty} \int \ldots \int K_{n-1}(s_1, \ldots, s_{n-1}, s) \, \Psi_l(s_1) \ldots \Psi_l(s_{n-1}) \, d s_1 \ldots d s_{n-1}$$

dar. Wie man sich leicht überzeugt, ist

$$(27) \quad \lim_{m \to \infty} \frac{\pi}{4} \sum_n^{2 \ldots \infty} \int \ldots \int K_{n-1}(s_1, \ldots, s_{n-1}, s) \, \Psi_{l_m}(s_1) \ldots \Psi_{l_m}(s_{n-1}) \, d s_1 \ldots d s_{n-1} = \chi(s)$$

eine in $\langle 0, \pi \rangle$ erklärte stetige Funktion. Augenscheinlich sind ihre Fourierschen Koeffizienten gleich

$$\lim_{m \to \infty} b_k^{(l_m)} \cdot \frac{\pi}{4} \lambda_{l_m} = b_k \cdot \frac{\pi}{4} \lambda,$$

so daß wir setzen können

$$\lambda \varphi(s) = \frac{4}{\pi} \chi(s) \sim \lambda b_0 + \lambda \sum_j^{1 \ldots \infty} b_j \cos j s,$$

mithin

$$(28) \qquad \varphi(s) \sim b_0 + \sum_j^{1 \ldots \infty} b_j \cos j s,$$

folglich $U\{\varphi\} = d$.

Aus (21), (27) und (28) folgt wegen der Vollstetigkeit der in (27) auftretenden unendlichen Reihe nach einer einfachen Umformung

$$(29) \quad \lambda \varphi(s) = \sum_n^{2 \ldots \infty} \int \ldots \int K_{n-1}(s, s_1, \ldots, s_{n-1}) \varphi(s_1) \ldots \varphi(s_{n-1}) \, d s_1 \ldots d s_{n-1}.$$

Also ist $\varphi(s)$ eine Lösung der nichtlinearen Integralgleichung (6).

Wir kehren noch für einen Augenblick zu den Gleichungen (25) zurück. Multipliziert man sie entsprechend mit $b_k^{(l)}$ $(k = 1, 2, \ldots, l)$ bzw. $b_0^{(l)}$ und faßt zusammen, so findet man

$$(30) \quad \sum_n^{2 \ldots \infty} \int \ldots \int K_{n-1}(s_1, \ldots, s_n) \, \Psi_l(s_1) \ldots \Psi_l(s_n) \, d s_1 \ldots d s_n$$

$$= 2 \left(2 (b_0^{(l)})^2 + \sum_k^{1 \ldots l} (b_k^{(l)})^2 \right) \frac{\pi}{4} \lambda_l = \frac{\pi}{2} \lambda_l.$$

Schreibt man diese Gleichung für alle $l = l_m$ $(m = 1, 2, \ldots)$ und geht zur Grenze $m \to \infty$ über, so gewinnt man

$$(31) \quad \frac{\pi}{2}\lambda = \sum_n^{2\ldots\infty} \int \ldots \int K_{n-1}(s_1, \ldots, s_n)\,\varphi(s_1)\ldots\varphi(s_n)\,ds_1\ldots ds_n.$$

Aus (29) folgt andererseits durch Multiplikation mit $\varphi(s)$ und Integration

$$(32) \quad \lambda\int_0^\pi \varphi^2(s)\,ds = \sum_n^{2\ldots\infty} \int \ldots \int K_{n-1}(s_1, \ldots, s_n)\,\varphi(s_1)\ldots\varphi(s_n)\,ds_1\ldots ds_n.$$

Also ist

$$\frac{\pi}{2}\lambda = \lambda\int_0^\pi \varphi^2(s)\,ds$$

und wegen $\lambda \neq 0$ gewiß

$$\int_0^\pi \varphi^2(s)\,ds = \frac{\pi}{2},$$

darum (vgl. (28)), wie auf S. 147 behauptet,

$$2b_0^2 + \sum_j^{1\ldots\infty} b_j^2 = 1.$$

Es ist jetzt leicht zu sehen, was $\lim\limits_{m \to \infty} \lambda_{l_m} = 0$ besagen würde.

Es sei $\varphi(s)$ die durch die Äquivalenzbeziehung

$$(33) \quad \varphi(s) \sim b_0 + \sum_j^{1\ldots\infty} b_j \cos j s$$

bestimmte, im Lebesgueschen Sinne nebst ihrem Quadrate integrierbare, wie auf S. 147 festgestellt worden ist, nicht identisch verschwindende Funktion [173].

Geht man in (25), (21) unter alleiniger Berücksichtigung der Werte $l = l_m$ der Teilfolge zur Grenze $m \to \infty$ über, so findet man

$$\sum_n^{2\ldots\infty} \int \ldots \int K_{n-1}(s_1, \ldots, s_n)\,\varphi(s_1)\ldots\varphi(s_{n-1})\cos k s_n\,ds_1\ldots ds_n = 0$$

$$(k = 0, 1, 2, \ldots).\ [174]$$

---

[173] Wir machen hier von dem Fischer-Rieszschen Satze über die Fourierschen Koeffizienten quadratisch integrierbarer Funktionen Gebrauch. Vgl. beispielsweise M. Plancherel, Contribution à l'étude de la représentation d'une fonction arbitraire par des intégrales définies. Rendiconti del Circolo matematico di Palermo **30** (1910), S. 289—335. S. auch loc. cit. [17] S. 1397—1398.

[174] Hier wird von dem Parsevalschen Satze unter Zugrundelegung quadratisch integrierbarer Funktionen Gebrauch gemacht (vgl. loc. cit. [173]).

Alle Fourierschen Koeffizienten der stetigen Funktion

$$\sum_{n}^{2\ldots\infty} \int \ldots \int K_{n-1}(s_1, \ldots, s_{n-1}; s)\, \varphi(s_1) \ldots \varphi(s_{n-1})\, ds_1 \ldots ds_{n-1}$$

verschwinden, sie ist darum identisch gleich Null.

Die Funktion $\varphi(s)$ erfüllt also die Integralgleichung

$$(34) \quad \sum_{n}^{2\ldots\infty} \int \ldots \int K_{n-1}(s, s_1, \ldots, s_{n-1})\, \varphi(s_1) \ldots \varphi(s_{n-1})\, ds_1 \ldots ds_{n-1} = 0.$$

Geht man in (30) für $l = l_m$ $(m = 1, 2, \ldots)$ zur Grenze $m \to \infty$ über, so findet man

$$(35) \quad \sum_{n}^{2\ldots\infty} \int \ldots \int K_{n-1}(s_1, \ldots, s_n)\, \varphi(s_1) \ldots \varphi(s_n)\, ds_1 \ldots ds_n = 0.$$

Gibt es keine in $\langle 0, \pi \rangle$ erklärte, quadratisch integrierbare Funktion, die dieser Bedingung genügt, so hat die nichtlineare Integralgleichung (29) für mindestens einen Wert $\lambda \neq 0$ eine stetige Lösung.

Die Beziehung $U\{b\} = d$ liefert übrigens in allen Fällen $\left(\lim_{m \to \infty} \lambda_{l_m} \gtrless 0 \right)$

$$\sum_{n}^{2\ldots\infty} \cdot \frac{1}{n} \int_0^\pi \ldots \int_0^\pi K_{n-1}(s_1, \ldots, s_n)\, \varphi(s_1) \ldots \varphi(s_n)\, ds_1 \ldots ds_n = d.$$

Durch die vorstehenden Betrachtungen ist, falls $\lim\limits_{m \to \infty} \lambda_{l_m} \neq 0$ ist, allemal nur die Existenz eines Eigenwertes λ $(\neq 0)$ sowie einer Lösung der Gleichung (6) bewiesen worden. Schon in dem besonders einfachen Falle $K_2 = K_3 = \ldots = 0$ gibt es unendlich viele Eigenwerte, die auch mehrfach sein können. Aus dem Bestehen der Beziehung (34) folgt natürlich keinesfalls, daß die Integralgleichung (29) (mit $\lambda \neq 0$) nicht auch noch Lösungen haben kann.

Man könnte übrigens statt der Gleichung (6) der Betrachtung die Integralgleichung

$$(36) \quad \lambda \varphi(s) = \sum_{n}^{1\ldots\infty} \int_0^\pi \ldots \int_0^\pi K_n(s; s_1, \ldots, s_n)\, \varphi(s_1) \ldots \varphi(s_n)\, ds_1 \ldots ds_n + f(s)$$

zugrunde legen. Das zugehörige Variationsproblem lautet dann: Unter allen in $\langle 0, \pi \rangle$ erklärten stetigen Funktionen $\varphi(s)$, die so beschaffen sind, daß $\int_0^\pi \varphi^2(s)\, ds = \frac{\pi}{2}$ gilt, sind diejenigen zu bestimmen, die dem Ausdrucke $U\{\varphi\} + \int_0^\pi f(s)\, \varphi(s)\, ds$ den Höchstwert erteilen.

Es mögen speziell alle K_n mit Ausnahme von K_p ($p \geq 1$) verschwinden. Es handelt sich also jetzt um die Integralgleichung

$$(37) \quad \lambda \varphi(s) = \int\limits_0^\pi \ldots \int\limits_0^\pi K_p(s; s_1, \ldots, s_p) \varphi(s_1) \ldots \varphi(s_p) \, ds_1 \ldots ds_p.$$

Hier ist $\lim\limits_{m \to \infty} \lambda_{l_m}$ gewiß nicht gleich Null.

Die Beziehung (30), die sich diesmal in der Form

$$(p + 1) U\{\Psi\} = \frac{\pi}{2} \lambda_l$$

oder, was dasselbe ist,

$$(p + 1) d_l = \frac{\pi}{2} \lambda_l$$

schreiben läßt, gibt, wenn man über alle $l = l_m$ zur Grenze $m \to \infty$ übergeht,

$$\frac{\pi}{2} \lambda = (p + 1) d > 0.$$

Für (37) kann man offenbar auch schreiben

$$(38) \quad \varphi(s) = \frac{\pi}{2(p + 1) d} \int\limits_0^\pi \ldots \int\limits_0^\pi K_p(s; s_1, \ldots, s_p) \varphi(s_1) \ldots \varphi(s_p) \, ds_1 \ldots ds_p$$

Es sei speziell $p > 1$. Augenscheinlich ist die nichtlineare Integralgleichung

$$(39) \quad \varphi(s) = \mu \int\limits_0^\pi \ldots \int\limits_0^\pi K_p(s; s_1, \ldots, s_p) \varphi(s_1) \ldots \varphi(s_p) \, ds_1 \ldots ds_p$$

für einen jeden Wert von μ lösbar. Eine Lösung gibt, wie man leicht verifiziert, die Formel

$$(40) \quad \varphi(s) = \boldsymbol{\varphi}(s) \left[\frac{2(p + 1) d \mu}{\pi} \right]^{-\frac{1}{p-1}},$$

unter $\boldsymbol{\varphi}(s)$ wie vorhin eine Lösung der Integralgleichung (38) verstanden. Ist p gerade, so darf μ Werte beiderlei Vorzeichens haben, ist $p > 1$ ungerade, so gibt (40) reelle Lösungen nur für positive μ.

Für $p = 1$ erhält man den klassischen Satz von der Existenz eines Eigenwertes der Integralgleichung

$$\varphi(s) = \mu \int\limits_0^\pi K_1(s, s_1) \varphi(s_1) \, ds_1.$$

Alle Ergebnisse dieses Paragraphen gelten mutatis mutandis, wenn die Integrale statt über das Intervall $\langle 0, \pi \rangle$ über ein beschränktes ebenes oder räumliches, etwa von einer stetig gekrümmten Kurve bzw. Fläche begrenztes Gebiet erstreckt sind. Auch könnte als der (zweidimensionale) Integrationsbereich eine geschlossene, etwa stetig gekrümmte Fläche vorliegen. Schließlich brauchen die Funktionen $K_n(s, s_1, \ldots, s_n)$ sich nicht notwendig stetig zu verhalten. Doch wollen wir uns bei diesen Einzelheiten nicht länger aufhalten (vgl. S. 159).

Natürlich könnte der Existenzbeweis auch unter Zugrundelegung einer der verschiedenen im Anschluß an die berühmte Abhandlung von Hilbert (vgl. die Fußnote [170]) von B. Levi, Fubini, Lebesgue, Zaremba, Courant, Tonelli und anderen ausgebildeten Methoden zur direkten Behandlung des Problems eines absoluten Extremums [174a] erbracht werden.

Der springende Punkt der Ausführungen des § 1 ist die Benutzung der der Ritzschen Methode entstammenden Bedingungsgleichungen (24) in Verbindung mit einem Auswahlverfahren. Setzt man in (29) für $\varphi(s)$ den Ausdruck (28) ein, so erhält man zur Bestimmung der b_j ein System unendlichvieler Gleichungen mit unendlichvielen Unbekannten. Das vorhin eingeschlagene Auswahlverfahren stellt einfach eine Methode zur Auflösung dieser Gleichungen dar [174b].

§ 2. Existenz eines Eigenwertes. Fortsetzung. Es sei $K(s, t)$ eine in dem Bereiche $Q: 0 \leq s \leq \pi, \ 0 \leq t \leq \pi$ erklärte stetige Funktion, und es mögen $g_n(s)$ $(n = 1, 2, \ldots)$ gewisse in $\langle 0, \pi \rangle$ erklärte stetige Funktionen bezeichnen. Es sei weiter

$$(41) \qquad M^2 = \operatorname{Max} \int_0^\pi (K(s, t))^2 \, dt, \qquad g_n = \operatorname{Max} |g_n(s)|.$$

Wir nehmen an, daß die Reihe

$$(42) \qquad \sum_n^{1 \ldots \infty} g_n M^n \left(\frac{\pi}{2}\right)^{\frac{n}{2}}$$

konvergiert und betrachten das folgende Variationsproblem.

Unter allen in $\langle 0, \pi \rangle$ stetigen Funktionen $\varphi(s)$, die so beschaffen sind, daß

$$(43) \qquad \int_0^\pi \varphi^2(s) \, ds = \frac{\pi}{2}$$

[174a] Man vergleiche meinen Encyklopädieartikel II C 3, S. 327—346, wo sich die Literatur bis 1918 zusammengestellt findet. Von späteren Arbeiten kommen vor allem Abhandlungen von Courant in der Math. Zeitschrift, den Math. Annalen und den Acta Mathematica in Betracht.

Es sei bei dieser Gelegenheit auf die grundlegenden in dem Werke, Fondamenti di Calcolo delle variazioni (bis jetzt zwei Bände, Bologna 1921 und 1923) zusammengefaßten Arbeiten von L. Tonelli hingewiesen, durch welche diese ganze Theorie eine wesentliche Förderung erfahren hat.

[174b] Man vergleiche hierzu meine in der Fußnote [165] genannte Arbeit, insbesondere die Ausführungen auf S. 57—61, wo an Hand eines verwandten Variationsproblems sich die fraglichen unendlichvielen Gleichungen aufgestellt finden. Siehe auch weiter unten S. 160.

gilt, sind diejenigen zu bestimmen, die dem Funktional

$$(44) \qquad V\{\varphi\} = \sum_{n}^{1\dots\infty} \frac{1}{n} \int_0^\pi g_n(s)\, ds \left(\int_0^\pi K(s,t)\, \varphi(t)\, dt \right)^n$$

den Höchstwert erteilen.

Die unendliche Reihe rechter Hand konvergiert. In der Tat ist der Schwarzschen Ungleichheit zufolge

$$(45) \qquad \left(\int_0^\pi K(s,t)\, \varphi(t)\, dt \right)^2 \leqq \int_0^\pi (K(s,t))^2\, dt \int_0^\pi \varphi^2(t)\, dt \leqq M^2 \frac{\pi}{2},$$

darum

$$(46) \qquad \left| \int_0^\pi g_n(s)\, ds \left(\int_0^\pi K(s,t)\, \varphi(t)\, dt \right)^n \right| \leqq \pi g_n M^n \left(\frac{\pi}{2} \right)^{\frac{n}{2}}.$$

Die folgenden Betrachtungen schließen sich eng an diejenigen des § 1 an. Vor allem ist es nicht schwer zu sehen, daß $V\{\varphi\}$ nicht für alle stetigen φ verschwindet und daß es keine Einschränkung der Allgemeinheit bedeutet, wenn wir annehmen, daß $V\{\varphi\}$ nicht für alle stetigen φ, die (43) genügen, $\leqq 0$ ist.

Die obere Grenze d von $V\{\varphi\}$ ist darum > 0.

Wir setzen

$$(47) \qquad \varphi(s) \sim \sum_j^{0\dots\infty} y_j \cos j\, s.$$

Wegen (43) ist

$$(48) \qquad 2\, y_0^2 + \sum_j^{1\dots\infty} y_j^2 = 1.$$

Das Funktional $V\{\varphi\}$ stellt eine vollstetige Funktion der unendlichvielen Veränderlichen y_j $(j = 0, 1, \dots)$ dar. Dies folgt unmittelbar aus den Entwicklungen auf S. 144—145, wenn man beachtet, daß

$$\int_0^\pi g_n(s)\, ds \left(\int_0^\pi K(s,t)\, \varphi(t)\, dt \right)^n$$

$$= \int_0^\pi \dots \int_0^\pi g_n(s) K(s,t_1) \dots K(s,t_n)\, \varphi(t_1) \dots \varphi(t_n)\, ds\, dt_1 \dots dt_n$$

gesetzt werden kann.

Auch die weiteren Überlegungen des § 1 lassen sich fast wortgetreu wiederholen. Ist der durch den Auswahlprozeß gewonnene Wert $\lim_{m \to \infty} \lambda_{l_m} = \lambda \neq 0$, so gewinnen wir eine stetige Lösung $\varphi(s)$ der Integralgleichung

$$(49) \qquad \lambda\, \varphi(t) = \sum_{n}^{1\dots\infty} \int_0^\pi g_n(s) K(s,t)\, ds \left(\int_0^\pi K(s,\tau)\, \varphi(\tau)\, d\tau \right)^{n-1}.$$

Ist aber $\lim\limits_{m\to\infty}\lambda_{l_m}=0$, so erhalten wir eine quadratisch integrierbare Funktion $\varphi(s)$, die der Integralbeziehung

$$(50)\qquad 0=\sum_{n}^{1\ldots\infty}\int_0^\pi g_n(s)\,K(s,t)\,ds\left(\int_0^\pi K(s,\tau)\,\varphi(\tau)\,d\tau\right)^{n-1}$$

genügt. In beiden Fällen ist

$$(51)\qquad \sum_{n}^{1\ldots\infty}\frac{1}{n}\int_0^\pi g_n(s)\,ds\left(\int_0^\pi K(s,\tau)\,\varphi(\tau)\,d\tau\right)^n=d.$$

Ist, wie wir jetzt annehmen wollen, speziell $K(s,t)$ symmetrisch, so kann (49), wie man leicht sieht, auf die Form

$$(52)\qquad \lambda\varphi(s)=\sum_{n}^{1\ldots\infty}\int_0^\pi K(s,t)\,g_n(t)\,dt\left(\int_0^\pi K(t,\tau)\,\varphi(\tau)\,d\tau\right)^{n-1}$$

gebracht werden. Aus (52) folgt mit $K^{(2)}(s,t)=\int K(s,r)\,K(r,t)\,dr$

$$(53)\qquad \lambda\int_0^\pi K(s,r)\,\varphi(r)\,dr=\sum_{n}^{1\ldots\infty}\int_0^\pi K^{(2)}(s,t)\,g_n(t)\,dt\left(\int_0^\pi K(t,\tau)\,\varphi(\tau)\,d\tau\right)^{n-1}.$$

Setzt man hier

$$(54)\qquad \int_0^\pi K(s,r)\,\varphi(r)\,dr=\psi(s),$$

so findet man weiter

$$\lambda\psi(s)=\sum_{n}^{1\ldots\infty}\int_0^\pi K^{(2)}(s,t)\,g_n(t)\,(\psi(t))^{n-1}\,dt,$$

oder, indem man zur Abkürzung

$$(55)\qquad \sum_{n}^{1\ldots\infty} g_n(t)\,(\psi(t))^{n-1}=F(t,\psi(t))\ \ [175]$$

schreibt,

$$(56)\qquad \lambda\psi(s)=\int_0^\pi K^{(2)}(s,t)\,F(t,\psi(t))\,dt.$$

---

[175] Die unendliche Reihe (55) ist natürlich gleichmäßig konvergent. In der Tat ist $\int_0^\pi \varphi^2(s)\,ds=\dfrac{\pi}{2}$. Aus $\psi^2(s)\leq\int_0^\pi(K(s,r))^2\,dr\int_0^\pi\varphi^2(r)\,dr$ folgt darum

$$|\psi(s)|\leq\left(\frac{\pi}{2}\right)^{\frac{1}{2}}M,\ \ |g_n(t)\,(\psi(t))^{n-1}|\leq g_n M^{n-1}\left(\frac{\pi}{2}\right)^{\frac{n-1}{2}}.$$

Führt der Auswahlprozeß zu dem Werte $\lim\limits_{m \to \infty} \lambda_{l_m} = 0$, so gilt die

Formel (50), darum mit $\psi(s) = \int\limits_0^\pi K(s,r)\,\varphi(r)\,dr$

$$(57) \qquad \int\limits_0^\pi K^{(2)}(s,t)\,F(t,\psi(t))\,dt = 0.$$

Dabei ist $\psi(s)$ stetig.

Es sei nunmehr $\mathfrak{K}(s,t)$ irgendein stetiger, symmetrischer, positiv definiter Kern[176], und es möge $\chi_j(s)$ $(j = 1, 2, \ldots)$ ein System orthogonalisierter, normierter Eigenfunktionen der Integralgleichung

$$(58) \qquad u(s) - \tau \int\limits_0^\pi \mathfrak{K}(s,t)\,u(t)\,dt = 0$$

bezeichnen. Ist jetzt τ_j der zu $\chi_j(s)$ gehörige Eigenwert, so sind diesmal alle $\tau_j > 0$. Das Orthogonalsystem $\chi_j(s)$ $(j = 1, 2, \ldots)$ ist abgeschlossen. Ferner ist nach einem bekannten Satz von Mercer

$$(59) \qquad \mathfrak{K}(s,t) = \sum_j{}' \frac{\chi_j(s)\,\chi_j(t)}{\tau_j}, \quad [177]$$

und die Reihe rechter Hand konvergiert unbedingt und gleichmäßig.

Die Gesamtheit der Funktionen $\chi_j(s)\,\chi_k(t)$ $(j, k = 1, 2, \ldots)$ stellt ein zu dem Bereiche $0 \leqq s \leqq \pi$, $0 \leqq t \leqq \pi$ gehöriges, abgeschlossenes Orthogonalsystem dar. Durch die Äquivalenzbeziehung

$$(60) \qquad \mathfrak{K}_0(s,t) \sim \sum_j^{1 \ldots \infty}{}' \frac{\chi_j(s)\,\chi_j(t)}{\sqrt{\tau_j}}$$

ist dem Fischer-Rieszschen Satze zufolge eine nebst ihrem Quadrate in $\langle 0, \pi \rangle$ integrierbare Funktion erklärt. In der Tat ist die Summe der Quadrate der Fourierschen Koeffizienten konvergent, sie ist nämlich gleich $\sum\limits_j^{1 \ldots \infty}{}' \frac{1}{\tau_j}$. Nach einem bekannten Satze von Fubini

---

[176] Dies besagt, daß, wie auch die in $\langle 0, \pi \rangle$ stetige Funktion $\chi(s)$ beschaffen sei, $\int\limits_0^\pi\int\limits_0^\pi \mathfrak{K}(s,t)\,\chi(s)\,\chi(t)\,ds\,dt \geqq 0$ ist. Das Gleichheitszeichen gilt nur, wenn $\chi(s) \equiv 0$ ist. Aus $\int\limits_0^\pi \mathfrak{K}(s,t)\,\overline{\chi}(t)\,dt \equiv 0$ folgt augenscheinlich, wenn $\overline{\chi}(t)$ als stetig vorausgesetzt wird, $\overline{\chi}(t) \equiv 0$.

[177] Vgl. beispielsweise loc. cit. [17] S. 1510, 1524. Übrigens ist auch die Reihe $\sum\limits_j^{1 \ldots \infty}{}' \frac{1}{\tau_j}$ konvergent. Vgl. loc. cit. S. 1524. A. a. O. wird $\mathfrak{K}(s,t)$ als eigentlich positiv definit bezeichnet.

ist die Funktion $\mathfrak{K}_0(s,t)$ für alle s, höchstens mit Ausnahme einer Nullmenge, nebst ihrem Quadrate in bezug auf t integrierbar[178].

Den vorstehenden Betrachtungen kann man nun, wie man leicht sieht, ohne weiteres die Funktion $\mathfrak{K}_0(s,t)$ statt $K(s,t)$ zugrunde legen.

Dementsprechend werden wir diesmal voraussetzen, daß die Reihe

$$\sum_{j}^{1\ldots\infty} g_n \mathfrak{M}^n \left(\frac{\pi}{2}\right)^{\frac{n}{2}},$$

wo $\mathfrak{M}^2 = \operatorname{Max} \int_0^\pi (\mathfrak{K}_0(s,t))^2\, dt = \operatorname{Max} \mathfrak{K}(s,s)$ bezeichnet, konvergiert.

Wir finden also entweder

$$(61) \qquad \lambda\,\psi(s) = \int_0^\pi \mathfrak{K}(s,t)\, F(t,\psi(t))\, dt$$

oder

$$(62) \qquad 0 = \int_0^\pi \mathfrak{K}(s,t)\, F(t,\psi(t))\, dt.$$

Die zuletzt genannte Beziehung kann nur bestehen, wenn identisch für alle t in $\langle 0,\pi\rangle$

$$(63) \qquad F(t,\psi(t)) = \sum_{n}^{1\ldots\infty} g_n(t)\,(\psi(t))^{n-1} = 0$$

ist. Aus den Betrachtungen dieses und des vorhergehenden Paragraphen folgt, daß, wenn diese Gleichung keine reelle stetige Lösung hat, die Gleichung (61) gewiß mindestens einen Eigenwert und eine augenscheinlich stetige Lösung hat.

§ 3. Existenz der Lösungen. Wir wenden uns der Beantwortung der Frage zu, wie weit man, eventuell unter Zugrundelegung besonderer Einschränkungen bezüglich des Funktionals $V\{\varphi\}$, erreichen kann, daß λ in (52) den Wert 1 annimmt. Es handelt sich jetzt um die Auflösung der Integralgleichung

$$(64) \qquad \varphi(s) = \sum_{n}^{1\ldots\infty} \int_0^\pi K(s,t)\, g_n(t)\, dt \left(\int_0^\pi K(t,\tau)\, \varphi(\tau)\, d\tau\right)^{n-1}.$$

Es wird diesmal angenommen, daß die Reihe $\sum_{n}^{1\ldots\infty} g_n z^n$ für alle z konvergiert. Ergibt sich aus der speziellen Natur des Problems a priori eine Schranke für $\int_0^\pi \varphi^2\, ds$, ist beispielsweise $\int_0^\pi \varphi^2\, ds \leqq h$, so genügt es natürlich vorauszusetzen, daß $\sum_{n}^{1\ldots\infty} g_n z^n$ für alle $|z| \leqq M\sqrt{h}$ konvergiert.

---

[178] Vgl. beispielsweise A. Rosenthal, Neuere Untersuchungen über Funktionen reeller Veränderlichen, Encyklopädie der mathematischen Wissenschaften II C 9 b, S. 1118—1119.

Die Integralgleichung (64) ist, zunächst rein formal betrachtet, nichts anderes als die Eulersche Gleichung, die zu dem Variationsproblem der Bestimmung eines Extremums des Funktionals

$$(65) \quad \int_0^\pi \varphi^2(s)\,ds - 2 \sum_n^{1\ldots\infty} \frac{1}{n} \int_0^\pi g_n(s)\,ds \left(\int_0^\pi K(s,t)\,\varphi(t)\,dt\right)^n$$
$$= \int_0^\pi \varphi^2(s)\,ds - 2V\{\varphi\}$$

gehört. Es ist darum zu erwarten, daß eine Auflösung dieses neuen Problems zugleich diejenige des vorhin gestellten Problems liefern wird. Es ist ferner einleuchtend, daß die auf S. 145 ff. durchgeführten Überlegungen, nur unwesentlich modifiziert, den Existenzbeweis liefern werden, sobald nur feststeht, daß der Ausdruck (65) für alle in $\langle 0,\pi\rangle$ stetigen $\varphi(s)$ nach unten, somit $V\{\varphi\}$ nach oben beschränkt ist, mithin etwa

$$(66) \qquad\qquad V\{\varphi\} < D$$

gilt.

Es sei d die untere Grenze von $\int_0^\pi \varphi^2\,ds - 2V\{\varphi\}$, und es sei $\Psi_l(s) = \sum_j^{0\ldots l} b_j^{(l)} \cos j s$ dasjenige Kosinuspolynom von höchstens l-tem Grade, das (65) den kleinsten Wert erteilt, wenn zur Konkurrenz lediglich Kosinuspolynome vom Grade $\leqq l$ zugelassen werden. Ist d_l der zugehörige Wert von (65), so ist augenscheinlich $d_1 \geqq d_2 \geqq d_3 \geqq \ldots \geqq d$. In naheliegender Schreibweise ist gewiß für alle l

$$(67) \qquad 2 b_0^{(l)} + \sum_j^{1\ldots l} (b_j^{(l)})^2 - 2V\{b^{(l)}\} \leqq d_1,$$

darum

$$(68) \qquad 2 b_0^{(l)} + \sum_j^{1\ldots l} (b_j^{(l)})^2 < d_1 + 2D.$$

Wie in § 1 läßt sich jetzt aus der Gesamtheit der Folgen

$$b_0^{(l)}, b_1^{(l)}, b_2^{(l)}, \ldots, b_l^{(l)} \qquad\qquad (l = 1, 2, \ldots)$$

eine Teilmenge

$$b_0^{(l_m)}, b_1^{(l_m)}, b_2^{(l_m)}, \ldots \qquad (m = 1, 2, \ldots; l_m \to \infty)$$

aussondern, so daß für alle j

$$(69) \qquad\qquad \lim_{m \to \infty} b_j^{(l_m)} = b_j$$

existiert. Wie a. a. O. kann bewiesen werden, daß durch die Äquivalenzbeziehung

$$(70) \qquad\qquad \varphi(s) \sim b_0 + \sum_j^{1\ldots\infty} b_j \cos j s$$

eine stetige Funktion dargestellt wird, die dem Funktional (65) den
kleinsten Wert erteilt. Sie ist eine Lösung der Integralgleichung (64).
Die am Schluß des § 2 durchgeführte Überlegung führt von hier aus
zur Auflösung der Integralgleichung

$$(71) \qquad \psi(s) = \int_0^\pi \Re(s,t)\,F(t,\psi(t))\,dt.$$

Es sei

$$(72) \qquad \Phi(t,\psi) = \int_0^{\psi} F(t,\psi)\,d\psi.$$

Die für die Existenz einer Lösung von (71) hinreichende Bedingung ist, wie man sich ohne Mühe überzeugt, erfüllt, wenn beispielsweise $\Phi(t,\psi)$ für alle in $\langle 0,\pi\rangle$ stetigen ψ nach oben beschränkt ist.

Das zuletzt angedeutete Resultat läßt sich auch direkt ohne
Umweg über die Integralgleichung (64) ableiten. Dies wollen wir
an Hand eines Beispiels, das meiner in der Fußnote [165] genannten
Arbeit entnommen ist, in aller Kürze zeigen[179].

Es sei T ein beschränktes Gebiet in der Ebene der Variablen x, y,
das etwa von einer Anzahl geschlossener analytischer und regulärer
Kurven, deren Gesamtheit S heißen soll, begrenzt ist. Es sei
$\Gamma(x, y, u)$ eine für alle (x, y) in $T + S$ und alle reellen u erklärte
Funktion, die folgende Eigenschaften hat. Sie ist nebst ihren partiellen Ableitungen erster und zweiter Ordnung stetig, und es gilt

$$(73) \quad P(x,y,u) > 0, \quad \left|\frac{\partial}{\partial u}P(x,y,u)\right| < A_2, \quad \left|\frac{\partial^2}{\partial u^2}P(x,y,u)\right| < A_2.^{[180]}$$

Wir stellen uns die Aufgabe, unter allen nebst ihren partiellen
Ableitungen erster Ordnung in $T + S$ stetigen, auf S verschwindenden Funktionen diejenigen zu bestimmen, die das Doppelintegral

$$(74) \qquad I_2 = \iint_T \left(\left(\frac{\partial u}{\partial x}\right)^2 + \left(\frac{\partial u}{\partial y}\right)^2 + P(x,y,u)\right)dx\,dy$$

zum Minimum machen[181]. Die Extremalfunktionen erfüllen die Differentialgleichung

$$(75) \qquad \frac{\partial^2 u}{\partial x^2} + \frac{\partial^2 u}{\partial y^2} = \frac{1}{2}\frac{\partial}{\partial u}P(x,y,u),$$

---

[179] Vgl. loc. cit. [165] S. 51—66. Weitere Beispiele a. a. O. S. 30—38; 40—44;
66—74; 74—77; 77—79.

[180] Wir schließen uns in allem, was jetzt folgt, den a. a. O. gebrauchten Bezeichnungen an.

[181] Man könnte auch von der Gesamtheit aller in $T + S$ stetigen Funktionen ausgehen, die in T stetige partielle Ableitungen erster Ordnung haben
und so beschaffen sind, daß der Integralausdruck I_2 existiert. Doch läßt sich
(vgl. loc. cit. [165] S. 55—57) zeigen, daß die Extremalfunktionen gewiß in $T + S$
stetige Ableitungen erster Ordnung haben.

die Euler-Lagrangesche Gleichung des Problems. Ist $G(x_0, y_0; x, y)$ die auf S verschwindende Greensche Funktion der Potentialtheorie, so ist weiter

$$(76) \quad u(x_0, y_0) = -\frac{1}{4\pi} \iint\limits_{T} G(x_0, y_0; x, y) \frac{\partial}{\partial u} P(x, y, u(x, y)) \, dx \, dy.^{182}$$

Es sei jetzt $\omega_i(x, y)$ $(i = 1, 2, \ldots)$ irgendein vollständiges, normiertes Orthogonalsystem der auf S verschwindenden Lösungen der Differentialgleichung

$$(77) \qquad \frac{\partial^2 u}{\partial x^2} + \frac{\partial^2 u}{\partial y^2} + \lambda u = 0,$$

und es mögen λ_i die zugehörigen Eigenwerte bezeichnen[183]. Die Funktionen ω_i bilden zugleich das vollständige, normierte Orthogonalsystem der Eigenfunktionen der Integralgleichung

$$(78) \qquad u(x_0, y_0) - \frac{\lambda}{2\pi} \iint\limits_{T} G(x_0 \ y_0; x, y) \, u(x, y) \, dx \, dy = 0.$$

Es möge $v_1, v_2, \ldots$ irgendeine Folge reeller Zahlen mit konvergenter Quadratsumme bezeichnen. Wir setzen

$$(79) \qquad u_n(x, y) = \sum_{i}^{1 \ldots n} \frac{v_i}{\sqrt{\lambda_i}} \, \omega_i(x, y)$$

und erhalten

$$(80) \qquad \iint\limits_{T} \left\{ \left(\frac{\partial u_n}{\partial x}\right)^2 + \left(\frac{\partial u_n}{\partial y}\right)^2 \right\} dx \, dy = \sum_{i}^{1 \ldots n} v_i^2,$$

$$\iint\limits_{T} P(x, y, u_n(x, y)) \, dx \, dy = M(v_1, v_2, \ldots, v_n).$$

Es läßt sich zeigen, daß

$$(81) \qquad \lim_{n \to \infty} M(v_1, \ldots, v_n) = M(v_1, v_2, \ldots) = M(v)$$

existiert und eine vollstetige Funktion der unendlichvielen Veränderlichen $v_1, v_2, \ldots$ darstellt. Sind $\dfrac{v_i}{\sqrt{\lambda_i}}$ Fouriersche Koeffizienten einer stetigen Funktion $u(x, y)$, so ist

$$(82) \qquad M(v) = \iint\limits_{T} P(x, y, u(x, y)) \, dx \, dy$$

(vgl. loc. cit. [165]) S. 54—55). Im engen Anschluß an die Betrachtungen des § 1 betrachten wir den Ausdruck

$$(83) \quad \iint\limits_{T} \left\{ \left(\frac{\partial u_n}{\partial x}\right)^2 + \left(\frac{\partial u_n}{\partial y}\right)^2 + P(x, y, u_n) \right\} dx \, dy = \sum_{i}^{1 \ldots n} v_i^2 + M(v_1, \ldots, v_n).$$

---

[182] Vgl. loc. cit. [165] S. 56.

[183] Die Eigenwerte λ_i sind mit den in § 1 ebenso bezeichneten Größen nicht zu verwechseln.

Es sei d_n sein Minimum, und es möge etwa

$$(84) \qquad \sum_i^{1\ldots n} \left(v_i^{(n)}\right)^2 + M\left(v_1^{(n)}, \ldots, v_n^{(n)}\right) = d_n$$

sein. Offenbar ist

$$(85) \qquad d_1 \geqq d_2 \geqq d_3 \geqq \ldots \geqq d.$$

Wie auf S. 146 gilt $\lim d_n = d$. Wie in § 1 wird aus den Wertsystemen $\left(v_1^{(n)}, \ldots, v_n^{(n)}\right)$ durch das Diagonalverfahren eine Wertfolge $\mu_1, \mu_2, \ldots$ abgeleitet, so daß

$$(86) \qquad \mu_i = \lim v_i^{(n)} \qquad\qquad (i = 1, 2, \ldots)$$

gilt[184]. Die Reihe $\sum_i^{1\ldots\infty} \mu_i^2$ konvergiert, und es ist

$$(87) \qquad \sum_i^{1\ldots\infty} \mu_i^2 + M(\mu) = d.$$

Es sei jetzt

$$(88) \qquad \iint\limits_T \frac{\partial}{\partial u} P(x, y, u_n)\, \omega_i(x, y)\, dx\, dy = N^{(i)}(v_1, \ldots, v_n) = N_n^{(i)}$$

gesetzt. Auch $\lim\limits_{n \to \infty} N_n^{(i)}$ existiert, und es stellt

$$(89) \qquad N^{(i)}(v_1, v_2, \ldots) = N^{(i)}(v) = \lim\limits_{n \to \infty} N^{(i)}(v_1, \ldots, v_n)$$

eine vollstetige Funktion der unendlichvielen Veränderlichen $v_1, v_2, \ldots$ dar[185].

Die Folge $\mu_1, \mu_2, \ldots$ macht den Ausdruck $\sum_i^{1\ldots\infty} v_i^2 + M(v)$ zum Minimum. Diese Tatsache hat das Bestehen der unendlichvielen Gleichungen

$$(90) \qquad 2\mu_l + \frac{1}{\sqrt{\lambda_l}} N^{(l)}(\mu) = 0$$

zur Folge. Von hier aus ist es nicht mehr schwer zu zeigen, daß die durch die Äquivalenzbeziehung

$$(91) \qquad V(x, y) \sim \sum_i^{1\ldots\infty} \frac{\mu_i}{\sqrt{\lambda_i}} \omega_i(x, y)$$

gegebene Funktion $V(x, y)$ stetig ist und der Integralgleichung (76) genügt. (Vgl. loc. cit. S. 58—60.)

Aus (88) folgt beiläufig, daß

$$(92) \qquad \sum_i^{1\ldots\infty} \left(N_n^{(i)}\right)^2 = \iint\limits_T \left(\frac{\partial}{\partial u} P(x, y, u_n(x, y))\right)^2 dx\, dy \leqq A_2^2 \iint\limits_T dx\, dy$$

---

[184] Bei dem Grenzübergang kommt eine geeignete Teilfolge der Werte n in Betracht.

[185] Vgl. loc. cit. [165] S. 58.

ist. Also ist auch $\sum\limits_i^{1\ldots\infty} \left(N^{(i)}(\mu)\right)^2$, mithin nach (90) auch $\sum\limits_i^{1\ldots\infty} \lambda_i \mu_i^2$ konvergent.

Die Voraussetzung $P(x, y, u) > 0$ (vgl. (73)) läßt sich leicht durch die allgemeinere Voraussetzung

$$(73') \qquad P(x, y, u) \geqq -\lambda^0 u^2 - C^0, \quad 0 < \lambda^0 \leqq \lambda_1, \quad 0 < C^0$$

ersetzen, wo λ_1 (vgl. weiter oben S. 159) den kleinsten (positiven) Eigenwert der Integralgleichung (78) bezeichnet. In der Tat ist für alle n

$$\iint\limits_T \left\{ \left(\frac{\partial u_n}{\partial x}\right)^2 + \left(\frac{\partial u_n}{\partial y}\right)^2 + P(x, y, u_n) \right\} dx\, dy$$

$$\geqq \iint\limits_T \left\{ \left(\frac{\partial u_n}{\partial x}\right)^2 + \left(\frac{\partial u_n}{\partial y}\right)^2 \right\} dx\, dy - \lambda^0 \iint\limits_T u_n^2\, dx\, dy - C^0 \iint\limits_T dx\, dy$$

$$= \sum\limits_i^{1\ldots n} \nu_i^2 - \lambda^0 \sum\limits_i^{1\ldots n} \frac{\nu_i^2}{\lambda_i} - C^0 \iint\limits_T dx\, dy$$

$$\geqq \left(1 - \frac{\lambda^0}{\lambda_1}\right) \sum\limits_i^{1\ldots n} \nu_i^2 - C^0 \iint\limits_T dx\, dy \geqq - C^0 \iint\limits_T dx\, dy,$$

und dieser Ausdruck ist nach unten beschränkt[186].

Das im vorstehenden angedeutete Verfahren läßt sich ohne weiteres auf die Bestimmung der Lösungen der Integralgleichung (71), unter Zugrundelegung der vorhin gemachten Voraussetzung, Φ sei für alle t in $\langle 0, \pi \rangle$ und alle ψ nach oben beschränkt, ausdehnen. Es sei, wie auf S. 155, $\chi_j(s)$ ein vollständiges Orthogonalsystem von Eigenfunktionen der Integralgleichung

$$(93) \qquad u(s) - \tau \int\limits_0^\pi \Re(s, t)\, u(t)\, dt = 0.$$

---

[186] Vgl. A. Hammerstein, a) Über nichtlineare Integralgleichungen und die damit zusammenhängenden Randwertaufgaben, Jahresbericht der Deutschen Mathematikervereinigung **38** (1929), *S. 21—28*; b) Nichtlineare Integralgleichungen nebst Anwendungen, Acta Mathematica **54** (1930), S. 117—176. Dort wird die nichtlineare Integralgleichung $\psi(x) + \int K(x, y)\, f(y, \psi(y))\, dy = 0$ einer eingehenden Betrachtung unterzogen; $K(x, y)$ ist symmetrisch, positiv definit, nicht notwendig stetig, jedenfalls aber der Fredholmschen und der Schmidtschen Theorie zugänglich, insbesondere auch durchaus positiv. Bezüglich der Funktion $f(y, \psi(y))$ werden mannigfaltige Voraussetzungen von ähnlichem Charakter wie (73) oder (73'), welche die Existenz einer Lösung sichern, eingeführt. Fälle, in denen es eine und nur eine Lösung gibt, oder in denen es nicht immer eine Lösung gibt, werden besonders untersucht.

Wir setzen

$$(94) \qquad \psi_n(s) = \sum_i^{1\ldots n} \frac{v_i}{\sqrt{\tau_i}} \chi_i(s),$$

$$(95) \qquad -2\int_0^\pi \Phi(t, \psi_n(t))\,dt = M(v_1, \ldots, v_n)$$

und bestimmen das Minimum d_n von

$$\sum_i^{1\ldots n} v_i^2 + M(v_1, \ldots, v_n).$$

Es sei

$$(96) \qquad \sum_i^{1\ldots n} (v_i^{(n)})^2 + M(v_1^{(n)}, \ldots, v_n^{(n)}) = d_n.$$

Durch das wiederholt geschilderte Verfahren gelangt man jetzt zu einer Folge

$$(97) \qquad \mu_i = \lim v_i^{(n)}, \ ^{184}$$

so daß

$$(98) \qquad \sum_i^{1\ldots \infty} \mu_i^2 + M(\mu_1, \mu_2, \ldots) = d = \lim_{n\to\infty} d_n$$

gilt. Wir setzen

$$(99) \qquad -2\int_0^\pi F(t, \psi_n(t))\,\chi_i(t)\,dt = N^{(i)}(v_1, \ldots, v_n) = N_n^{(i)}.$$

$\underset{n\to\infty}{\mathrm{Lim}}\, N_n^{(i)}$ existiert, und es stellt

$$(100) \qquad N^{(i)}(v_1, v_2, \ldots) = N^{(i)}(v) = \lim_{n\to\infty} N^{(i)}(v_1, \ldots, v_n)$$

eine vollstetige Funktion der unendlichvielen Veränderlichen $v_1, v_2, \ldots$ dar. Die Folge $\mu_1, \mu_2, \ldots$ macht den Ausdruck

$$(101) \qquad \sum_i^{1\ldots \infty} v_i^2 + M(v_1, v_2, \ldots)$$

zum Minimum. Dies hat das Bestehen der unendlichvielen Gleichungen

$$(102) \qquad 2\mu_i + \frac{1}{\sqrt{\tau_i}} N^{(i)}(\mu) = 0$$

zur Folge. Die durch die Beziehung

$$(103) \qquad \psi(s) = \sum \frac{\mu_i}{\sqrt{\tau_i}} \chi_i(s)$$

bestimmte Funktion ist eine stetige Lösung der Integralgleichung $(71)^{187}$.

------

187 Vgl. A. Hammerstein, loc. cit. 186 a) S. 24—26; b) S. 131—138.

Namen- und Sachverzeichnis.

Die Zahlen geben die Seiten an.

Druck von Oscar Brandstetter in Leipzig.

Die Grundlehren der mathematischen Wissenschaften

in Einzeldarstellungen

Herausgegeben von Professor **R. Courant,** Göttingen

Bd. I, VII, XXIX: **Vorlesungen über Differentialgeometrie** und geometrische Grundlagen von Einsteins Relativitätstheorie. Von **Wilhelm Blaschke,** Professor der Mathematik an der Universität Hamburg.
I. Elementare Differentialgeometrie. Dritte, erweiterte Auflage. Bearbeitet und herausgegeben von **Gerhard Thomsen,** Professor der Mathematik an der Universität Rostock. Mit 35 Textfiguren. X, 311 Seiten. 1930. RM 18.—; gebunden RM 19.60
II. Affine Differentialgeometrie. Bearbeitet von **Kurt Reidemeister,** Professor der Mathematik an der Universität Wien. Erste und zweite Auflage. Mit 40 Textfiguren. IX, 259 Seiten. 1923. RM 8.50; gebunden RM 10.—
III. Differentialgeometrie der Kreise und Kugeln. Bearbeitet von **Gerhard Thomsen,** Professor der Mathematik an der Universität Rostock. Mit 68 Textfiguren. X, 474 Seiten. 1929. RM 26.—; gebunden RM 27.60

Bd. II: **Theorie und Anwendung der unendlichen Reihen.** Von Dr. **Konrad Knopp,** ord. Professor der Mathematik an der Universität Tübingen. Dritte, vermehrte und verbesserte Auflage. Mit 14 Textfiguren. XII, 582 Seiten. 1931. RM 38.—; gebunden RM 39.60

Bd. III: **Vorlesungen über allgemeine Funktionentheorie und elliptische Funktionen.** Von **Adolf Hurwitz †,** weil. ord. Professor der Mathematik am Eidgenössischen Polytechnikum Zürich. Herausgegeben und ergänzt durch einen Abschnitt über **Geometrische Funktionentheorie** von **R. Courant,** ord. Professor der Mathematik an der Universität Göttingen. Dritte, vermehrte und verbesserte Auflage. Mit 152 Abbildungen. XII, 534 Seiten. 1929. RM 33.—; gebunden RM 34.80

Bd. IV: **Die mathematischen Hilfsmittel des Physikers.** Von Dr. **Erwin Madelung,** ord. Professor der Theoretischen Physik an der Universität Frankfurt a. M. Zweite, verbesserte Auflage. Mit 20 Textfiguren. XIII, 283 Seiten. 1925. RM 13.50; gebunden RM 15.—

Bd. V: **Die Theorie der Gruppen von endlicher Ordnung.** Mit Anwendungen auf algebraische Zahlen und Gleichungen sowie auf die Kristallographie. Von **Andreas Speiser,** ord. Professor der Mathematik an der Universität Zürich. Zweite Auflage. Mit 38 Textabbildungen. IX, 251 Seiten. 1927. RM 15.—; gebunden RM 16.50

Bd. VI: **Theorie der Differentialgleichungen.** Vorlesungen aus dem Gesamtgebiet der gewöhnlichen und der partiellen Differentialgleichungen. Von **Ludwig Bieberbach,** o. ö. Professor der Mathematik an der Friedrich-Wilhelms-Universität in Berlin, Mitglied der Preußischen Akademie der Wissenschaften. Dritte, neubearbeitete Auflage. Mit 22 Abbildungen. XIII, 399 Seiten. 1930. RM 21.—; gebunden RM 22.80

Band VII: siehe **Blaschke,** *Vorlesungen über Differentialgeometrie II.*

Bd. VIII: **Vorlesungen über Topologie.** Von Professor Dr. **B. v. Kerékjártó,** Szeged, Ungarn. **I. Flächentopologie.** Mit 60 Textfiguren. VII. 270 Seiten. 1923. RM 11.50; gebunden RM 13.—

Bd. IX: **Einleitung in die Mengenlehre.** Von Dr. phil. **Adolf Fraenkel,** ord. Professor an der Universität Kiel. Dritte, umgearbeitete und stark erweiterte Auflage. Mit 13 Abbildungen. XIV, 424 Seiten. 1928. RM 22.60; gebunden RM 24.—

Bd. X: **Der Ricci-Kalkül.** Eine Einführung in die neueren Methoden und Probleme der mehrdimensionalen Differentialgeometrie. Von **J. A. Schouten,** ord. Professor der Mathematik an der Technischen Hochschule Delft in Holland. Mit 7 Textfiguren. X, 311 Seiten. 1924. RM 15.—; gebunden RM 16.20

Verlag von Julius Springer / Berlin